◎ 全国粮油作物大面积单产提升系列丛书

全国小麦大面积单产
提升技术指南

农业农村部种植业管理司
全国农业技术推广服务中心　组编
农业农村部小麦专家指导组

中国农业出版社

北　京

图书在版编目（CIP）数据

全国小麦大面积单产提升技术指南／农业农村部种植业管理司，全国农业技术推广服务中心，农业农村部小麦专家指导组组编. -- 北京：中国农业出版社，2024. 10. --（全国粮油作物大面积单产提升系列丛书）.

ISBN 978-7-109-32557-9

Ⅰ. S512.1-62

中国国家版本馆 CIP 数据核字第 2024TD0279 号

全国小麦大面积单产提升技术指南

QUANGUO XIAOMAI DAMIANJI DANCHAN TISHENG JISHU ZHINAN

中国农业出版社出版

地址：北京市朝阳区麦子店街 18 号楼
邮编：100125
责任编辑：郭银巧
版式设计：杨　婧　责任校对：吴丽婷
印刷：中农印务有限公司
版次：2024 年 10 月第 1 版
印次：2024 年 10 月北京第 1 次印刷
发行：新华书店北京发行所
开本：787mm×1092mm　1/16
印张：15.25
字数：316 千字
定价：98.00 元

· 全国粮油作物大面积单产提升系列丛书 ·

《全国小麦大面积单产提升技术指南》

编辑委员会

主　　任　吕修涛　王积军

副 主 任　项　宇　陈明全　朱　娟　秦兴国　高亚男

编撰人员名单

主　　编　郭文善　鄂文弟

副 主 编　朱新开　贺　娟　梁　健

编写人员（以姓氏笔画为序）

马传喜	王龙俊	王亚楠	王志敏	王法宏	王振林
王晨阳	尤艳蓉	牛康康	毛凤梧	石　玉	田有国
冯宇鹏	吕　鹏	朱新开	刘　蕊	刘阿康	汤永禄
汤颢军	李金才	李科江	李晓荣	李博文	李瑞奇
束林华	吴子峰	张　睿	张永平	陈丹阳	季春梅
赵　奇	赵广才	贺　娟	柴守玺	高志强	高春保
郭天财	郭文善	曹承富	常旭虹	鄂文弟	梁　健
蒋　向	韩柏越	覃海燕	雷　斌	融晓萍	

目　录

我国小麦单产提升实现路径与技术模式

小麦是世界性粮食作物，为人类提供约21％的食物热量和20％的蛋白质，具备独特的面筋特性，可制作多种食品，是全球35％～40％人口的主食，同时还是最重要的贸易粮食和国际援助粮食。小麦是我国最主要的粮食作物之一，种植范围涉及除海南之外的所有省份，占全国粮食面积和总产的1/5。2010—2022年，我国小麦单产从316.6公斤提升到390.4公斤，增加了73.8公斤，是三大主粮作物中单产提升最快的作物。据FAO统计，2019年我国小麦单产在种植面积超过1 000万亩*的国家中排名第6，仅低于英国、法国、德国、埃及和捷克；在种植面积超过1亿亩的国家中排名第1，远高于印度、俄罗斯、美国、加拿大、澳大利亚等小麦主产国。可见，近年我国小麦单产水平已经处于国际高产行列，但与部分先进地区相比仍有一定的提升空间。

一、我国小麦产业发展现状与存在问题

（一）发展现状

1. 面积与产量变化

（1）种植面积波动略减　我国小麦种植面积在2010—2016年之间表现为小幅渐增趋势，2016—2020年表现为大幅降低趋势（降幅5.21％），2022年较2020年小幅增加，但此期间小麦种植面积总体呈降低趋势，与2010年相比总体减少3.93％（图1）。

从各省份小麦种植情况来看，2022年我国小麦种植面积居前十位的省份依次为河南、山东、安徽、江苏、河北、新疆、湖北、陕西、甘肃、四川，其中河南、山东、安徽、江苏、河北5省种植面积超过3 000万亩，河南为我国小麦种植第一大省，种植面积为8 523.7万亩，约占全国小麦总种植面积的1/4（24.16％）；其次是山东，种植面积为6 005.3万亩，占比为17.02％；再次是安徽，种植面积为4 274.1万亩，占比为12.11％。江苏种植面积为3 565.9万亩，占比为10.11％；河北种植面积为3 370.9万亩，占比为9.55％。

（2）单产水平稳步提升　我国小麦单产在2010—2022年之间呈现逐年增加的变化趋势，总增量为73.8公斤/亩，增幅约为23.3％，年均增幅为1.94％（年增亩产

*　亩为非法定计量单位，15亩=1公顷，下同。——编者注

2

6.15 公斤），2013—2014 年增长最快，年均增长 12.5 公斤/亩。全国小麦单产自 2015 年以来持续超过 350 公斤/亩（图 2）。

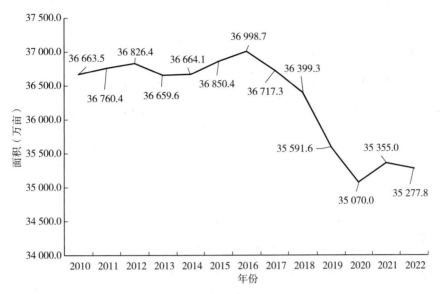

图 1　2010—2022 年小麦种植面积变化

注：资料来源于国家统计局，下同。

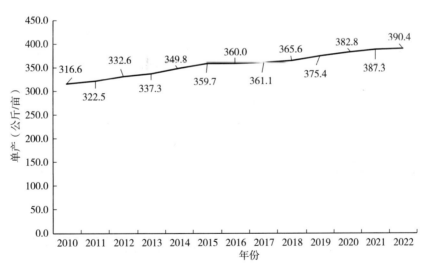

图 2　2010—2022 年我国小麦单产变化

　　通过比较 2018—2020 年我国与世界其他国家的小麦平均单产水平可以看出，新西兰亩产水平最高，为 616.6 公斤，我国仅为其单产水平的 60%，排名第 20 位，与排名第 10 位的赞比亚仍相差近 60 公斤。但与其他几个小麦生产大国相比，我国单产水平约为印度的 1.6 倍、加拿大和美国的 1.7 倍、俄罗斯的 2.0 倍、澳大利亚的 3.3 倍（图 3）。

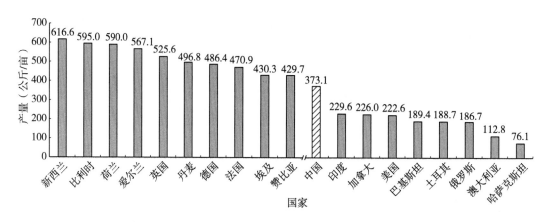

图 3 2018—2020 年世界主要小麦生产国家平均单产

（3）总产水平持续增长 2010—2022 年期间，除 2018 年总产量较上一年度有所下降外，我国小麦总产量总体呈逐步增长趋势，由 2010 年的 11 609.3 万吨增长到 2022 年的 13 772.3 万吨，总增量为 2 163.0 万吨，增幅约 18.6%，年均增幅为 1.55%。2013—2015 年增长最快，年均增长 445.8 万吨（图 4）。小麦产量已连续 6 年稳定在 1.3 亿吨以上，自给率超过 100%。

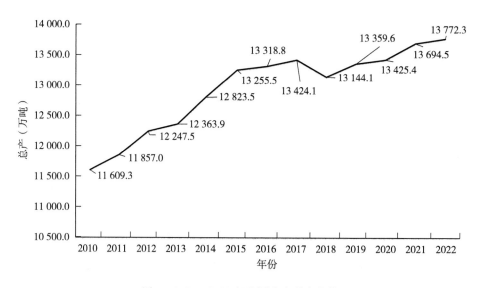

图 4 2010—2022 年我国小麦总产变化

近 10 年国家统计数据显示，我国小麦产量居前十位的省份为河南、山东、安徽、河北、江苏、新疆、陕西、湖北、甘肃、四川。近几年，这 10 个省份每年小麦产量合计均超过全国总产量的 93%（表 1）。

表 1　各主产省份 2015—2022 年小麦总产变化（万吨）

省份	2022	2021	2020	2019	2018	2017	2016	2015
河南	3 812.5	3 803.0	3 753.1	3 741.8	3 602.9	3 705.2	3 618.6	3 526.9
山东	2 641.0	2 636.5	2 568.9	2 552.9	2 471.7	2 495.1	2 490.1	2 391.7
安徽	1 722.5	1 699.5	1 671.7	1 656.9	1 607.3	1 644.5	1 635.5	1 661.1
河北	1 474.5	1 469.0	1 439.3	1 462.6	1 450.7	1 504.1	1 480.2	1 482.8
江苏	1 365.5	1 342.0	1 333.5	1 317.5	1 289.1	1 295.5	1 245.8	1 249.0
新疆	653.5	640.0	582.1	576.0	571.9	612.5	681.8	691.5
陕西	430.0	424.5	413.3	382.0	401.3	406.4	403.2	423.1
湖北	405.5	399.5	400.7	390.7	410.4	426.9	440.7	432.0
甘肃	297.0	279.5	268.9	281.1	280.5	269.7	272.1	285.1
四川	249.5	245.5	246.7	246.2	247.3	251.6	259.6	284.6
前 10 合计	13 051.5	12 939.0	12 679.0	12 608.0	12 333.0	12 611.6	12 528.0	12 428.0
全国总产量	13 772.5	13 694.5	13 429.0	13 360.0	13 144.0	13 424.1	13 319.0	13 256.0
前 10 占比（%）	94.8	94.5	94.4	94.4	93.8	94.0	94.1	93.8

与世界其他国家相比，我国小麦总产量最高，约为印度的 1.3 倍、俄罗斯的 1.7 倍、美国的 2.6 倍（图 5）。但我国人口大国的国情也决定了对小麦的需求量和消费量同样是世界最多的国家。目前，我国每年小麦产量与消费量基本持平，能够满足国内的基本需求，但尚存在结构性不平衡等问题，仍需进口一定量的优质强筋和弱筋小麦以满足人民生活水平逐渐提高的需求。

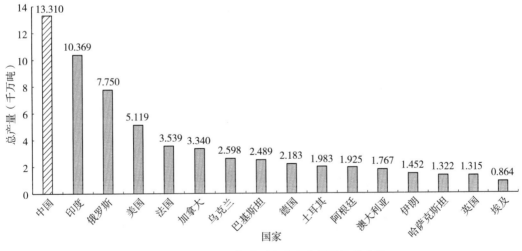

图 5　2018—2020 年世界小麦主产国平均总产量

（4）小麦增量对粮食增量的贡献突出　比较不同时期小麦总产增长量对粮食总产增量的贡献可以看出，"十一五"和"十三五"期间小麦的贡献均超过水稻（表 2），可见我国小麦在确保我国粮食安全中发挥着重要作用。

表 2　全国小麦年均总产增长量对及其粮食总产增量的贡献率

时期	粮食		小麦			水稻		
	年均总产（万吨）	比上五年增长量（万吨）	年均总产（万吨）	比上五年增长量（万吨）	贡献率（%）	年均总产（万吨）	比上五年增长量（万吨）	贡献率（%）
"十五"时期（2001—2005）	45 877.62		9 200.98			17 449.01		
"十一五"时期（2006—2010）	52 700.91	6 823.29	11 254.96	2 053.99	30.10	19 082.68	1 633.67	23.94
"十二五"时期（2011—2015）	62 629.05	9 928.14	12 509.48	1 254.52	12.64	20 749.03	1 666.35	16.78
"十三五"时期（2016—2020）	66 265.39	3 636.34	13 334.40	824.92	22.69	21 147.45	398.43	10.96

2. 品种审定与推广

近几十年来，我国小麦生产品种全部为国产自育，不同年代涌现出的一批大面积推广品品种，为保证我国粮食安全作出了重要贡献。近几年来，我国审定的小麦品种数急剧增加，从 2017 年之前每年国审品种不足 50 个发展到 2023 年的 197 个，地方审定的品种数量增幅更大，不同区域审定品种数差异明显。

为了促进品种选育与优势品种推广，农业农村部在不同年份推介了适合不同区域种植的小麦主推品种（表 3），已经成为生产上覆盖面积较大的主导品种。

表 3　近些年我国推介的部分小麦主推品种

年份（数量）	区域	品种名称
2015（23）	黄淮海	济麦 22、百农 AK58、西农 979、郑麦 366、周麦 22、烟农 19、鲁原 502、山农 20、中麦 175、石麦 15、郑麦 7698、衡观 35、良星 66、淮麦 22
	长江中下游	扬麦 16、郑麦 9023、扬麦 13、襄麦 25
	西南	川麦 104、绵麦 367
	西北	宁春 4 号、新冬 20
	东北	龙麦 33
2016（23）	黄淮海	济麦 22、百农 AK58、西农 979、洛麦 23、周麦 22、安农 0711、鲁原 502、山农 20、运麦 20410、石麦 15、郑麦 7698、衡观 35、良星 66、淮麦 22
	长江中下游	扬麦 16、郑麦 9023、扬麦 20、襄麦 25
	西南	川麦 104、绵麦 367
	西北	宁春 4 号、新冬 20
	东北	龙麦 33
2022（25）		济麦 22、百农 207、鲁原 502、中麦 578、新麦 26、川麦 104、西农 511、淮麦 33、郑麦 379、济麦 44、宁麦 13、烟农 999、山农 29、龙麦 35、山农 28、郑麦 1860、新冬 20、扬麦 25、百农 4199、周麦 36、烟农 1212、镇麦 12、衡观 35、扬麦 33、山农 20
2023（15）		郑麦 379、济麦 44、川麦 104、西农 511、中麦 578、伟隆 169、郑麦 1860、百农 207、鲁原 502、淮麦 33、百农 4199、新麦 26、马兰 1 号、扬麦 25、烟农 1212
2024（17）		百农 4199、长 6990、淮麦 33、济麦 22、济麦 44、鲁原 502、马兰 1 号、伟隆 169、西农 511、扬麦 25、烟农 1212、郑麦 379、郑麦 1860、中麦 36、中麦 578、众信麦 998、新冬 52

3. 农机装备

我国已成为农机装备第一生产大国和使用大国，国内生产的产品能够满足90%的市场需求，产业规模凸显。2020年我国小麦生产综合机械化率在97%左右，耕、种、收机械化率分别达99.67%、90.88%、95.87%，已率先在三大主粮中基本实现了全程机械化。在小麦生产面积最大的河南省，小麦综合机械化率已达99.3%。总体来看，小麦生产全程机械化继续平稳推进，但农业机械现代化水平仍需提升。

4. 栽培与耕作技术

为深入贯彻落实党的十九大、二十大和中央农村工作会议精神，发挥科技对提升全国粮油等主要作物大面积单产的支撑作用，加快优质品种和先进适用技术推广应用，以解决当前生产亟须和满足未来产业发展需要，近几年根据小麦生产实际，农业农村部不同年份推介不同数量适合不同区域小麦生产的主推技术，供各地选择推广（表4）。

表4　农业农村部推介的部分全国小麦主推技术

年份	技术名称
2015	黄淮海地区冬小麦机械化生产技术 稻茬小麦机械化生产技术 黄淮海地区小麦规模化播种技术、冬小麦节水省肥高产技术、冬小麦宽幅精播高产栽培技术、小麦深松少免耕镇压栽培技术、主要病虫草害统防统治技术 长江中下游及西南地区稻茬麦免（少）耕机械播种技术、旱地套作小麦带式机播技术 西北地区旱地小麦蓄水覆盖保墒技术 东北春小麦优质高产高效栽培技术
2016	小麦主要病虫害统防统治技术 黄淮海地区冬小麦机械化生产技术、冬小麦节水省肥高产技术、冬小麦宽幅精播高产栽培技术、冬小麦测墒补灌栽培技术 长江中下游及西南地区稻茬麦机械化生产技术、西南旱地套作小麦带式机播技术 西北地区旱地小麦蓄水覆盖保墒技术 东北春小麦优质高产高效栽培技术
2017	小麦赤霉病综合防控技术 黄淮海区小麦玉米双机收籽粒高产高效技术 冬小麦节水省肥高产技术 西北旱地小麦蓄水保墒与监控施肥技术
2019	冬小麦节水省肥优质高产技术 冬小麦宽幅精播高产栽培技术 基于产量反应和农学效率的玉米、水稻和小麦推荐施肥方法
2021	优质小麦全环节高质高效生产技术 冬小麦宽幅精播高产栽培技术 冬小麦节水省肥优质高产技术 小麦两墒两水两减绿色高效生产技术 稻茬小麦灭茬免耕带旋播种技术 稻茬麦秸秆还田整地播种一体化机播技术 小麦绿色智慧施肥技术

（续）

年份	技术名称
2022	麦田杂草"两监测三精准"综合防治技术 小麦匀播节水减氮高产高效技术 江淮稻麦周年绿色丰产高效抗逆技术 小麦探墒沟播适水减肥抗旱栽培技术 稻茬小麦免耕带旋高产高效栽培技术 稻茬小麦精控机械条播高产高效栽培技术 优质小麦全环节高质高效生产技术 长江中下游稻茬小麦机播壮苗肥药双控栽培技术 西南冬麦区小麦绿色丰产栽培技术 黄淮海冬小麦双镇压精量匀播栽培技术 关中灌区小麦玉米吨半田技术
2023	优质小麦全环节高质高效生产技术 小麦匀播节水减氮高产高效技术 稻茬小麦精控播种施肥高产高效栽培技术 小麦探墒沟播适水减肥抗旱栽培技术 荒漠绿洲小麦化控防倒抗逆增产关键技术 冬小麦节水省肥减排高产技术 稻茬小麦免耕带旋播种高产高效栽培技术 长江中下游稻茬小麦机播壮苗肥药双控栽培技术
2024	冬小麦播前播后双镇压精量匀播栽培技术 旱地小麦因水施肥探墒沟播抗旱栽培技术 小麦匀播节水减氮高产高效技术 冬小麦贮墒晚播节水高产栽培技术 小麦—玉米周年"双晚双减"丰产增效技术 黄淮海小麦玉米周年"吨半粮"高产稳产技术 稻茬小麦免耕带旋播种高产高效栽培技术 小麦赤霉病"两控两保"全程绿色防控技术 小麦茎基腐病"种翻拌喷"四法结合防控技术 小麦条锈病"一抗一拌一喷"跨区域全周期绿色防控技术 冬小麦—夏玉米周年光温高效与减灾丰产技术

各生态区根据自身生态生产条件、关键障碍因素，研发、集成出一批适应性好、可操作性强的栽培技术体系，在小麦生产中发挥了重要作用。

5. 品质状况

"十五"以来，我国大力选育专用小麦品种，推广专用小麦品质调优栽培技术，促进了专用小麦的生产与产业化。但从大面积生产及品种角度看，目前我国小麦专用化程度仍显不足，从2017—2019年《中国小麦质量报告》结果看，在每年度抽检的样品中，表观达标率强筋小麦为16.8%～19.3%，中强筋小麦为42.5%～58.8%，中筋小麦为50.0%～79.4%，弱筋小麦为0～33.3%，表现为强筋、弱筋小麦达标率低，中筋小麦较高，呈现出"两头弱、中间强"的态势（表5）。2020年，全国优质专用小麦种植面积占总面积的35.8%，但仍不能很好地满足市场的多元化需要。

表5　2017—2019 年我国小麦籽粒品质状况

| 年份 | 类型 | 抽样数（个） | | 达标数（个） | | 表观达标率（%） | |
		样品	品种	样品	品种	样品	品种
2017	强筋	133	35	24	16	18.0	45.7
	中强筋	114	42	67	47*	58.8	111.9
	中筋	396	181	198	96	50.0	53.0
	弱筋	0	0	0	0		
	合计	643	258	289	159	44.9	61.6
2018	强筋	161	39	31	12	19.3	30.8
	中强筋	79	79	45	28	57.0	35.4
	中筋	238	135	155	94	65.1	69.6
	弱筋	28	5	0	0	0.0	0.0
	合计	506	228	231	134	45.7	58.8
2019	强筋	238	51	40	21	16.8	41.2
	中强筋	127	52	54	39	42.5	75.0
	中筋	248	125	197	120	79.4	96.0
	弱筋	6	3	2	2	33.3	66.7
	合计	619	231	293	182	47.3	78.8

注：（1）数据根据 2017—2019 年《中国小麦质量报告》进行汇总；（2）强筋和弱筋品质分类标准依据 GB/T 17982 优质强筋小麦、GB/T 17983 优质弱筋小麦，中强筋和中筋品质分类标准依据自定标准（中强筋品质粗蛋白含量≥13.0%，湿面筋含量≥28.0%，面团稳定时间≥6 分钟，蒸煮面条评分≥80；中筋品质粗蛋白含量≥12.0%，湿面筋含量≥25.0%，面团稳定时间 2.5～6 分钟，蒸煮馒头评分≥80）。（3）* 表示本年度较多品种种植后表现为中强筋品质，导致达标品种数超过依据审定公告认定的抽样品种数。（4）表11同。

从 2017—2019 年小麦籽粒品质变化趋势看，强筋、中强筋、中筋样品的籽粒蛋白质含量变化不大，湿面筋含量逐步降低，面团稳定时间有所缩短，而弱筋小麦样品的籽粒品质变异比较大（表6）。

表6　不同类型小麦不同年份样品籽粒品质变化

| 品种类型 | 强筋小麦 | | | 中强筋小麦 | | | 中筋小麦 | | | 弱筋小麦 | |
	2017	2018	2019	2017	2018	2019	2017	2018	2019	2018	2019
籽粒											
硬度指数	67	64	64	63	63	61	63	62	62	56	53
容重（克/升）	804	788	816	810	796	813	803	783	808	787	797
水分（%）	10.6	10.6	10.8	10.1	10.9	10.9	10.5	10.7	10.8	11.2	10.8
粗蛋白（%，干基）	14.7	14.9	14.3	14.0	14.4	13.5	13.8	14.4	13.8	13.9	11.9
降落指数（秒）	352	335	402	354	365	389	353	341	386	347	358
面粉											
出粉率（%）	67.5	68.3	68.2	67.6	68	67.3	67	67.7	67.7	66.4	65
沉淀指数（毫升）	31	37.9	38.4	30.4	35.5	31.5	30.9	28.9	27.9	33.8	24.3

（续）

品种类型	强筋小麦			中强筋小麦			中筋小麦			弱筋小麦	
	2017	2018	2019	2017	2018	2019	2017	2018	2019	2018	2019
灰分（％，干基）	0.53	0.53		0.49	0.54		0.53	0.53		0.54	
湿面筋（％，14％湿基）	38	31.5	30	34.1	32.3	29.6	28.6	33.4	31.7	32.1	25.2
面筋指数	90	90	90	80	81	76	64	60	57	70	83
面团											
吸水量（毫升/100克）	60.3	59.6		58.8	60.4	58.9	59.1	60.1	60.1	58.8	54.2
形成时间（分钟）	7.8	5.4		5.6	4.9	4.4	3.1	3.1	3.1	2.9	1.9
稳定时间（分钟）	14.6	12.6		8.9	8.5	7.4	4.1	3.5	3.9	4.9	3.6
拉伸面积（厘米²）	128	138		92	93	88		77	85		100
延伸性（毫米）	161	164		150	155	133		165	145		115
最大拉伸阻力（E.U）	641	648		467	446	503		331	441		669
烘焙评价											
面包体积（毫升）	846	845		793	768	808			890		
面包评分	84	84		75	69	79.1			88.2		
蒸煮评价											
面条评分	84	82		84	79	82.1	83	78	81.7	74	

注：数据根据 2017—2019 年《中国小麦质量报告》进行汇总。

6. 成本收益

根据小麦种植过程中的特性，小麦种植成本主要可以分为以下八个部分：种子成本、化肥成本、人工成本、土地成本、农药成本、机械成本、排灌成本和其他成本（包括保险、财务、管理、销售等费用）。2005—2019 年，我国小麦生产总成本涨幅高达 164％，年均增速 7.3％（全国农产品成本收益资料汇编，2019）。2019 年我国小麦生产总成本涨至近美国 3 倍，在生产总成本中，人工成本占比最高，为 33.1％，远高于美国 6.5％的人工成本占比，化肥投入量分别是俄罗斯、美国的 16.9 倍、2.7 倍，农药投入量分别是俄罗斯、美国的 21.1 倍、5.1 倍（FAO 数据库计算）；综合来看，虽然我国小麦产量较高，但人工和生产物资投入水平高、化肥和农药利用率低、生产总成本高。目前，中国小麦种植的每亩种子用量和化肥用量仍居高不下，随着机械化水平和农业科技水平的提高，每亩小麦的用工数量虽逐渐减少，但随着通货膨胀和人力成本的不断提高，中国小麦种植成本仍呈不断走高趋势，目前每亩总种植成本在 700～800 元。

2000 年以来，因小麦种植成本的逐年增加，以及受到气候异常、质量不稳、价格波动的影响，小麦的种植效益呈现波动状态，亩实际净效益在 300 元左右。

7. 市场发展

我国一直重视小麦生产，"十五"以来小麦连年丰收，库存储备较为充足，基本满足国内需求。

从需求端看，小麦需求主要包括食用、饲用和工业需求，消费结构以制粉消费为主，占比约 59％，饲用消费、工业消费、种用消费占比分别为 30％、7％、4％。食用需求弹性小，每年大约有 9 000 万吨左右小麦被加工成面粉；工业需求量在 1 000 万吨左右，饲用需求受玉米与小麦价差影响较大，年度消费波动较大。《2022 年中国小麦产业数据分析报告》认为，2021 年我国小麦的总体消费量约 14 880 万吨，同比增加 2 320 万吨，增幅 18.5%。其中，制粉消费 8 800 万吨，同比增加 100 万吨，增幅 1.1%，占小麦总体消费量 59%。饲用消费约 4 500 万吨，同比增加 2 200 万吨，增幅约 95.7%（由于小麦大量替代玉米被用作饲料，致使小麦饲用消费量大幅增长），占比为 30%。小麦工业消费和种用量分别为 970 万吨和 610 万吨，同比各增 10 万吨，占比分别为 7% 和 4%（图 6）。

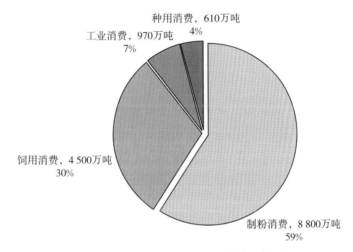

图 6   2021 年中国小麦消费结构占比情况

注：数据引自《2022 年中国小麦产业数据分析报告》。

从供给端看，我国小麦自给率接近 100%（图 7），供需基本平衡，年度向有波动，小麦进口主要为品种调剂所需。

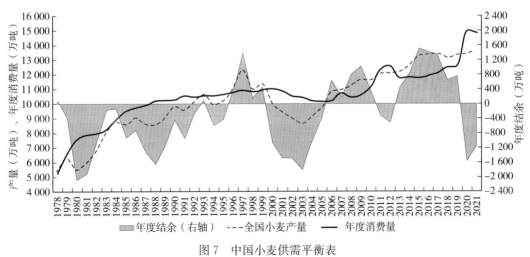

图 7   中国小麦供需平衡表

注：引自《2021 年中国小麦市场分析》。

目前中国对优质小麦的需求仍较强劲，仍需要进口小麦缓解国内部分供给压力。中国海关数据显示，2021 年累计小麦进口量达 977.0 万吨，同比增长 19.1%；累计进口金额为 303.88 千万美元，同比增长 34.35%。2022 年我国小麦进口数量进一步走高，全年累计小麦进口量达 996 万吨，同比增长 1.9%，超进口配额 32 万吨；累计进口金额为 383.69 千万美元，同比增长 24.6%（图 8）。

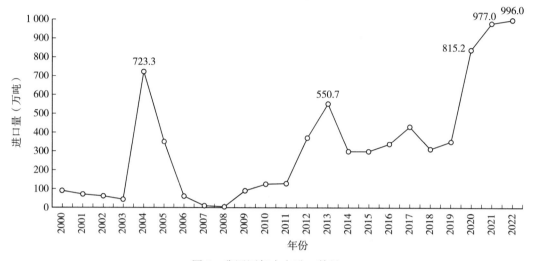

图 8　我国历年小麦进口数量

近些年，随着消费者对面粉产品、主食产品需求的提升，加之政策引导以及小麦加工产业链整合等一系列因素影响下，近五年来我国小麦加工市场规模从 2017 年的 2 126 亿元增至 2021 年的 3 001 亿元，增长了 875 亿元，增幅为 41.16%，年均复合增长率约 9%。其中，2021 年较 2020 年增长了 248 亿元，增长率为 9.0%。截至 2022 年 8 月 15 日，我国小麦加工相关企业（在营、开业、在业）数量为 3.73 万家左右，主要集中在河北省、安徽省、山东省、河南省、甘肃省、陕西省、福建省，这 7 个省份的小麦加工相关企业数占中国总数的 59%（图 9）。

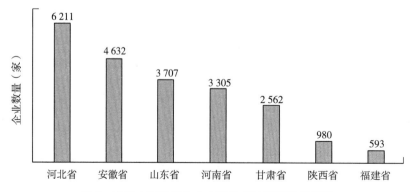

图 9　中国小麦加工企业主要分布地区及数量情况

注：数据引自《2022 年中国小麦产业数据分析报告》。

小麦深加工产业可以有效增加产品附加值，是小麦产业链最重要的环节之一，可以有效完善小麦产业结构。小麦主要深加工产品包括酒精、胚芽油、麦芽糖、小麦白蛋白制品等。目前来看，我国小麦仍主要以初加工产品为主，深加工产业尚存在较大的市场空间，发展潜力巨大。

出口方面，为确保国内粮食安全，2008年起我国对小麦、小麦粉实行出口配额许可证管理。据国家粮油信息中心统计，近几年我国小麦出口量较低，2019年小麦产品出口量为31.32万吨。中国小麦在国际市场上的竞争力相对较弱，国内主产区面粉厂小麦收购价普遍在2 400～2 500元/吨，而美国软红冬小麦运输到国内南方地区，税后价仅为2 200～2 300元/吨。

未来5～10年，伴随生活水平提高，人均口粮消费减少，但由于人口总量增长、小麦加工用途增多，小麦消费量仍将增加。

（二）主要经验

影响小麦综合生产能力提升的因素包括产前因素（如政策、价格、种植规模等），生产过程影响因子（主要有气候条件、土壤质量、播种质量、施肥、机械、种子处理等），产后贮藏加工因素（如仓储条件、原料质量、三产联动效应等）。这些因素的不断改善，有力促进了小麦产业的持续发展。

1. 国家政策的持续扶持强力推动了单产提升

十八大以来，国家制定了一系列强农惠农富农政策，调动了农民和地方政府的积极性。一是粮食安全、供给侧结构性改革、乡村振兴等策略的制定与实施，从不同层面推动了农业生产的发展。二是合理确定适度调节的小麦最低收购价格，充分发挥市场价格的托底作用，一定程度上稳定了农民种麦的效益。三是颁布的一系列补贴政策，如产粮大县奖励、耕地地力保护补贴、秸秆还田补贴、农机补贴、一喷三防补贴等，成为调动地方政府重农抓粮积极性、稳定粮食生产供应至关重要的政策，促进了各地良田的培育、良机的应用、良技的推广。四是逐步扩大农业保险的实施范围，降低了农民生产风险。

2. 规模化经营增强了种植户对科技的需求

通过适度规模经营、优化生产经营方式，增强了新型经营主体对现代科技的需求，各地普遍采用现代设施设备和技术手段，提高了小麦生产的机械化、标准化、绿色化、信息化水平，并通过土地托管、代种代收、统防统治、代储代烘干等生产性服务，健全社会化服务体系，提高了小麦生产的组织化程度，做到了节种节肥节药节水，减少人工投入，降低生产成本，提高了种麦效益，并促进了小农户和现代农业发展的有机衔接。至2022年底，全国家庭农场391.4万家，农民合作社222.2万家，广大农民合作社坚持以服务成员为根本宗旨，着力解决成员生产经营面临的困难和问题，发展活力和带动能力不断增强，服务农户的水平显著提升。

近年来，我国推行了一系列措施，培养"新农人""领头雁"，取得了显著成效。"十四五"时期，国家实施高素质农民培育计划和百万乡村振兴带头人学历提升行动，推介 100 所涉农人才培养优质院校，培育 300 万名高素质农民，每年培训 2 万名农村实用人才带头人。仅 2021 年中央财政支持高素质农民培育 23 亿元，培育高素质农民 71.7 万人。

3. "藏粮于地、藏粮于技"的实施强化了小麦单产提升的科技支撑

良田、良种、良机、良法是粮食增产的关键因素。我国着力推进藏粮于地，在保护耕地数量的同时，加强耕地数量、质量、生态"三位一体"保护，加快采取强有力措施提高耕地地力；推进藏粮于技，坚持科技自主创新，综合运用现代化科技提升小麦单产水平；不断强化小麦生产应对极端气候变化的能力，特别是强化农田水利设施建设，提高农田基础设施水平，提升应对干旱和洪涝灾害的能力。

耕地是粮食生产命根子。数据显示，到 2022 年底，全国已建成 10 亿亩高标准农田，占我国 19.18 亿亩耕地的一半以上，稳定保障 1 万亿斤*以上粮食产能。与此同时，我国还大力挖掘后备耕地增产潜力，如我国有约 15 亿亩盐碱地，其中约 5 亿亩具有开发利用潜力。

种子是小麦生产"卡脖子"问题之一。近年来，国家不断加大投入，支持开展联合攻关，加强高产、优质、耐盐碱、耐寒耐旱、抗病虫等急需品种的研发与推广。目前，我国粮食作物良种已基本实现全覆盖，农作物自主选育品种面积占比超过 95%，实现"中国粮主要用中国种"。

实用新型农机的推广应用十分重要。目前，装有北斗定位作业终端的农机装备达 150 万台（套），无人驾驶收割机、无人植保机推广普及，小麦生产基本实现全程机械化。农机助力，以及信息化技术的普及应用，农民从会种地到"慧"种地，小麦稳产增产有了强力支撑。

坚持科技服务生产，良种良法配套。不断强化小麦生产基础研究和关键核心技术攻关，集成组装耕种管收全过程绿色高质高效新技术体系，促进了现代小麦生产技术的推广应用。

数据显示，我国农业科技进步贡献率、主要农作物良种覆盖率、农作物耕种收综合机械化率分别从 2017 年的 52.5%、95.0%、67.2% 提升到 2022 年的 62.4%、96.0%、73.0%，依靠科技增产、增效的水平不断提升。

近年来，我国农业防灾减灾能力建设取得显著进展。面对抗洪、抗旱等急难险重任务，农业农村、水利、应急、科技、气象、土地、市场监管等多部门齐抓共管，各级党委政府统筹部署、基层党员干部一线抓落实，形成抗灾合力，确保灾年稳产。

---

* 斤为非法定计量单位，2 斤＝1 公斤。下同。——编者注

4. 推广模式创新畅通了技术推广的"最后一公里"

深入开展全国性的绿色高质高效行动，聚焦稳口粮提品质、推进"三品一标"增效益等重点任务，建设一批绿色高质高效生产示范片，示范推广优质高产、多抗耐逆新品种，集中打造优质小麦生产基地。

各地加强了农业技术推广体系和农业社会化服务体系建设，开展大规模科技下乡、科技入户、科技培训，促进多渠道多形式的产学研、农科教相结合，提高农业科技成果的转化应用率。

不同省份开展了特色化的推广体系模式构建与示范工作，如多数省份建立的小麦产业技术体系示范基地、江苏省建立的稻麦综合展示基地等，探索构建了"社会化服务组织或企业＋技术专家＋新型经营主体＋农户""省级专家＋地方专家＋县乡技术骨干＋新型经营主体"的"1＋1＋1＋N"的线上线下协同的技术推广模式，均强化了新品种、新技术、新产品、新模式的展示、示范，一定程度上提升了现代小麦生产技术与产品的普及率。

5. 产业化联动助力提升了种麦效益

为探寻优质专用小麦产业发展新路径，充分利用社会资源，以市场需求为导向，大力推行农业供给侧结构性改革，以调优、调高、调精小麦产业，增加适销对路的优质专用小麦产品，做强生产、加工、储藏、包装、流通、销售各环节，延长产业链、提升价值链，提高小麦质量与效益。一是支持有实力的龙头企业实行优质小麦种植、仓储、面粉生产和食品加工、物流和市场营销服务一体化经营，鼓励面粉加工、主食加工企业到粮食主产区开展供产销衔接。二是充分发挥加工企业的产业引擎作用，成立了全国优质专用小麦产业联盟、弱筋小麦产业发展联盟、区域性的种植业产业联盟等产业联合体，将工业化和商业化的管理理念和技术手段应用到农业，在促进产销对接、构建交流平台、推动产业发展等方面不断探索出路，增加小麦产业附加值。三是鼓励一部分家庭农场、专业合作社、托管服务组织、涉农企业、村级集体经济组织等新型农业经营主体组成联营式的社会化服务组织，开展收、贮、加等产业化服务，增加小麦收益。

（三）存在问题

新中国成立以来，我国小麦生产取得了巨大的成就，保障了国家口粮安全，但随着人民生活水平提高、劳动力和生产资料成本不断增加，当前和今后一段时期，小麦生产面临着"高产、优质、高效、生态、安全"多目标协同发展的巨大挑战，我国小麦单产进一步提升的制约因素也更为突出。

1. 资源约束呈现紧张态势

一是耕地质量水平总体偏低。我国耕地按质量分为十个等级，目前平均等级仅为4.76等，七至十等的低等耕地占比约22％、数量超过4亿亩。现有麦田中一半以上为中低产田（表7）。

表7 全国耕地质量等级面积比例及主要分布区域

耕地质量 等级	面积 （亿亩）	比例 （%）	主要分布区域
一等	1.38	6.82	东北区、长江中下游区、西南区、黄淮海区
二等	2.01	9.94	东北区、黄淮海区、长江中下游区、西南区
三等	2.93	14.48	东北区、黄淮海区、长江中下游区、西南区
四等	3.50	17.30	东北区、黄淮海区、长江中下游区、西南区
五等	3.41	16.86	长江中下游区、东北区、西南区、黄淮海区
六等	2.56	12.65	长江中下游区、西南区、东北区、黄淮海区、内蒙古及长城沿线区
七等	1.82	9.00	西南区、长江中下游区、黄土高原区、内蒙古及长城沿线区、华南区、甘新区
八等	1.31	6.48	黄土高原区、长江中下游区、内蒙古及长城沿线区、西南区、华南区
九等	0.70	3.46	黄土高原区、内蒙古及长城沿线区、长江中下游区、西南区、华南区
十等	0.61	3.01	黄土高原区、黄淮海区、内蒙古及长城沿线区、华南区、西南区

注：引自《2019年全国耕地质量等级情况公报》。

二是水土资源匹配不协调。我国64%的耕地分布在秦岭—淮河线以北，而这些地区水资源仅占全国约19%。山地、丘陵地区耕地面积较大，坡度在15度以上的耕地面积为1.79亿亩，跑水跑肥跑土问题比较突出。华北地下水超采严重，面积仍有下调压力。

三是耕地退化形势依然严峻。虽然我国已推广秸秆还田十余年，但耕地"变薄、变瘦、变硬"的趋势仍未得到根本遏制。受气候变化、不合理施肥等影响，与21世纪80年代相比，我国盐碱耕地、强酸化耕地明显增加，部分地区水土流失、土壤退化、农业面源污染加重。在新时代新征程上，耕地保护任务没有减轻，而是更加艰巨。

2. 优质多抗品种"卡脖子"问题没有得到有效解决

长期以来我国的小麦产业以追求增产为主，品种以中筋小麦为主，强筋与弱筋小麦达标率低，导致"强筋不强，弱筋不弱"，优质专用小麦不能满足市场需求。近年来，小麦品种销售市场"多、乱、杂"现象严重，产量、品质、效益难以协调。"多"体现在由于销售企业与经销商的逐利驱动和种植户的盲目跟风心理，使得销售市场品种数量多、抗性不一、品质类型不清，不利于种植户对于优良小麦种子的选择；"乱"体现在小麦的经营渠道方面存在经营方式混乱、未能完全做到优质品种在优势适区种植，甚至出现越区种植现象；"杂"体现在同区域同一品种种植规模偏小，不同品种或品质类型插花种植，收获时混收、混储等，导致原粮质量不一，加工难度增大。

从现有情况看，我国强筋小麦和弱筋小麦的发展相对缓慢，而近年来国内对强筋、弱筋小麦的需求增长很快，导致进口不断增加。与此同时，考虑我国人民大众饮食生活习惯和不断提高的生活水平，对中筋小麦品质的要求也在提高，应培育适合加工馒头、面条、面包、糕点等多样化食品类型的优质专用小麦品种，在保证产量的基础上，不断提高小麦产品的营养成分和风味品质。

3. 生产中亟须解决的技术瓶颈问题尚待综合突破

一是农田机械化耕、播种质量不平衡，每年存在的较大比例弱苗和旺苗是影响小麦稳产高产的关键障碍因子。虽然近几年普遍运用机械进行耕整地，但是由于耕整的农机与相关农艺不匹配，出现了耕层变浅、土壤翘空不实等现象，特别是秸秆还田条件下的耕整地质量受影响程度更大，大多数情况下农民很难把秸秆完全粉碎并且正确掩埋，造成麦田秸秆分布不匀，致使小麦的出苗质量受到严重的影响，难以形成壮苗，不利于小麦的生产。同时，部分农户对气候变化下适宜播期、适宜播量等问题没有科学认识，过早和过晚种植面积还比较大，播期与播量不匹配，部分农田存在播量偏大情况，常造成冬前或早春旺长，出现冻害、倒伏等。

二是肥水运筹没有实现精确定量，养分不平衡和过量施肥灌水现象普遍存在。相当部分种植户在小麦施肥的过程中没有根据小麦养分需求规律合理施肥，存在"三重三轻一早"的误区，即往往重视给小麦施加无机肥，而忽视了有机肥的使用；重视氮肥的施用，而忽视了磷、钾肥和微肥的配合使用，氮磷钾比例失调；重视底肥施用，而忽视了按需适期追肥，常出现盲目跟风追肥的现象；甚至部分农户还采用"一炮轰"施肥的办法，导致麦田群体养分供需不匹配，利用效率低，影响小麦高产、优质、高效的协同实现。

在小麦水分灌排方面，黄淮海、西北生产区麦季降水少，灌水是影响产量的重要因子，但一部分种植户没有对小麦浇灌进行合理的配置，会在小麦种植期间进行大水漫灌，生育期间浇水量比较随意，导致水分流失，甚至使小麦的产量不能达到预期。长江中下游、西南小麦生产区麦季降雨常偏多，季节性短时雨水偏多是常态，降渍成为影响产量的重要因子，但本区域常因沟系不配套，没有达到有效降低麦田含水量的目的，时常出现渍害，影响小麦的稳产高产与优质高效。

三是气候变化异常，不同灾害交错频发，小麦生产应对多种逆境灾害的能力亟须提升。近年来，气候异常变化导致极端气候事件增加，灾害频繁发生，小麦气象灾害的影响涉及范围广，持续时间长，受灾损失巨大。我国小麦生产期间气象灾害如旱、涝、霜、冻、雹、风时有发生，病虫灾害频发，尤其是近年来小麦冬季冻害、拔节抽穗期低温冷害、生长后期干热风危害、生长期干旱胁迫发生程度加大，以及生长后期风雨影响对抗倒伏性和抗穗发芽能力要求越来越高；茎基腐病和赤霉病频发、重发和发病范围扩大，西北和黄淮海主推品种白粉病抗源狭窄、条锈病菌毒性变异与流行、叶锈病近年局部重发，纹枯病、蚜虫、吸浆虫、孢囊线虫等多种病虫害异常频发等，每年都导致一定程度的籽粒产量损失。如2021年小麦主产区秋季罕见秋汛，造成全国1.1亿亩小麦晚播；2022年秋冬季寒潮剧烈降温，多地冬小麦受冻；长江中下游地区梅雨季节连阴雨等，对高产稳产优质增效威胁很大。目前大面积生产应对多种逆境灾害的防控技术常呈现滞后性，难以有效避免和消减产量损失，需要强化适应性和智慧型应变管理，做好技术预案，狠抓落实到位。

四是随着规模经营的逐步扩大，农村劳动力的急剧减少，机械化管理的质量水平已成为限制小麦生产效率与效益的突出因素。2020年我国小麦生产综合机械化率在97％左右，其中，在小麦生产面积最大的河南省，小麦综合机械化率已达99.3％，但因我国小麦产区分布广，差别大，种植模式多，制约了小麦机械化生产效率和质量。比如小地块、小规模种植，导致作业机械地头折返频繁，难以发挥农业机械效能，提高作业效率，在实际生产中仍存在一些问题。①联合复式耕整作业质量有待进一步提高。近些年我国小麦机械化耕整作业趋于稳定，但耕整地机械、播种机等作业机械装备技术水平不高，中低档机具比例较高，同质化严重，距绿色高产高效联合耕整作业要求还存在一定的差距。②秸秆还田装备与配套技术仍需进一步加强。随着秸秆还田的大面积推广应用，秸秆焚烧问题已基本得到解决，但由于秸秆还田量大、抛撒不均，造成后续小麦播种时，秸秆架空种子，播种质量难以保证，严重影响了小麦出苗质量与早发壮苗。特别是我国南方稻麦轮作区降雨多、土壤质地黏重，播种阶段土壤含水量大，与北方小麦生产环境显著不同，作业中机具易产生黏附堵塞，存在机械化生产作业难、能耗高和效率低等问题。③管理装备与技术尚不完全配套。目前植保机械仍以小型植保机械为主，大型机动植保机少，近年来，自走式高地隙植保机械增速快、增量大，但受其自重及平衡性需要影响，在功能及适应性方面还有优化改善的空间；追肥机械仍较少。未来需进一步开展农机农艺融合高效生产模式研究，研发推广自动导航、精准喷施、智能决策等智能化技术，在喷药、施肥、灌排、收获等环节因苗因时管理，提高肥药利用效率，减少机械收获损失。④小麦烘干设备配套数量无法满足需求。小麦机械化收获水平高，大面积集中高效收获后，后续烘干环节装备配套不足，自然晾晒缺场地、缺劳力、少晴天，易导致小麦霉变，品质下降，亟须政府部门给予相关政策扶持，鼓励规模化合作社购置配套相关烘干设备。

五是受规模化程度限制，农田统一化、标准化管理难度很大。当前，我国小麦生产主要以家庭分散种植为主，虽然近年来通过土地流转，适度规模化经营的大户在增加，但总体而言，农业规模化生产程度仍然不高，大面积管理水平较低，新技术推广落实到位难，在一定范围内统一品种、统一耕作、统一机械作业要求、统一病虫害防治、统一技术标准和服务等均难以有效组织实施，使得麦田产量差距较大。

4. 产业联动的规模与模式尚不能完全满足发展需求

小麦产业链是一个从生产、储运、加工到销售、消费的全过程，上游主要为麦种、化肥、农药等行业；中游为小麦的种植；下游的应用领域主要为食品、饲料、酒类、燃料等领域（图10）。

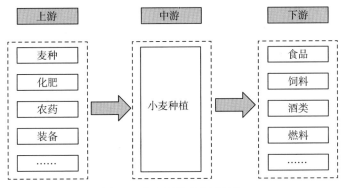

图 10 小麦行业产业链结构

优质强筋、中筋与弱筋小麦如果要快速发展，则必须加强对产前、产中与产后的产业链整合，才能避免风险，获得利润，也就是说需要产业各方稳定的合作才能避免市场风险。长期以来，我国建立起一套小麦产供销体系，即农业家庭种植小麦，被中介、储备体系或者加工企业收购，这种体系适合于一般面食的需求，而规模种植条件下的适应性受到制约。目前我国尚未建立起优质小麦的分级收储体系，导致生产的优质麦难以卖出高价，有需求的加工企业也很难从目前的储备体系中购买到符合要求的小麦。

近几年，一些地方采用"公司＋农户"的模式进行专用小麦订单生产，通过建立优质小麦生产基地，推广优质专用小麦配套生产技术，逐步做到统一品种、统一栽培措施、统一收储，提高农业种植、流通、加工、销售各个环节的组织化、产业化，实现专用小麦的规模化种植、标准化生产、产业化开发，来满足市场的需求，但常因品质不均一、稳定性差、价格变化等因素的影响，履约率不高。

二、我国小麦区域布局与定位

我国小麦主要布局在黄淮海区、长江中下游区、西南区、西北区和东北区，共涉及 22 省（直辖市、自治区）1 653 个县（区），种植面积稳定在 3.5 亿万亩左右，已划定小麦生产功能区 3.28 亿亩。随着我国农业生产区域专业化的快速发展，小麦生产的优势区域已基本形成，包括 5 个优势产区，即黄淮海小麦优势区、长江中下游小麦优势区、西南小麦优势区、西北小麦优势区和东北小麦优势区。

（一）黄淮海小麦优势区

主要包括河北、山东、北京、天津全部，河南中北部、江苏和安徽北部、山西中南部及陕西关中地区等 9 省 510 个县，是我国最大的冬小麦生产区，主要种植优质强筋、中强筋和中筋小麦。2019 年该区小麦种植面积 2.4 亿亩，占全国种植面积的

68.6％；亩产 415.0 公斤，比全国平均亩产高 39.6 公斤；产量 9 981.5 万吨，占全国总产量的 74.7％。已划定小麦生产功能区 2.3 亿亩左右。预计到 2025 年，小麦种植面积稳定在 2.1 亿亩，约占全国的 60％；亩产超过 425 公斤，比全国平均高 20～30 公斤；产量 9 000 万吨，约占全国总产量的 2/3，优质专用小麦种植比例在逐年增加。优化方向是稳定优势产区小麦生产，选育和推广高产、优质、抗病、节水节肥、抗逆性强的优良品种，发展优质强筋、中强筋小麦和中筋小麦，实现农机农艺系统配套，建成我国最大的商品小麦生产基地和加工转化聚集区。

（二）长江中下游小麦优势区

主要包括江苏、安徽两省淮河以南，湖北北部、河南南部等 4 省 273 个县，主要种植优质弱筋和中筋小麦，搭配种植红皮强筋小麦。2019 年小麦种植面积 0.59 亿亩，占全国种植面积的 16.9％；亩产 314.0 公斤，比全国平均亩产低 61.4 公斤；产量 1 855.5 万吨，占全国总产量的 13.9％。已划定小麦生产功能区 0.55 亿亩左右。预计到 2025 年，小麦种植面积稳定在 5 000 万亩以上，平均亩产达到 370～380 公斤，总产量达到 1 900 万吨，面积和产量约占全国 14％，优质专用小麦种植比例达到 80％以上。优化方向是选育推广抗赤霉病、穗发芽的红皮弱筋、中筋及强筋品种与配套农机农艺，建成我国最大的弱筋小麦生产基地。

（三）西南小麦优势区

主要包括四川、重庆、云南、贵州等 4 省（直辖市）406 个县，主要种植优质中筋小麦，适度发展优质弱筋小麦。2019 年小麦种植面积 1 647 万亩，占全国种植面积的 4.7％；亩产 218.0 公斤，比全国平均亩产低 157.4 公斤；产量 358 万吨，占全国总产量的 2.7％。已划定小麦生产功能区 0.16 亿亩左右。预计到 2025 年，小麦种植面积稳定在 1 800 万亩，约占全国的 5.1％；平均亩产达到 240 公斤，总产量达到 430 万吨左右，约占全国的 3.2％；优质专用小麦种植比例达到 60％以上，软质弱筋小麦面积和产量约占全国的 40％。优化方向是稳定小麦种植面积，优化品种和品质结构，提高小麦生产水平，建成我国软质小麦生产基地。

（四）西北小麦优势区

主要包括甘肃、宁夏、青海、新疆、陕西北部及内蒙古河套土默川地区等 6 省（自治区）257 个县，主要种植优质强筋、中筋小麦。2019 年小麦种植面积 3 000 万亩左右，占全国种植面积的 8.6％；亩产 309.0 公斤，比全国平均亩产低 66.4 公斤；产量 932 万吨，占全国总产量的 6.9％。已划定小麦生产功能区 3 000 万亩左右。预计到 2025 年，小麦种植面积 3 100 万亩，平均亩产达到 320～330 公斤，总产量达到 1 000 万吨左右，约占全国 7.4％，优质专用小麦种植比例达到 70％以上。优化方向是积极发展优质面包、面条、馒头加工用优质专用小麦及保护性耕栽技术，建成我国优质强筋、中筋小麦生产基地。

（五）东北小麦优势区

主要包括黑龙江、吉林、辽宁全部及内蒙古东部等 4 省（自治区）113 个县，主要种植强筋、中筋小麦。2019 年小麦种植面积 890 万亩，占全国种植面积的 2.5%；平均亩产 229.0 公斤，比全国平均亩产低 146.4 公斤；产量 205.5 万吨，占全国总产量的 1.5%。已划定小麦生产功能区 800 万亩左右。预计到 2025 年，小麦种植面积适度恢复至 1 000 万亩，约占全国的 2.9%，平均亩产达到 280 公斤，总产量达到 280 万吨，约占全国总产的 2.1%，优质专用小麦种植比例达到 80% 以上。优化方向是推行合理轮作，因地制宜恢复春小麦种植面积，大力发展优质小麦生产，打造"硬红春"优质强筋小麦生产基地。

三、我国小麦产量提升潜力与实现路径

（一）发展目标

总体上保持 100% 自给，供需基本平衡。

——2025 年目标定位。到 2025 年，种植面积稳定在 3.5 亿亩以上，亩产有望达到 400 公斤以上，总产量保持在 1.3 亿吨以上，其中优质小麦面积稳定在 1.75 亿亩左右，总产量保持在 6 500 万吨以上，优质小麦占比达到 50%。

——2030 年目标定位。到 2030 年，种植面积稳定在 3.5 亿亩左右，亩产将可达到 415 公斤以上，总产量保持在 1.3 亿吨以上，其中优质小麦面积稳定在 2.1 亿亩左右，产量保持在 7 800 万吨以上，优质小麦占比达到 60%。

——2035 年目标定位。到 2035 年，种植面积稳定在 3.5 亿亩左右，亩产将可达到 420 公斤以上，总产量保持在 1.3 亿吨以上，其中优质小麦面积稳定在 2.13 亿亩左右，产量保持在 8 000 万吨以上，优质小麦占比达到 65%。

（二）发展潜力

1. 面积潜力

随着我国国民经济的发展和城市化进程的加速，我国用于工业企业开发、高新技术开发、城市建设和各类住宅建设的用地面积不断增加，耕地面积的稳定受到严重威胁，丞需要政府给予关注，因小麦生产的比较效益偏低，在现有的种植结构下，进一步扩大小麦种植面积的潜力不大，而稳定小麦种植面积的压力尤其大，需要政府更多的关注。

2. 单产潜力

（1）从区域看　黄淮海区种植水平较高，大力推广精播半精播与宽幅精播高产栽培技术、深松深耕技术和播前播后双镇压技术，推进水肥一体化、机械深施等节水节肥技术，强化"一喷三防"和病虫害绿色防控，每年亩产可提升 3～5 公斤；长江中下游区，抓好稻茬小麦高产攻关，突破提高整地播种质量培育壮苗的技术难点，集成推广药剂拌种、秸秆还田、少免耕机条播、半精量播种、高效施肥等技术，积极引导适期适量播种，强化"一喷三防"和统防统治，着力"倒春寒"、渍害、烂场雨等灾害防控，每年亩产可提升 3～4 公斤；西南区，选育推广高产抗条锈病高产品种，集成推广免耕播种、精量半精量播种、品质调优等关键技术，做好小麦白粉病、条锈病、赤霉病和蚜虫、红蜘蛛等"三病两虫"绿色防控，加强干旱、渍害等灾害防控，每年亩产可提升 2～3 公斤；西北区，大力推广抗旱品种，适度恢复旱地小麦种植，抓好旱地小麦高产攻关，突破抗旱播种保全苗和旱作高产技术难点，推广蓄水保墒、保护性耕作、宽幅精播、缓控释肥施用等技术，强化病虫和气象防灾减灾预警能力，每年亩产可提升 2～3 公斤；东北区，加快育种能力和品种更新换代，大力打造"硬红春"优质强筋小麦，改善农田水利基础设施，突出强化防灾减灾预警能力，每年亩产可提升 2 公斤左右。

（2）从品种潜力看　近年来我国小麦国家区试亩产年均增加 4 公斤左右，按小麦大田亩产为区试亩产的 87% 计算，通过品种更新年均亩产可提高 3.5 公斤左右。

（3）从技术潜力看　稳定提升水浇地小麦单产水平，大力提高旱地小麦和稻茬小麦单产水平，集成推广深耕深松、种子包衣、宽幅精播、机械深施肥、水肥一体化、"一喷三防"等关键技术，每年亩产可提高 2～3 公斤。

（4）从高产典型看　近几年我国小麦百亩方高产攻关亩产已超过 800 公斤，高产创建万亩片亩产超过 600 公斤，通过推广高产创建的技术和机制，小麦亩产提高的空间很大。

综合以上因素，到 2025 年我国小麦亩产有望达到 400 公斤以上，2030 年我国小麦亩产将达到 415 公斤以上。

（三）实现路径

1. 强化国家粮食补贴政策，为小麦产业发展提供政策支撑

小麦产业是关系国民经济发展的基础产业，必须加快深化改革现有小麦产业政策体系，挖掘"十四五"时期我国小麦增产潜力，提高小麦产业内生发展能力，增强开放条件下我国小麦产业的国际竞争力。为此，一是在市场准入方面，原则上不下调我国小麦的关税保护水平，不放弃进口小麦关税配额管理制度，可适度增加现有关税配额的使用灵活度，为我国小麦生产和增产提供良好发展环境。二是在价格支持方面，要坚决保留小麦最低收购价政策，但要进一步缩小和聚焦收购政策实施范围，在收购价制定上要增加调节弹性。三是在补贴支持方面，要进一步拓展"绿箱"政策空间，加大科研投入和人才培养，加快推广小麦完全成本保险和收入保险试点，增强保险支持力度；要进一步落实绿色发展导向，加大资源环境保护补贴的范围和力度，创设结构调整补贴政策；要将现有的地力补贴转化为不挂钩的直接收入补贴，加快对小麦家庭农场和合作社等新型经营主体实行收入安全网试点，稳定小麦规模生产经营者的基本收益，从根本上解决小麦种植者队伍稳定性问题，有效推动我国"十四五"时期小麦稳产增产，有力保障我国新时期小麦口粮的绝对安全。

2. 全面提升小麦种业水平

优良品种和种子是实现小麦增产的关键，强大的种业是提供优良种子的源泉。当前，国家现代种业发展战略已经明确，小麦种业发展迎来了前所未有的机遇。一要以市场需求为导向，突出品种创新，持续加大财政投入，加强小麦种业核心技术攻关，突出绿色、多抗、优质、高产育种目标，提升小麦种质资源质量，抢占小麦种业科技制高点，着力解决适应气候变化、优质与高产协同、抗赤霉抗茎腐抗条锈、节水抗旱、耐晚播等新品种的需求；二要深化小麦种业体制改革，激活小麦种业内生研发动力；进一步完善农业科研单位、农业院校、种子企业小麦良种联合攻关制度，实现各参与主体强强联合；三要依托各主产区的资源禀赋，积极推进小麦良种繁育基地建设，提高集约化供种能力；四要提高小麦生产环节的组织化程度，推进统一供种、统一管理、单品种收贮；五同时要提高品种审定标准，加强对小麦种业市场的监管，加强贯彻落实种子法，对侵犯种业知识产权行为进行严厉打击，保护种子企业合法权益。全方位多环节助推小麦种业高质量发展。

3. 优化生产布局发挥区域优势

要坚决贯彻落实耕地保护制度，严格执行永久性耕地制度，采取多种措施稳定我国小麦种植面积。在稳定种植面积的基础上，调整小麦生产的区域布局时，应综合考虑禀赋和区域比较优势，做到数量与质量并重。数量方面，在现有种植面积基础上，应按照"稳定冬小麦、适当恢复春小麦"的思路，稳定黄淮海、长江中下游等主产区冬小麦种植面积，建立合理轮作体系；恢复东北冷凉地区、内蒙古河套地区、新疆天山北部地区春小麦种植面积；加大盐碱地小麦的研究开发力度，进一步高效完成增加面积目标的任务；加强对小麦生产功能区的监管。质量方面，一是要按照产区资源条件水平，综合考虑经济社会发展情况，因地制宜地对我国小麦产区结构进行调整，适度调减华北地下水超采区、小麦条锈病菌源区面积；二是要加快土壤有机质提升、耕层结构改良、轮作休耕等技术与模式创新，提高麦田基础地力，夯实并提高小麦综合生产能力，平衡小麦种植与生态环境恢复。

4. 推进高标准农田建设

党的二十大报告提出，逐步把永久基本农田全部建成高标准农田。中央财经委员会第二次会议进一步明确，真正把耕地特别是永久基本农田建成适宜耕作、旱涝保收、高产稳产的现代化良田。因而要加大投入力度，依据《全国高标准农田建设规划（2021—2030 年）》文件要求，分区域、分时段加快推进高标准农田建设，到 2025 年建成 10.75 亿亩，并改造提升现有高标准农田 1.05 亿亩，2030 年累计建成 12 亿亩并改造提升 2.8 亿亩高标准农田；到 2035 年，全国高标准农田保有量和质量进一步提高。同时将高效节水灌溉与高标准农田建设统筹规划、同步实施，逐步更新完善小麦灌溉设施，计划至 2030 年完成 1.1 亿亩新增高效节水灌溉建设任务，减少气候变化对小麦生产的影响，以稳定保障 1.3 万亿斤以上粮食产能。

5. 推进耕作栽培技术创新

小麦生产过程中，应以县域单产综合提升和吨半粮建设为抓手，开展小麦生产环节关键技术联合攻关，通过采用先进的生物技术、化工技术、信息技术和航天技术等精确化技术，在选种、播种、施肥、喷药、灌溉、收割等生产环节实现精准化操作，突出关键技术创新，明确各区域小麦单产提升的突破点，集成推广全程机械化、节水灌溉、精量半精量播种、保护性耕作、科学高效施肥、病虫草害防控等综合配套增产技术模式，推行土壤—作物栽培系统一体化智慧管理，实现壮个体、优群体、高积累，大幅度降低消耗，提高生产效率。一是突出机械研发创新，提高机械作业效率与生产力。研发推广整地与秸秆还田一体化作业机械，推进深松浅翻、秸秆还田技术的一体化应用，不断提升小麦整地质量；加大稻麦、麦玉轮作区小麦少免耕播种技术研究力度，重点解决种带清理、深施肥与精量播种、稻茬麦黏湿土壤小麦播种等技术问题，推广应用大中型高性能小麦播种机械与配套农艺；研发推广自动导航、精准喷施、智能决策等智能化技术，集成配套推广减量施肥水、病虫害防控等绿色生产技术。研发推广作业效率高、适应性强、可实现一机多用的纵轴流联合收获机与使用技术，进一步提高联合收获机的可靠性，着力推进收获环节减损技术，推进符合产地区域特点的烘干装备与技术应用。二是突出肥水减量精准施用，提高肥水利用效率。推进科学施肥水是保障粮食和重要农产品稳定安全供给、加快形成绿色生产方式、实现资源节约高效利用的关键举措。在思路上，坚持以绿色发展理念为统领，做到增产与增效协调、生产与生态统筹、重点突破与整体推进结合。在路径上，突出抓好肥水施用新技术、新产品、新机具的配套应用，如测土配方施肥技术、缓释肥高效施用技术、测墒喷灌（微喷）技术、滴灌技术、水肥一体化技术等，促进肥水施用精准化、智能化、绿色化。在目标上，努力实现肥料"一减三提"，即农用化肥施用量实现稳中有降，有机肥施用面积占比、测土配方施肥覆盖率、化肥利用率稳步提升；实现水分"二减一增"，即水分灌溉用量与次数减少，水分利用效率提升。三是突出防灾减灾，全生育期防控气象灾害。要联合气象部门，做好灾情监测预警，及时开展灾情调查，强化主动防灾。建立气象灾害防灾减灾救灾系统，集成以冻害（冷害）、干旱、渍害、干热风、穗发芽等气象灾害为重点的全程防灾减灾技术模式，提高灾害应对能力。四是突出全程综合防控，控制病虫草害发生。要综合采取品种选择、轮作倒茬、优化管理等措施，大幅降低病虫基数，切断传播途径。扩大病虫害统防统治覆盖范围，充分利用天敌和生物制剂进行针对性防控，研发新型高效低毒农药及轻简化精准绿色防控技术，实现一喷多防、一药多效。加强应变技术研究与推广，针对气候变暖、条锈病、茎基腐病、赤霉病和穗发芽等重大问题组织开展全国性、区域性攻关研究，加快成熟技术成果推广应用。五是突出产业联动，提升综合效益。要推动全产业链数字化，重点推进农业生产经营主体互联网融合应用，加速农产品"加工—仓储物流—电商—追溯"各环节数字化改造升级，形成全产业链信息流闭环，提升小麦产品供给质量和效率。

6. 创新社会化、集团化科技服务模式

要细化研究小麦生产方式的变化及趋势，按照"主体多元化、服务专业化、运行市场化"的总体要求，通过行政推动、市场引导、政策支持等措施，立足现有社会化服务基础，围绕小麦产前、产中、产后各环节，创新构建覆盖全程、综合配套、便捷高效的县域、整建制的多元化社会化服务体系，实现线上调度、线下服务，推进小麦生产组织化、规模化、集约化发展。一是要构建县域、整建制（如农垦等）的科技服务模式，通过农机、农技、农资、金融、仓储等多个行业的横向联合，多角度、多形式、深层次地加强农业社会化服务的针对性和实效性。二是加强对社会主体投入小麦科技研发推广的引导力度，激发社会资金进入小麦科技研发推广领域，激活生产性社会化服务主体的活力，创新麦田托管和半托管等多种因地制宜的生产性社会化服务模式，提升生产性社会化服务中科技的贡献度，最大限度地满足麦农对新型农技服务的需求。二是要培育"新农人"，重点关注和培育新型经营主体，提升其种麦水平，带动周边小农户增产增收。并通过宏观金融政策对新型主体进行引导，加大推广部门、高校及科研院所对新型主体培训力度。四是要培育示范典型，发挥典型种植大户、专业化服务组织在规模化、标准化、机械化方面的示范作用。五是要运用"互联网＋"现代农业服务的模式，加快打造线下线上农技指导工作的有机衔接机制，提升农技指导工作的信息化水平，使农技推广指导工作信息化与"数字乡村"建设工作相衔接，从根本上优化当前农技指导模式。

7. 促进产业联动升级，多环节减损降耗

随着社会的发展，小麦种植业对资金、技术、人才和信息的要求越来越高，小麦生产直接受市场的引导和调控，小麦种植产业化将成为现代农业发展的必然趋势；加之人们对小麦等农产品的消费观逐步向"质量型"要求过渡，不仅要"吃饱"而且要"吃好"，国家对农产品安全问题也愈发重视。因此以市场为导向，以经济效益为中心，优化组合各种生产要素，实行区域化布局、专业化生产、规模化收贮、系列化加工、社会化服务，将成为推动小麦种植产业联动的主导方式。一是生产过程减损降耗。通过推进农业社会化服务，带动小农户集中连片耕种，降低土地细碎程度，为收割机械高效作业创造条件；推进小麦品种、栽培技术和机械装备集成配套，实现农机

农艺一体；合理使用化肥、农药、水等投入品，运用生态系统工程学方法组织生产，减少对土壤、水体的污染，维护生态平衡，提供安全健康的小麦产品。二是收贮过程减损降耗。要修订完善小麦机械化收获减损技术指导规范，降低机械收获损失率；加大对粮食烘干设施体系建设的补贴力度，鼓励已购烘干机的粮食生产经营主体开展有偿烘干服务，提高烘干机使用效率；为农户配备经济实用的新型储粮装具，提高农户储粮技术水平，最大限度地预防和减少由于鼠害、虫害或保存不当造成的粮食损失；研究探索社会多元储麦新机制，开展"代农储存、代农加工、品种兑换"等服务，着力解决小农户小麦储藏保管不善的问题。三是流通过程减损降耗。综合仓储、运输、批发以及信息中心等功能，整合各类粮食物流资源，形成粮食物流联合体或区域性粮食物流中心，提升粮食快速集并与中转能力。四是加工过程减损降耗。建立大宗面制品适度加工控制体系，建立健全不同面制食品加工品质评价指标与方法体系，引导新型经营主体与农户小麦种植优质专用化进程；合理小麦价格补偿体系，加大优质"地产"小麦的使用力度；加快小麦加工技术工艺升级和设备更新，开发全麦粉稳定化、营养保全及食用品质改良加工新技术与装备，促进小麦精深加工产品升级。

四、近期重点实施的小麦绿色高质高效技术模式

（一）黄淮海水浇地小麦高产高效技术模式

集成以宽幅精播高产栽培技术、因墒节水补灌技术、因苗氮肥后移技术、适时化学除草技术、化学调控防倒技术、绿色防治病虫技术、低温冻害防御技术、后期叶面喷肥技术、单品种收获储藏技术等措施为主要内容，努力实现小麦节本降耗、增产增效目标。该技术模式适宜黄淮海麦区有水浇条件地区，适宜单品种集中连片种植，土壤质地偏沙、瘠薄地及无灌溉的田块不宜推广。

（二）长江中下游稻茬小麦高产技术模式

包括适宜品种选用技术、因墒机械耕整播种技术、机械开沟与清沟理墒技术、高效施肥技术、防冻防渍防倒技术等。目前本技术已在江苏的苏中和苏南推广应用，近三年累计应用面积 2 000 万亩以上，正常降雨年型可增产 10%左右，降雨偏多年型可增产 20%以上。该技术模式适宜长江中下游稻茬麦区。应根据水稻腾茬早晚、土壤质地、墒情状况、农机具配套等情况，因墒适度调整播期、耕播方式，根据渍害发生时期、伤害程度等情况调整补肥量。

（三）西南小麦少免耕高产高效技术模式

以绿色发展为理念，以免耕带旋播种技术为核心，充分利用育种、栽培、农机、植保等先进技术成果，制订适宜区域生产实际、具有引领性的小麦绿色高质高效生产

技术方案，促进实质性减肥减药、节能降耗和增产增效。连续多年多地示范实践表明，该技术能使小麦作业效率提高 50%、增产 10%～15%、节能 30%、节药 15%、节肥 15%，纯收益提高 30% 以上，秸秆得到有效利用，"节水、节肥、节药、节种、节能"效果显著，深受种粮大户欢迎。该技术模式适宜于西南冬麦区，包括川、渝、滇、黔，以及陕西南部、甘肃东南部、湖北西部。

（四）西北旱地小麦雨养保墒高产技术模式

研究蓄水保墒技术，尽最大可能蓄积自然降水，协调自然降水与小麦生长不吻合的矛盾，满足小麦生长发育对水分的需要，提高土壤水分养分资源利用效率，达到降水资源周年调控与土壤水分跨季节利用，发展旱农生产、提高水分利用效率和作物产量。主要措施包括休闲期实施耕作覆盖、播前精细整地并施足底肥、选用节水型优良品种等。适宜于西北黄土高原旱作麦区推广应用，要配合立秋后把糖收墒才能发挥蓄水保墒的良好效果。

（五）小麦全程防灾减灾高产技术模式

倒春寒、干热风、烂场雨等是冬、春小麦中后期典型的气候灾害。该技术模式针对小麦关键生育时期常见的气象灾害，通过适选品种、足墒精播、中耕镇压、水肥运筹、"一喷三防"、分类补救等综合性防范措施，为小麦安全生产保丰收提供了解决方案，能做到正常年增产增收、轻灾年稳产增效、重灾年保产减损，每年不仅能挽回百亿斤以上的小麦经济损失，还能保障受灾区小麦产品质量安全，对提高农户种粮收益、促进生产生态可持续发展均起到重要作用。本模式综合技术和单项技术适用于全国冬小麦各生产区，并已在全国大面积推广应用。

（六）小麦"一喷三防"高产高效技术模式

在小麦抽穗扬花至灌浆期，通过一次性叶面喷施植物生长调节剂、叶面肥、杀菌剂、杀虫剂等混配液，达到防干热风、防病虫、防早衰的目的，实现增粒增重的效果，一般能减少产量损失 5%～20%，确保小麦丰产增收。目前，已在全国各类麦区广泛应用，防控效果显著，成为小麦生产稳产的一项重要技术。

（七）黄淮海麦区小麦病虫草害全程防控技术模式

以黄淮海麦区小麦条锈病、赤霉病、麦蚜和杂草为主，兼顾茎基腐病、吸浆虫、小麦叶螨（红蜘蛛）、纹枯病、白粉病、全蚀病、孢囊线虫、土传花叶病毒病等，集成健康栽培、生态调控、天敌保护利用、生物农药和高效低毒低风险化学农药科学使用及高效植保器械应用的综合防控技术模式，适用于黄淮海麦区，大面积连片种植区，种植面积至少在 200 亩以上。

（八）西北麦区小麦病虫害全程防控技术模式

针对该区小麦条锈病、白粉病、蚜虫、小麦叶螨、地下害虫和麦田杂草等。以土壤深翻、合理施肥为基础，抗病品种为关键，通过杀菌剂、杀虫剂和植物免疫诱抗剂种子处理，环境友好型农药混配"一喷三防"，结合高效药械应用，形成西北麦区全程绿色防控技术模式。本技术模式适用于西北冬小麦种植区，包括陕南、甘肃南部、青海东部等地区，100亩以上土地平整连片种植区域。

（九）长江中下游麦区小麦病虫害全程防控技术模式

针对该区小麦赤霉病、白粉病、纹枯病及条锈病、蚜虫等，集成以农业防治（适时晚播，镇压、合理施肥等）为基础，抗病品种为关键，药剂防治赤霉病为主的全程防控技术模式。本技术模式适用于长江中下游麦区。化学农药要严格按标签说明使用，收获前用药要遵守安全间隔期，不得随意加大使用量。

五、需要研发和推广的重点工程与关键技术

"十四五"时期，我国开启了全面建设社会主义现代化国家的新征程，为加快农业农村现代化带来难得机遇。面对新形势新任务，要围绕我国小麦产业发展中的短板不足，进一步凝聚小麦产业合力，强化耕地、品种、技术、装备、产品联合攻关，实现小麦量足、质优、营养、生态、安全。

（一）高标准耕地质量提升技术

落实做细"藏粮于地"战略，健全耕地数量、质量、生态"三位一体"保护制度体系，应用合理轮作、科学施肥、优化排灌等工程、农艺、农机措施相结合，构建肥沃耕作层，培育养分均衡的健康土壤。围绕旱碱麦种植中的"土、种、肥、播、管"等重点环节，采用"以水压盐＋种植绿肥/增施有机肥＋喷施微生物菌剂"等方式降低耕层土壤盐分，加快盐碱地小麦单产提升；加快推进农田水利设施建设，提高灌溉水利用效率，提升耕地质量，实现小麦生产功能区高标准农田全覆盖。

（二）区域性小麦突破性品种选育技术

当前，国外种业已进入"常规育种＋生物技术＋信息化"的育种"4.0时代"，我国仍处在以杂交选育为主的"2.0时代"，基础理论、原始技术、原创种质创新不足。建议组织全国协作攻关，围绕不同区域影响小麦产量与品质的核心障碍因子，开展种业科技基础理论、生物育种关键技术研究，强化优质种质资源收集保护与鉴定评价，加快专用种质资源材料创制。紧盯前沿育种技术，构建新型育种体系，大幅提升

育种效率，培育兼抗多种病害、资源高效利用、满足多元化市场需求、适合规模化轻简化生产的新品种。培育一批具有自主知识产权、突破性的重大品种，攻克一批突破性关键核心技术，促进我国小麦品种不断突破和提档升级。

（三）小麦大面积单产提升精准生产技术

落实做细"藏粮于技"战略，开展小麦生产关键技术联合攻关，探明小麦高质高效条件下产量与品质形成的形态生理机制，从品种、气候、土壤、人为管理措施和技术、农户决策因素等多层面研发缩小小麦产量差和效率差关键调控技术，加大良种、良机、良法推广力度，突出"主导品种、主推技术、主力机型"，创建区域化、模式化、轻简化的小麦缩差增效关键技术体系，突破单产大面积提高、品质大范围稳定、效益区域性提高、农艺农机高效融合等共性难题，集成推广一批高产优质协同、控水节肥、抗逆减灾等精准栽培技术模式，开展区域性整建制小麦＋玉米、小麦＋水稻周年"吨半粮"技术研发集成与推广，持续提高小麦大面积现实生产力。

（四）重大灾害预警与综合防控技术

运用遥感监测手段适时对洪涝、旱灾、低温冷害、病虫草害等灾害进行预警，对灾害发生面积、发生程度、作物受损情况进行监测分析与评估。设立专项资金，加强防洪控制性枢纽工程建设，推动大江大河防洪达标提升，加快中小河流治理，配套适应不同区域的小麦节水灌溉与合理排水技术，构建流通的灌排水系与小麦高效防旱降渍技术体系。加大区域性关键病虫研究与防控技术研究力度，采取品种选择、轮作倒茬、优化管理等措施，大幅降低病虫基数，切断传播途径。扩大病虫害统防统治覆盖范围，充分利用天敌和生物制剂进行针对性防控，实施新的小麦"一喷三防"补贴政策，研发新型高效低毒农药及轻简化精准绿色防控技术，实现一喷多防、一药多效，健全小麦病虫害综合防治体系。研究建立农业灾害评估体系与标准，发挥农业保险灾后减损作用，扩大完全成本保险和种植收入保险实施范围。合理布局区域性农产品应急保供基地，加强粮食等重要农产品监测预警，建立健全多部门联合分析机制和信息发布平台。

（五）小麦品质全产业链提升关键技术

围绕小麦产业链各个环节，挖掘地产小麦品质提升的关键限制因子，提升地产小麦品质。积极发展订单农业，支持各种产销衔接活动，协调建立稳定的产销区购销关系。引导加工企业向主产区集聚，提高精深加工和副产品综合利用水平，不断完善和延长产业链条，增加产品附加值。

六、保障措施

（一）稳定扶持政策

完善完全成本保险和收入保险、最低收购价等支持政策，稳定农民种粮收益。促进土地合理流转，降低生产成本，引导各类主体科学适度扩大生产规模。加大产粮大县支持力度，探索建立粮食产销区省际、市际横向利益补偿机制，提高产粮大县政府抓粮积极性。

（二）逐级压实责任

严格落实"米袋子"省长责任制，每年制定分省年度保障目标任务。各省要将目标任务逐级分解细化、落到地块。完善小麦生产功能区管护机制。加强调度考核，层层落实责任，提高主销区小麦自给水平。

（三）加快培育新型主体

开展国家、省、市、县、乡、村等各级农业技术培训，培育壮大家庭农场、农民合作社等新型农业经营主体。发挥新型农业经营主体优势，制定分区域培训计划，提高关键技术到位率。提升家庭农场和农民合作社生产经营水平，增强服务带动小农户能力。

（四）加大社会化服务组织建设

加强农业社会化服务平台和标准体系建设，积极推进统防统治、机耕机收等生产性服务，培育壮大生产性服务组织，拓展服务领域和模式，提高生产的组织化规模化水平。

（五）打造生产经营队伍

以小农户为基础，新型农业经营主体为重点，社会化服务为支撑，加快打造适应现代农业发展的高素质生产经营队伍，推进小麦产业联动发展。

（六）提升指导服务水平

推动产学研联合协作，组建专家团队和科技小分队，盯紧重要农时节点，分环节、分类型加强小麦生产关键时节巡回技术指导，提高农民科学种粮技术水平。加强小麦价格、供需等信息收集、分析和预警，科学引导有序生产。运用遥感等数字技术，加强对目标任务落实的监测评估。

河南

河南省小麦单产提升实现路径与技术模式

小麦是河南省第一大农作物，常年种植面积 8 500 万亩，总产 700 亿斤以上，占全国小麦总产的 28%，占全省粮食总产的 56%，在保障粮食安全中的地位举足轻重、不可替代。中央 1 号文件精神强调，把粮食增产的重心放到大面积提高单产上。作为全国小麦生产第一大省，根据《全国粮油等主要作物大面积单产提升行动实施方案（2023—2030 年）》要求，明确细化河南省小麦单产提升关键要素、确保小麦单产明显提高、打牢中长期单产提升基础，意义重大。

一、河南省小麦产业发展现状与存在问题

（一）发展现状

1. 面积与产量变化

一是面积稳定在 8 500 万亩左右。2013 年以来，河南小麦种植面积稳中有增，持续位居全国第一。2022 年全省小麦种植面积达到 8 523.7 万亩，较 2013 年增加 246.7 万亩，增幅 2.98%。2023 年，小麦种植面积 8 529.1 万亩，同比增加 5.4 万亩，增长 0.1%。

二是小麦总产迈上 700 亿斤、750 亿斤两个台阶。2022 年全省小麦总产 762.54 亿斤，较 2013 年增加 109.27 亿斤，增幅 16.73%。2023 年由于受 10 多年来最为严重的"烂场雨"天气影响，夏粮总产减产 52.6 亿斤。

三是小麦亩产多年稳定在 400 公斤以上。自 2014 年河南小麦亩产首次超过 400 公斤以来，已连续 9 年稳定在 400 公斤以上，2022 年全省小麦亩产 447.3 公斤，较 2013 年增加 52.7 公斤，增幅 13.36%。2023 年，受"烂场雨"影响，小麦千粒重下降，亩产下降明显，仅 416.2 公斤，同比减少 31.1 公斤，下降 7.0%。

2. 品种审定与推广

目前河南省从事小麦育种的单位和个人有 150 余家，远超其他省份。2009—2019 年期间，全国通过国审的小麦品种共 334 个，其中河南省品种有 102 个，居首位。2016—2021 年间，河南省共审定小麦品种 443 个，这些新品种的农艺性状、产量构成及品质性状等均有所提升。2010 年以来，河南省育成的小麦品种矮抗 58、百农 207 在河南省的年推广面积曾超过 1 000 万亩，郑麦 366、郑麦 7698、周麦 22、百农 207 等

品种年推广面积超 500 万亩。以小麦品种为主要内容的成果获国家科技进步奖共 11 项，其中河南占据 5 项，且包括仅有的一个一等奖（矮抗 58）。2022—2023 年度全省种植面积 500 万亩以上的小麦品种 5 个：郑麦 1860、郑麦 379、百农 4199、西农 511、周麦 36，合计 3 500 多万亩；种植面积 100 万～500 万亩的小麦品种 14 个：新麦 26、中麦 578、郑麦 136、百农 207、丰德存麦 20、平安 11、冠麦 2 号、囤麦 127、泛麦 8 号、百农 307、豫农 516、囤麦 257、伟隆 169、洛麦 26，合计 3 200 多万亩。

3. 农机装备

目前河南省小麦综合机械化率已达 98％以上，但是机械化水平较低，比如耕整地机械、播种机、谷物联合收获机等作业机械装备技术水平不高，中低档机具比例较高，同质化严重；收获机械可靠性、适应性、自动化、智能化水平亟待提升；整地播种质量差，收获损失率高；加之小地块、小规模种植，导致作业机械地头折返频繁，难以发挥农业机械效能，作业效率较低。

4. 栽培与耕作技术

随着极端天气和灾害频繁发生，小麦栽培和耕作大力开展适应性应变技术的研发与应用，近 10 年来通过常规技术和应变技术相结合，小麦栽培和耕作技术得到大面积应用，如翻耕旋耕耙糖镇压轮耕制、整地播种施肥一体化技术、前氮后移技术、镇压保墒旱作技术、播期播量调控技术、"一喷三防"技术等；如播种期方面，全省早播面积较 10 年前明显减少。同时，根据小麦生产特点与发育规律，注重关键时期技术应用，如返青起身期化控、拔节孕穗期肥水、抽穗扬花期防赤霉病等，实现小麦单产屡创新高。2014 年在河南省修武县创造了亩产 821.7 公斤的全国冬小麦高产纪录，之后在全省各地，尤其是豫北地区的焦作市、新乡市、鹤壁市等地，连续出现了小麦单产超 800 公斤/亩的高产典型，2022 年部分田块经验收亩产突破了 900 公斤。

5. 品质状况

2016 年以来，河南以豫北、豫中东强筋小麦种植区和豫南弱筋小麦种植区为重点，提前发布强筋、弱筋小麦品种目录和适宜种植区域，引导农民规模连片发展强筋、弱筋小麦，全省优质专用小麦由 600 万亩发展到 1 628 万亩，占全省小麦面积的 19％。建设生产基地，突出抓好优质专用小麦示范县建设，在全省选择 40 个县，每县每年支持 400 万元，建设 10 万亩以上高标准优质小麦生产基地，推行单品种规模连片种植、标准化生产，带动全省优质专用小麦发展。由于推行适区种植、单品种集中连片种植、标准化生产和订单生产，生产的优质专用小麦总量大、品质好、一致性高，部分品种已规模替代进口，收获前已被企业订购。

6. 成本收益

小麦生产的成本受化肥、燃料、人工等影响持续上涨，但得益于近几年小麦产量和销售价格高、总体收益向好趋势，合作社或农户种植小麦积极性较高。以 2022 年为例，小麦每亩生产成本 571.45 元，同比增加 48.65 元，增幅 9.31％，主要是物质费用、生产服务费用以及人工成本的上涨。2022 年小麦市场收购价格上涨至 3.06 元/公斤，上涨 20％以上，小麦收购价格的上涨弥补了农户由于生产成本上涨造成的效益降低。由于亩产较高，2022 年小麦亩均产值 1 368.59 元，同比增加 22.41％，扣除亩均生产成本 571.45 元，加之亩均补贴 61.12 元，亩均生产收益 858.26 元，同比增加 208.88 元，增长 32.17％，小麦种植收益提高明显。

7. 市场发展

从市场长远发展来看，小麦总体需求仍然是刚性需求，随着优质小麦供应量的增加，专用性更强的品种会受到市场欢迎，同时优质优价的利润空间将得到进一步压缩。

（二）主要经验

一是建好示范基地，是单产提升的基础。近年来，河南省在不同区域、不同作物上建立试验示范基地，遴选示范作用好、辐射带动强的新型经营主体带头人、种植大户等作为示范主体，针对新品种、新机具、新肥料、新药剂、新模式开展试验示范与评价。农技人员与示范基地主体精准对口服务，发挥典型引领带动作用，"做给农民看、领着农民干"，促进了科技与生产、集成与示范、培训与推广紧密结合，推动了一批重大科技成果集成熟化落地示范。

二是培养人才队伍，是单产提升的关键。农业科技成果的转化应用关键在基层农业技术推广人才。近年来，河南省利用基层农技推广体系改革和建设等项目，培养了一大批技术推广骨干人才。全面轮训 3 万多名基层农技人员，并通过异地研修、集中办班、网络培训等方式完善分层分级分类培训制度，确保每年 1/3 以上的在编在岗人员接受连续且不少于 5 天的脱产业务培训。充分利用中国农技推广 App、"农业科技网络书屋"等信息化平台，组织农技人员加强线上学习，加快知识更新，为重大技术集成创新与推广应用培养了一批了解生产需求，熟悉培训技术、推广技术的人才队伍。

三是实施重大项目，是单产提升的支撑。近年来，河南省通过实施农业生产发展资金项目、粮油绿色高质高效创建项目，以稳产高产、品质提升、节本增效、农民增收为目标，突出主导品种、突出主推技术，坚持小面积高产攻关和大面积均衡增产相结合，集成推广一批高质高效集成技术，打造了一批优质粮食生产基地，推进了规模化种植、标准化生产、产业化发展，示范带动了河南省粮食生产高质量发展，提升了综合生产能力和市场竞争力。

四是开展多元推广，是单产提升的动能。近年来，河南省农技推广系统积极联合高校、科研单位专家，形成多行业的省市县乡专家指导组，进村入户、深入田间地头指导农民田间管理，打通农技推广"最后一公里"，提高了技术覆盖率、到位率。注重公益性推广和经营性推广有机结合，实现功能互补，提高服务效能。引导和支持各类社会化服务组织全过程服务示范户和小农户。依托龙头企业、种粮大户、合作社等农业新型经营主体，示范带动小农户应用重大集成技术。

（三）存在问题

一是极端天气和病虫害多发频发。近年来，受"拉尼娜"和"厄尔尼诺"等现象频发影响，小麦生产中极端低温、干旱、"倒春寒"、大风等异常天气增多。小麦条锈病、赤霉病、茎基腐病、纹枯病等有加重发生趋势，给小麦生产带来极大风险。如2016年小麦赤霉病严重发生，2017年部分地区小麦后期发生倒伏，2018年豫北、豫中东麦区遭遇春季晚霜冻害，豫南麦区赤霉病严重发生，2020年豫南麦区部分地块遭遇春旱，均对小麦产量和品质造成不利影响。2021年5月河南省部分地块因大风发生倒伏，9月受渍涝影响，导致小麦大面积晚播。2023年5月25～30日，河南省出现大范围持续阴雨天气，造成小麦大面积穗发芽。

二是小麦综合抗灾减灾能力不足。尽管品种和栽培技术都在不断发展，但应对一些重大灾害，如赤霉病、茎基腐病、"烂场雨"等仍缺乏好的品种和技术。目前，全省还有少部分耕地尚未进行高标准农田建设，已建成的高标准农田部分存在田间设施损坏或不配套问题。同时，农田防洪排涝应急动员和保障不足，救灾种子、排涝装备等应急物资储备规模无法满足应对重大自然灾害的实际需求。

二、河南省小麦区域布局与定位

（一）豫北麦区

1. 基本情况

包括安阳、濮阳、鹤壁、新乡、焦作、济源6市，小麦面积约1 750万亩。该区生产条件较好，土壤肥沃，灌溉设施配套，区年平均降水量600毫米左右，小麦抽穗后降水量相对较少，光照充足，农民科学种田水平较高，但降水量偏少，水资源不足、冻害频发。

2. 目标定位

种子繁育基地，优质强筋小麦生产基地，小麦超高产攻关基地。

3. 主攻方向

围绕水肥高效利用挖掘高产潜力。

4. 品种结构

优先利用高产潜力突出、抗倒春寒和抗倒性好的品种。

5. 技术模式

精量播种与镇压技术，春季水氮优化技术，肥药减量增效技术。

（二）豫中东麦区

1. 基本情况

包括开封、周口、商丘、许昌、漯河、平顶山、郑州 7 市，小麦面积约 3 550 万亩。该区大部生产条件相对较好，灌溉设施配套，区年平均降水量 700～900 毫米，小麦生育期内光、温、水等气候条件地区间、年际间变化较大，地区间产量差异较大。

2. 目标定位

优质中强筋生产基地，小麦综合产能提升和生产基地。

3. 主攻方向

围绕地力培肥与合理轮耕、前氮后移、精简化技术挖掘高产潜力。

4. 品种结构

优先利用高产稳产、抗倒春寒、抗病性突出和抗穗发芽的品种。

5. 技术模式

周年合理轮耕技术，播种质量提升技术，耕种管精简化技术，病虫草绿色防控技术。

（三）豫南麦区

1. 基本情况

包括南阳、驻马店、信阳 3 市，小麦面积约 2 750 万亩。该区部分县（市、区）田间排灌设施不完善，生产条件较差，耕作栽培粗放，病虫草害发生严重，地力水平较差，加之地处南北过渡地带，灾害频繁，易旱易涝，该区大部分年平均降水量 1 000～1 100 毫米，尤其是灌浆期间降水较多，土壤和空气相对湿度较大、光照较差，小麦生产的整体水平较低。

2. 目标定位

弱筋专用小麦生产基地。

3. 主攻方向

围绕减渍排涝，播种质量提升挖掘高产潜力。

4. 品种结构

优先利用丰产性好，抗病性突出和抗穗发芽的品种。

5. 技术模式

播种质量提升技术，病虫草绿色防控技术。

（四）豫西麦区

1. 基本情况

包括洛阳、三门峡 2 市，小麦面积约 450 万亩。该区部分属于无水浇条件的丘陵旱地麦田，受水资源短缺制约，小麦产量长期低而不稳。

2. 目标定位

旱地小麦单产提升生产基地。

3. 主攻方向

围绕旱作节水稳产技术挖掘高产潜力。

4. 品种结构

优先利用丰产稳产性好且抗旱节水型品种。

5. 技术模式

覆盖镇压保墒技术，春季水氮优化技术。

三、河南省小麦产量提升潜力与实现路径

（一）发展目标

——2025年目标定位。到2025年，河南省小麦面积稳定在8 500万亩，亩产达到450公斤，总产达到750亿斤。

——2030年目标定位。到2030年，河南省小麦面积稳定在8 500万亩，亩产达到470公斤，总产达到800亿斤。

——2035年目标定位。到2035年，河南省小麦面积稳定在8 500万亩，亩产维持在470公斤，总产达到800亿斤。

（二）发展潜力

1. 面积潜力

河南人多地少，人均耕地仅有1.1亩，低于全国平均水平，近10年来，耕地总面积减少约1 000万亩，耕地后备资源仅有121.34万亩，且粮食面积占农作物总面积的比例已达73%，仅靠扩大小麦种植面积来提升产能基本没有空间。

2. 单产潜力

近年来，河南省高度重视小麦单产提升，大力推广高产优质小麦新品种，集成推广高产高效栽培技术，全力推动重大病虫害统防统治和"一喷三防"，小麦单产屡创新高，保持主产区领先水平。但由于气候条件、基础设施、种植制度、管理水平等差异，小麦单产水平存在较大差距。从种植区域看，2022年豫北麦区平均亩产达到523.3公斤，信阳稻茬麦区平均亩产仅有322.5公斤，相差200.8公斤。从高产典型看，2022年最高亩产达到900公斤以上，比全省平均亩产高出一倍；河南省40个小麦高产创建县万亩以上示范田，亩产大多数超过了700公斤，部分超过了750公斤，比全省平均亩产高出300公斤左右。因此，河南省小麦单产还有较大提升潜力。

（三）实现路径

从生产实际看，仅靠单项技术大幅提高单产，难度很大，必须对现有的成熟技术进行集成组装与应用。当前，河南省要把各区具有实际增产效果的单项技术集成好，先试先行，为下一步大面积推广打好基础。从长远来讲，要把单产提升作为一项长期系统工程，从品种到收获生产全过程，推动农技、植保、土肥、种子等环节要素整合、同向发力，推动大面积均衡增产，为实施小麦新一轮千亿斤粮食产能提升行动提供支撑。

小麦单产提升技术路径重点是"深耕深翻整地、小麦宽幅匀播、镇压保墒增墒、浇水防冻抗旱、'两病'统防统治、后期'一喷三防'"，巩固提升水浇地小麦单产、大幅提升稻茬小麦和旱地小麦单产。具体是以整地播种为核心，以培育壮苗为基础，以田间管理为重点，推动关键技术措施落实落地，促进河南省小麦大面积均衡增产。

1. 抓整地播种质量提高

大力推广深耕深翻整地，力争3年深翻一遍，提高秸秆还田和整地质量；大力推广宽幅匀播，构建合理群体；大力推广种子包衣和药剂拌种，减轻土传病害和地下害虫危害。

2. 抓小麦冬前壮苗培育

突出抓好适期、适墒、适深播种，提高出苗质量，培育冬前壮苗；积极推广播前播后镇压，踏实土壤，防止跑风漏墒。

3. 抓春季田管措施落实

加强返青拔节期肥水管理，因地制宜推广水肥一体化技术；强化"倒春寒"防范，提前浇水防冻；突出抓好小麦赤霉病、条锈病防控和后期"一喷三防"，大力推行统防统治。

四、河南省可推广的小麦绿色高质高效技术模式

（一）优质小麦全环节高产高质高效技术模式

该技术模式以强筋、中强筋小麦品种为基础，集成配套区域化布局、规模化种植、土壤培肥、深耕或深松、高质量播种、水肥后移、后期控水、病虫害综合防治、叶面"一喷三防"、风险防控、适期收获、单收单贮等各环节关键技术措施，能够有效解决优质小麦生产中良种良法不配套、技术集成度融合度不高、产量品质效益不同步等问题，为优质小麦发展提供技术支撑。

（二）小麦规范化深耕耙压播种技术模式

该技术模式以高产优质品种选用、秸秆还田、种子和土壤处理、深耕（深松）耙

压、配方施肥、适墒适期适量匀播、高效播种方式、播前或播后镇压等为主要内容，有利于确保苗全、苗齐、苗匀、苗壮，奠定高质量群体起点基础，这对培育冬前壮苗，争取全生育期管理主动，最终实现高产稳产、抗逆减灾、提质增效尤其重要。

（三）小麦玉米周年防灾减灾技术模式

该技术模式针对小麦玉米两熟周年防灾减灾和增产稳产，基于麦玉周年主要气象灾害发生规律分析，结合区域资源分布与灾害发生规律匹配特征，通过多年多点田间试验和生产实践，揭示周年气象灾害灾变下"品种—环境—措施"的互作关系，集成优化当前丰产高效和防灾减灾存量技术，构建创新小麦玉米防灾减灾技术模式，从麦玉周年角度出发，通过"结构避灾（茬口优化）＋生物减灾（抗逆丰产品种组合和健群壮体）＋物理减灾（耕层培育）＋化学减灾（水肥运筹、营养补偿、化控应变等）"技术融合，提高小麦、玉米群体质量，提升周年光热水分资源利用效率，增强周年抗逆减灾能力，有效缓解农业灾害对周年粮食生产造成的负面影响，实现周年减灾、保优、丰产，为扛稳粮食安全责任提供了技术支撑。

五、拟研发和推广的重点工程与关键技术

一是继续开展小麦高产与超高产攻关研究与示范。立足人多地少的基本省情，小麦高产是永恒的研究课题。为此，继续组织开展小麦高产与超高产攻关研究，以充分发挥其对全省小麦持续增产的引领作用，辐射带动大面积小麦产量提升。

二是加大病虫草害综合防治技术推广应用。针对高产麦田群体增大、产量水平提高情况下，麦田病虫草害加重发生的变化趋势，要进一步搞好预测预报，研制开发低毒、无残留、环境友好型农药，确保小麦的安全生产。

三是注重栽培技术的简化和实用性。栽培技术的简化实用和可操作性成为必然趋势。尤其是小麦生产要特别注意提高整地播种质量，打好播种基础，减少小麦生育期间的田间管理环节，降低生产成本，实现小麦的高效生产。

四是加强单项技术创新与综合配套技术集成创新。将已有单项创新增产技术进行组装配套，形成集成创新栽培技术体系，建立综合技术示范区，提高小麦生产的科技含量与技术水平。

六、保障措施

着眼未来几年，明确水浇地、旱地、稻茬小麦不同类型，以及耕、种、管、收不同环节的短板弱项和增产潜力，整合资源、协同发力推进，力争小麦单产提升取得明显成效，打牢中长期单产提升基础。

（一）抓好优良品种推广

针对小麦品种多、乱、杂等问题，统筹农技推广、科研教学、种业企业等多方力量，因地制宜做好品种选育和筛选，合理确定主导品种和搭配品种，积极推广高产稳产多抗新品种，力争用 3 年时间，加快推动品种更新换代。一是加强优良品种选育。以高产、优质、多抗为主攻方向，在高产的基础上，豫北地区重点选育优质强筋小麦，豫中东地区重点选育优质强筋和中强筋小麦，豫南地区重点选育优质弱筋小麦，豫西地区重点选育耐旱品种，沙河以南地区重点抓好抗赤霉病、条锈病和抗穗发芽品种选育。二是推进育种联合攻关。深入实施农业良种联合攻关项目，以育繁推一体化种业企业为主体，联合科研院所、大专院校、专家团队，开展小麦育种联合攻关，加快选育适应性广、高产稳产性强的小麦品种，从种源上挖单产提升潜力。三是加强良种示范推广。依托农技推广体系、小麦产业技术体系和品种筛选展示基地，开展品种展示评价、遴选推介优良品种，发布全省小麦品种布局利用意见，指导农民科学选种、正确用种。

（二）抓好集成技术应用

依托绿色高产高效行动等项目，加大对整建制推进县的支持力度，打造万亩高产片、千亩示范方、百亩攻关田，集成推广小麦高产栽培和防灾减灾技术模式，力争用 3 年时间，重大技术普及率、关键技术到位率明显提升。一是及早安排部署。在小麦耕、种、管、收等关键季节组织召开全省会议，指导各省辖市及整建制推进县明确目标、细化任务，制定分市分县工作方案，部署安排重点工作。二是加快协同推广。发挥农技推广、科研院校、农业企业和新型农业经营主体的作用，强化协同融合，加快新品种、新技术、新药剂、新装备推广应用。三是强化技术服务。成立 18 个小麦专家指导组，分包市县开展技术指导和培训，推动关键技术措施落实。推进省市县三级联动，每年至少各举办 2 次技术培训和现场观摩活动，实现整建制推进县小麦种植大户培训全覆盖。

（三）抓好农业防灾减损

牢固树立"防灾就是增产，减损就是增收"的思想，努力做到正常年份多增产、轻灾年份保稳产、重灾年份少减产。一是强化气象灾害防范。以干旱、冻害、干热风等气象灾害为重点，及时发布灾害预警信息，指导农民科学防灾减灾，减轻灾害损失。二是强化重大病虫防控。突出抓好小麦条锈病、赤霉病、茎基腐病、蚜虫等病虫害绿色防控和统防统治。推进药剂拌种和种子包衣，强化"一喷三防"和化学除草，力争病虫害损失率控制在 5% 以下。三是强化机收减损落实。发挥农机购置补贴作用，加快老旧机具更新换代，推广应用高效低损收获机械；加强农机手指导培训，持续开展机收减损大比武活动，提升减损技能和作业水平。组织开展机收损失监测调查，促进减损措施落实。

（四）抓好配套机具推广

聚焦耕整、播种、收获等关键环节，加快小麦生产机具装备升级换代，全面提升小麦生产机械化水平，助力提质增效。聚焦整地环节，根据不同土壤情况，在平原灌区积极推广深耕深翻整地机械，在丘陵山区积极推广小型轻便整地机械，在信阳稻区积极推广履带式整地机械。聚焦播种环节，大力推广精量半精量、播前播后镇压等复式作业播种机，示范推广宽幅沟播、宽窄行或北斗导航复合播种等适宜机具。聚焦机收环节，加快推广高效低损联合收割机、丘陵山区轻便收割机和稻茬麦区履带式收割机的推广应用，提高作业效率、减少机收损失。整建制推进县每年常态化开展小麦机收减损技能培训，正常条件下小麦平均机收损失率力争控制在 1% 以内，达到行业标准要求。

（五）抓好制种基地建设

持续推进国家级、省级现代种业产业园建设，抓好国家级制种大县和区域性良种繁育基地建设，启动省级制种大县建设，以龙头企业和优势基地共建为主要模式，巩固提升以焦作、新乡两个"百万亩"市为核心，周口、许昌、漯河、鹤壁等市为支撑的优势区小麦制种基地水平，确保全省小麦制种基地面积稳定在 430 万亩以上，年供种能力 18 亿公斤以上，不断提高小麦种子质量水平和商品化率。

（六）抓好适度规模经营

聚焦大面积单产提升，扎实开展新型农业经营主体提升行动，支持大型粮油类新型农业经营主体发展，推动提高关键技术到位率。一是依托"耕耘者"振兴计划，支持小麦主产市和单产提升整建制推进县举办新型农业经营主体单产提升专题培训班。二是持续深化社企对接，为新型农业经营主体提供优质品种筛选、植保增产技术集成组装推广等服务。三是加快推进农业社会化服务，支持农业服务企业、农民合作社、农村集体经济组织、供销合作社等组织，重点围绕小麦生产关键薄弱环节开展社会化服务，推广应用高产技术，推动整建制大面积单产提升。四是通过强素质、提能力、优服务，推动新型农业经营主体和服务组织围绕良种推广、技术集成、绿色生产等，组织带动广大种植户提高小麦单产水平和经营效益。

（七）抓好农田设施建设

坚持新建与改造提升并重，分类分区域推进高标准农田建设，同步推进高效节水灌溉，推广喷灌、微灌等节水灌溉，力争到 2025 年建设高标准农田 8 500 万亩。大规模开展高标准农田示范区建设，按照建设标准化、装备现代化、应用智能化、经营规模化、管理规范化、环境生态化要求和亩均投入不低于 4 000 元标准，力争到 2025 年，打造示范区 1 500 万亩，为单产提升奠定硬件基础。加强耕地地力提升，综合运用合理轮作、秸秆还田、增施有机肥等措施，增加土壤有机质，提升耕地产出能力。

（八）抓好全产业链发展

积极发展优质专用小麦，推行规模化集中连片种植、标准化生产和订单生产，提升小麦产业质量效益和竞争力。支持加工企业改进加工工艺，发展专用面粉和优质营养面条类、馒头类、烘焙类、速冻类、休闲类食品，拉长产业链条，提升产业价值链。支持以龙头企业为引领，以农业合作社、家庭农场、社会化服务组织为骨干，以订单为纽带，联合农资供应、仓储物流、金融保险等企业开展联合与合作，构建利益联结机制，促进产业链一体化发展，建设一批具有地方特色的产业集群。

山木

山东省小麦单产提升实现路径与技术模式

山东省地处暖温带，属半湿润性气候区，气候温和，光热资源较丰富，是我国生态条件最适宜于小麦生长的地区之一，也是我国单产水平较高的小麦主产区之一，在保障国家粮食安全方面有着举足轻重的地位。小麦是山东省第一大粮食作物和主要口粮，种植面积约占全国的 17%，总产约占全国的 20%。近年来，山东省小麦连年丰产丰收，但通过增加种植面积来提升粮食产能的空间已经非常有限，耕地、水资源等约束趋紧。因此，突破当前资源约束，提升粮食作物单产水平已势在必行，这也将成为当前及今后一个时期确保粮食和重要农产品安全稳定供应的重要手段。

一、山东省小麦产业发展现状与存在问题

（一）发展现状

1. 2015 年以来面积与产量变化

自 2015 年以来，山东省小麦种植面积呈先减少后恢复增长的趋势，单产和总产均呈增长趋势。其中，小麦种植面积由 2015 年的 6 052.17 万亩，减少到 2020 年的 5 901.65 万亩，然后逐年增加，2023 年恢复至 6 013.28 万亩，2023 年与 2015 年比较，面积减少 38.89 万亩；总产由 2015 年的 2 391.69 万吨，增加到 2023 年的 2 673.76 万吨，增长 282.07 万吨，增长幅度 11.79%，平均年增长率为 1.47%；亩产由 2015 年的 395.18 公斤，增加到 2023 年的 444.64 公斤，增长 49.46 公斤，增长幅度 12.52%，平均年增长率为 1.56%（表1）。

表1　山东省 2015 年以来小麦种植面积、亩产和总产情况

年份	种植面积（万亩）	总产（万吨）	亩产（公斤）	比上年增加值			比上年增长率（%）		
				面积（万亩）	总产（万吨）	亩产（公斤）	面积	总产	亩产
2015	6 052.17	2 391.69	395.18						
2016	6 102.00	2 490.11	408.08	49.83	98.42	12.90	0.82	4.12	3.26
2017	6 125.81	2 495.11	407.31	23.81	5.00	−0.77	0.39	0.20	−0.19
2018	6 087.89	2 471.68	406.00	−37.92	−23.43	−1.31	−0.62	−0.94	−0.32
2019	6 002.63	2 552.92	425.30	−85.26	81.24	19.30	−1.40	3.29	4.75

年份	种植面积（万亩）	总产（万吨）	亩产（公斤）	比上年增加值			比上年增长率（%）		
				面积（万亩）	总产（万吨）	亩产（公斤）	面积	总产	亩产
2020	5 901.65	2 568.85	435.28	−100.98	15.93	9.98	−1.68	0.62	2.35
2021	5 991.05	2 636.65	440.10	89.40	67.80	4.82	1.51	2.64	1.11
2022	6 005.30	2 641.20	439.81	14.25	4.55	−0.29	0.24	0.17	−0.07
2023	6 013.28	2 673.76	444.64	7.98	32.56	4.83	0.13	1.23	1.10
平均	6 031.31	2 546.89	422.41	−4.86	35.26	6.18	−0.08	1.42	1.50

注：数据来源于山东省统计局。

2. 品种审定与推广

"十三五"期间，山东省累计审定小麦新品种115个，其中强筋品种4个、中强筋品种16个、特殊用途品种10个。小麦新品种累计推广24 594.9万亩，其中优质麦1 282万亩，占比5.2%。

3. 农机装备

"十三五"时期，山东省农业机械化转型升级成效显著，农机装备结构持续优化。全省农机总动力达到1.09亿千瓦，拖拉机247.9万台，台均动力17.8千瓦，比"十二五"末增长20%，其中大中型拖拉机达到50.4万台。谷物联合收割机达到33万台，比"十二五"末增长23%；其中稻麦联合收割机19.1万台，玉米联合收割机13.9万台，自动化式玉米联合收割机达到9.9万台，比"十二五"末增长69%，自动化高效化发展趋势明显。高新科技和新兴业态农机具呈爆发式增长，谷物烘干机达到3 645台，比"十二五"末增长32.6%；农用航空器达到7 566架，是"十二五"末的168倍。农机作业水平不断提升。创建全国主要农作物生产全程机械化示范县86个。全省农作物耕种收综合机械化率达到88.95%，比"十二五"末提高7.6个百分点，其中小麦耕种收综合机械化率达到99.6%。

4. 栽培与耕作技术

自2015年以来，山东省作为主推技术重点推广了小麦精量播种高产栽培技术、半精量播种高产栽培技术、氮肥后移高产栽培技术、宽幅精播高产栽培技术、规范化播种高产栽培技术、大犁深耕综合高产技术、播后镇压、"一喷三防"等，在生产上发挥了显著的增产效果，为山东省小麦持续增产发挥重要作用。据调查，2020年，全省宽幅精播面积3 120.59万亩，比"十二五"末增加了56.14%；规范化种植面积4 648.35万亩，比"十二五"末增加了13.7%；大犁深耕技术推广面积1 204.84万亩，比"十二五"末增加了4.37%。2023年全省共推广落实深耕深松2 192.5万亩，宽幅精播3 624.2万亩，播后镇压4 432.6万亩，全面提高了播种质量，确保了苗齐、苗匀、苗壮，小麦"一喷三防"连续两年实现全覆盖。

5. 品质状况

山东省自然生态条件优越，适合优质强筋小麦生产。山东省农田土壤主要有潮土、棕壤、褐土、砂姜黑土、水稻土、粗骨土 6 个土类的 15 个亚类，其中尤以潮土、棕壤和褐土的面积较大，分别占耕地面积的 48%、24% 和 19%，且这些土壤类型较为适合优质小麦生产。山东省属暖温带季风气候区，四季分明，全省年日照时数 2 200～2 900 小时，10℃ 以上年平均积温 3 592～4 760℃，平均降水量 550～950 毫米。小麦灌浆中期平均日最高气温 22.8～26.8℃，开花至成熟期平均气温 18.2～21.7℃、降水量 37.1～69.3 毫米、日照时数 271～326 小时，具有发展优质小麦的明显气候资源优势，是适合生产优质强筋小麦的区域。据对我国 10 个小麦主产省（自治区）商品小麦的综合分析发现，山东省商品小麦的综合品质高于全国平均值。在山东省审定的 18 个优质强筋品种中，蛋白质平均含量为 14.4%，稳定时间 13.6 分钟，其中稳定时间在 10 分钟以上的品种比 72.2%。特别是近年来审定的济麦 44、济麦 229 等品种蛋白质含量在 15% 左右，稳定时间在 20 分钟以上，基本达到了高端产品加工的需求。

6. 成本收益

据山东省农业农村厅市场与信息化处调查，2021 年、2022 年全省小麦平均每亩生产成本 1 365.18 元，其中物质费用 594.15 元，人工成本 771.03 元（家庭用工数量 8.56 个，家庭用工日工价 90 元），净产值 223.21 元/亩。从总体看，生产成本不断上涨，逐步挤压种粮收益，一定程度上影响了农户种粮积极性。因此，发展规模化种植，采用先进栽培技术，降本增效，是提高种粮效益的根本途径。

7. 市场发展

据省粮食和物资储备局调查数据，2022 年，全省从生产者购进小麦 2 089 万吨，其中省外 47 万吨，从企业购进小麦 1 505 万吨，其中省外 74 万吨；销售小麦 3 412 万吨，其中销往省外 430 万吨，加工原料用小麦 2 358 万吨，饲料用小麦 237 万吨，工业用小麦 105 万吨。

山东省小麦主要用于面粉加工，面粉产能产量居全国第二位。2022 年，全省小麦处理能力 5 289 万吨，加工面粉 1 768 万吨，其中，小麦粉加工企业年处理小麦达到 100 万吨以上的有 9 个市，分别为菏泽市 568 万吨、德州市 370 万吨、聊城市 217 万吨、青岛市 210 万吨、潍坊市 204 万吨、济宁市 181 万吨、滨州市 164 万吨、临沂市 128 万吨、枣庄市 107 万吨。

（二）主要经验

1. 稳定种植面积

近年来，进一步实施藏粮于地战略，牢牢守住耕地"红线"，坚决遏制耕地"非农化"，严格管控"非粮化"，坚持永久基本农田主要用于小麦生产。加强粮食生产功能区建设，巩固提升小麦产能。要因地制宜推广"减垄增地"技术，扩大小麦相对种植面积，小麦种植面积由 2020 年的 5 901.65 万亩恢复至 2023 年的 6 013.28 万亩。开展黄河三角洲地区盐碱荒地土壤改良与未开垦土地利用技术集成示范，增加小麦种植耕地资源。

2. 提升耕地质量

继续建设高产稳产、旱涝保收的高标准农田，改造提升一批已建高标准农田。积极推广节水灌溉技术，大力发展管道灌溉、喷灌、微灌等高效节水灌溉，提升农田灌溉效率和农业生产效益。大力推进水源工程建设，加快山丘区"五小水利"工程建设，提高自然降水积蓄利用能力，为山丘区农业生产提供水源保障，增加农田有效灌溉面积。加强田间基础设施建设，科学规划建设田间路网、农田电网和防护林网等，升级粮田生产功能，建设适应现代农业发展的高标准粮田。

3. 强化种业攻关

实行"揭榜挂帅"等制度，开展种源关键核心技术攻关。实施良种联合攻关，加快突破性新品种培育推广。推进企业扶优行动，引导资源、技术、人才、资本等要素向重点优势企业集聚，促进产学研深度融合、育繁推一体化发展。重点在超高产育种和肥水高效利用品种选育方面取得重大突破，助推小麦产量再上新台阶。扩大强筋小麦和特色小麦种植面积，提高优质专用小麦的品质和产量以及生产适应性和品质稳定性，推进优质专用小麦的规模化、标准化订单生产。

4. 强化科技支撑

紧紧围绕产业发展亟须，抓好产业技术集成配套。重点围绕整地、播种、管理、收获等各环节，集成组装轻简化的绿色生态环保、资源高效利用、生产效益显著提升的标准化技术模式；推动农机农艺融合，打破行业之间的界限，加强栽培、育种、植保、农机等合作，以农机为载体，加强小麦生产相配套的农业机械，实现了农机农艺深度融合。研究推广小麦减损增粮技术，确保颗粒归仓；推进小麦精深加工等关键技术研发和应用，延长产业链；开展小麦病虫害绿色防控和统防统治整建制推进行动。大力推广生态控制、生物防治、理化诱控、科学用药等绿色防控技术，集成小麦病虫害全程绿色防控模式。大力扶持发展了专业化防治服务组织，着力构建专业化、社会化、现代化病虫害防治服务体系，持续推进化学农药减量化，促进小麦产业绿色高质量发展。

5. 推进科学防灾减灾

完善与气象、应急、水利等部门信息共享机制，开展定期会商，准确研判灾情趋势。利用大数据、卫星遥感、人工智能等科技手段，构建实时动态监测预警体系，提高灾害预报预警能力。建设小麦保险数据信息服务平台，开展小麦生产风险监测、灾损评估，创新保险查勘定损和承保理赔模式，提高定损效率和理赔准确性。因地制宜调整种植结构，推广抗逆性强的品种，做到主动避灾。制定灾害防范预案和技术意见，落实小麦"一喷三防"等防灾减灾、稳产增产关键技术措施，做到有效防灾，科学抗灾。

6. 推动规模化经营

实施家庭农场培育计划，将更多农业规模经营户培育成有活力的家庭农场。推动小麦种植新型经营主体与小农户建立优势互补、分工合作、风险共担、利益共享的联结机制，推行保底分红、股份合作、利润返还等方式，实现抱团发展。引导和推动土地有序流转，发展多种形式的适度规模经营。加快发展服务规模经营，扶持培育病虫害统防统治、肥料统施统配、农机服务等小麦生产社会化服务组织，提高小麦生产组织化、集约化、专业化水平。

（三）存在问题

1. 稳定小麦种植面积压力大

山东省是土地资源相对贫乏的省份，2021年人均耕地仅0.95亩，低于全国平均水平。近年来，虽然全省小麦种植面积稳定在6 000万亩左右，但由于种粮效益不高，影响农民种粮积极性，小麦种植面积稳定增加难度大。近年来，随着农资价格、生产作业环节和人工费用等生产成本的不断上涨，农民种粮效益总体上呈下降趋势。据省农业农村厅市场与信息化处调查，2022年去除物质投入和人工费用后，每亩小麦纯收益仅有220.01元，种粮收益过低，严重影响农民的生产积极性。从推进土地规模经营的现实情况看，种粮效益偏低等因素对稳定小麦种植面积造成了极大阻力。新型农业经营主体中，从事小麦等粮食产业的比例也明显偏低（大户占比）。同时，随着城镇化与各种基础设施建设占地不断增加，对小麦种植面积造成较大冲击，保持小麦种植面积稳定的难度越来越大。

2. 农田基础设施条件改善压力大

山东省气象灾害呈多发、重发趋势，加强农业防灾减灾能力、减少灾害损失，成为农业生产工作的重要任务。近年来，各级财政对农田水利基础设施建设的投入力度不断加大，全省小麦生产条件得到了极大的改善，但总体看农业基础设施还比较薄弱，抵御自然灾害的能力不强。部分农田水利设施存在建设标准不高、缺乏管护等问题。水源不足和灌排设施落后，不能确保"旱能浇、涝能排"。在全省6 000万亩小麦面积中，有1 300多万亩是无水浇条件的旱地，基本上是靠天吃饭，遇旱则大幅度减产。

3. 耕地质量提升的压力大

山东省现有耕地土壤有机质含量仅1.38%左右，而美国、欧洲发达国家的农田土壤有机质含量普遍在3%以上。由于部分地区长期重用轻养，化肥、农药等的粗放投入和不合理使用，深耕深松、有机肥施用、秸秆还田等不足，导致耕地质量难以持续提升，制约着粮食生产能力的提高。虽然通过推广秸秆还田、应用有机肥、水肥一体化等改良技术措施，土壤退化趋势得到遏制，但是部分地区单一模式长期连续种植导致的土壤酸化、土壤板结、耕层较浅等耕地质量问题依然存在，与农业绿色高质量发展的要求仍存在较大差距。

4. 品种结构不够合理

随着我国粮食安全的目标已经由粮食增产转向量质并重、提质增效发展阶段，山东省小麦品种结构性矛盾进一步显现，高产品种居多，优质专用品种少，具体表现为量不足、质不稳、指标不协调，市场竞争力弱；抗旱、抗病等抗逆性状不突出，难以专用。尤其缺少优质强筋、特色营养、抗赤霉病、高产稳产的突破性小麦新品种。

5. 病虫草害防控压力大

近年来，小麦条锈病、赤霉病、茎基腐病、地下害虫、禾本科杂草等病虫草害流行风险大。小麦条锈病是一种高空气流传播的大区流行性病害，其病原菌易发生变异，且传播速度快、危害性强。小麦条锈病在山东省的发生程度主要受西南等地区的菌源量、气候等多重因素共同影响，且山东省主要种植品种普遍缺乏抗性，小麦条锈病在山东省发生流行的风险依然较高。赤霉病、茎基腐病等病害发生情况受气象因素影响较大，由于连年秸秆还田，土壤中菌源量不断积累，且山东省主栽品种多数不抗病，存在大面积发病的风险。同时，受种粮比较效益偏低影响，农民粮食生产管理投入积极性普遍较低，等、靠思想严重，防病治虫不主动、不积极。同时存在重"治"轻"防"思想，主动预防意识不足，容易为病虫害侵染扩散留下隐患。

6. 全程机械化生产仍有差距

一是农机装备发展短板有待补齐。主要表现在传统常规、低端低效机械多，复式高效、现代高端机械少；耕种收"老三样"机械多，施肥用药、秸秆利用、烘干仓储"新三样"机械少。二是生产全程机械化存在薄弱环节。尽管山东省小麦生产各环节机械化水平超过95%，但也只是解决了产中机械化的问题，距离达到全程机械化要求还有较大差距。在产前和产后环节，机械化的空白点很多，产前的种子加工处理、产后的机械化烘干等加工处理仍属薄弱环节。三是机械化作业质量有待进一步提高。小麦机械播种、机械收获技术发展迅速，但仍存在播种后"保苗率低、出苗整齐度差"等问题，"省工不节本，增效不增产"的现象在生产中广泛存在。

二、山东省小麦区域布局与定位

根据山东省生态条件和生产基础，将山东省划分为4个麦区：胶东麦区、鲁中麦区、鲁西北麦区和鲁西南麦区。

（一）胶东麦区

1. 基本情况

胶东麦区，包括青岛、烟台、威海3个市，地形大致可分为滨海平原区、低山丘陵区、山前平原区，主要任务是挖掘旱地和中低产田综合开发利用潜能。

2. 目标定位

2023 年，小麦平均单产达到 410 公斤/亩；预计 2025 年，小麦平均单产达到 413 公斤/亩；2030 年，小麦平均单产达到 420 公斤/亩。

3. 主推品种

①高肥组：济麦 22、济麦 44、济麦 70、山农 30、山农 38、烟农 173、山农 43、菏麦 30、山农 28、山农 29、济麦 23、济麦 55、济麦 25、登海 206、鑫麦 296、烟农 999、烟农 1212、青丰 1 号、青农 6 号、烟农 5158、济麦 0435。

②旱地组：山农 25、青麦 11、鲁麦 21、济麦 60。

4. 主推技术

播前土壤深翻深松，将前茬作物秸秆深翻地下，深度 20 厘米以上，提高整地质量；播种时采用宽幅沟播，播前播后双镇压，保墒抗旱促出苗；苗期在冬前和春季镇压 2~3 次，保墒抗旱。采用水肥一体化技术，节水节肥；后期采用"一喷三防"增粒重等关键技术。

5. 集成技术模式

旱地小麦抗逆高效简化栽培技术，即播前深耕-选用抗旱品种—实行保水剂与化肥配合施用—苗期多次机械镇压划锄—后期"一喷三防"。

（二）鲁中麦区

1. 基本情况

鲁中麦区，包括潍坊、淄博、济南、泰安 4 个市，地形大致可分为山前平原区和山地丘陵区，主要任务是重点加强高标准农田和旱作节水农业建设与发展。

2. 目标定位

2023 年，小麦平均单产达到 440 公斤/亩；预计 2025 年，小麦平均单产达到 443 公斤/亩；2030 年，小麦平均单产达到 450 公斤/亩。

3. 主推品种

①高肥组：济麦 22、山农 41、烟农 215、山农 29、山农 38、济麦 44、山农 47、鑫瑞麦 38、山农 43、山农 32、山农 42、山农 28、济麦 70、济麦 25、鲁原 502、济麦 23、济麦 55、太麦 198、济麦 0435。

②旱地组：临麦 9 号、齐民 14、山农 40、济麦 60、济麦 52。

4. 主推技术

减垄增地，提高土地利用率；播前土壤深翻，深度 25 厘米左右；采用宽幅精播，苗带宽度 8 厘米左右，播种量 7.5~10 公斤，播前播后双镇压，提高出苗率；肥水管理采用水肥一体化技术，提高肥料利用率；后期采用"一喷三防"等关键技术。

5. 集成技术模式

小麦减垄增地宽幅绿色生产技术，即减垄增地—宽幅精播—机械镇压—绿色防控病虫害－"一喷三防"。

（三）鲁西北麦区

1. 基本情况

鲁西北麦区，包括聊城、德州、滨州、东营4个市，地形主要为黄泛冲积平原和黄河三角洲平原，主要任务是重点挖掘盐碱地和高产田综合产出潜力，着力开展"吨半粮"生产能力建设和盐碱地综合利用。

2. 目标定位

2023年，小麦平均单产达到460公斤/亩；预计2025年，小麦平均单产达到463公斤/亩；2030年，小麦平均单产达到470公斤/亩。

3. 主推品种

①高肥组：济麦22、济麦44、泰科麦34、山农28、山农29、中麦6032、鑫瑞麦29、山农30、济麦23、山农38、山农43、山农48、山农32、烟农1212、山农38、山农48、太麦198、鑫麦296、济麦55、鲁原502、烟农999、济麦0435。

②旱地组：山农25、山农40、济麦60、济麦379、济麦60、济麦52。

4. 主推技术

减垄增地，提高土地利用率；通过增施有机肥和土壤调理剂改良盐碱地；采用高低畦种植、播前播后双镇压、水肥一体化、"一喷三防"等关键技术。

5. 集成技术模式

黄河三角洲轻中度盐碱地冬小麦控盐节肥高产栽培技术、小麦玉米"双深双晚"水热资源高效利用、冬小麦匀苗壮株抗逆高产高效栽培技术。

（四）鲁西南麦区

1. 基本情况

鲁西南麦区，包括菏泽、济宁、临沂、日照、枣庄5个市，地形主要为黄泛冲积平原和低山丘陵，主要任务是深入挖掘平原区高产田和丘陵区中低产田综合产出潜力。

2. 目标定位

2023年，小麦平均单产达到438公斤/亩；预计2025年，小麦平均单产达到442公斤/亩；2030年，小麦平均单产达到450公斤/亩。

3. 主推品种

①高肥组：济麦22、济麦44、鲁原502、山农29、山农38、良星77、烟农999、济麦38、济麦55、鑫星617、鲁原502、山农42、菏麦23、菏麦24、菏麦29、中麦6032、山农28、太麦198、烟农1212、山农48、山农43、良星77、红地95、济麦0435。

②旱地组：临麦 9 号、垦星 5 号、山农 40、山农 57、济麦 52。

4. 主推技术

减垄增地、土壤深翻、宽幅精播、播前播后双镇压、机械镇压抗逆、水肥一体化、"一喷三防"等关键技术。

5. 集成技术模式

冬小麦双镇压精量匀播栽培技术、冬小麦匀苗壮株抗逆高产高效栽培技术。

三、山东省小麦产量提升潜力与实现路径

（一）发展目标

——2025 年目标定位。到 2025 年，山东省小麦面积稳定在 6 015 万亩，亩产达到 447 公斤，总产达到 537.74 亿斤。

——2030 年目标定位。到 2030 年，山东省小麦面积稳定在 6 017 万亩，亩产平均每年提高 0.5～1 个百分点，亩产达到 463 公斤左右，总产达到 557.17 亿斤。

——2035 年目标定位。到 2035 年，山东省小麦面积稳定在 6 020 万亩，亩产平均每年提高 0.5～1 个百分点，亩产达到 480 公斤左右，总产达到 577.92 亿斤。

（二）发展潜力

1. 面积潜力

继续实施藏粮于地战略，牢牢守住耕地"红线"，坚决遏制耕地"非农化"，严格管控"非粮化"，坚持永久基本农田主要用于小麦生产。加强粮食生产功能区建设，巩固提升小麦产能。要因地制宜推广"减垄增地"技术，扩大小麦相对种植面积，计划到 2035 年，山东省小麦面积稳定在 6 020 万亩左右。

2. 单产潜力

从全省小麦生产情况来看，在农田基础设施、耕地地力、农机装备、良种推广等方面仍有优化空间，单产提升潜力较大。

（1）高标准农田建设方面 据测算，高标准农田较普通农田每亩可增产 10%～20%。截至 2022 年底，山东省累计建成高标准农田面积 7 456.8 万亩，占耕地面积的 77%。2023 年，山东省计划新建和改造提升高标准农田 444 万亩，其中打造高标准示范区 150 万亩以上，预计可增加粮食产能 4 亿～6 亿斤。2023—2025 年新建和改造提升 1 204 万亩，预计增加产能 12 亿～24 亿斤。2026—2030 年，新建和改造提升 1 979 万亩，预计可增加产能 19 亿～36 亿斤 。

（2）耕地地力水平提升方面 全省耕地平均有机质含量约为 1.6%，低于全国平均水平，基础地力对粮食产量的贡献率较欧美发达国家低 20%～30%。据测算，土壤有机质每提高 0.1 个百分点，粮食产量的稳产性提高 10%～15%，依靠地力提升

增加单产潜力巨大。全省耕地质量平均等级 4.46 等，较 2019 年提高了 0.02 等，高于全国平均水平。据估算，耕地质量每提高一个等级，粮食产能提高 80 公斤左右，按 6 000 万亩粮田平均提高 0.02 等测算，预计全省小麦可增产约 1 亿斤。据退化耕地治理项目监测数据，酸化和盐碱耕地经过连续 2 年的治理，亩均粮食产量可分别增加约 20 公斤和 40 公斤。全省按 600 万亩酸化耕地和 515 万亩轻中度盐碱耕地全覆盖治理计算，每年可提高粮食产能约 5.6 亿斤。

（3）农业机械装备方面　目前山东省农机总动力达到 1.15 亿千瓦，农作物耕种收综合机械化率为 90.55%，提高机械化作业质量是挖掘粮油作物单产潜力的重要措施。在播种环节，小麦生产采用高性能智能复式条播机，每亩单产可增加 45 公斤左右，如果作业覆盖面提高 10 个百分点，全省小麦产能可提高 5 亿斤左右。在收获环节，机收损失率与机具装备性能、农机手操作水平密切相关，目前全省小麦平均机收损失率接近国家现行作业质量标准 2%，损失率降低到 1.5%，相当于小麦年亩增产 2.19 公斤，全省年可增产 2.61 亿斤。

（4）高产品种示范推广方面　种子是提升单产的关键内因。据调查统计，目前山东省良种对粮食增产的贡献率只有 47%，距离欧美发达国家 60% 以上还有很大的提升空间，与国际先进水平还有较大的差距。持续品种选育创新和配套技术集成是当前大面积提升单产增加粮食产能的重要途径。小麦统一供种可以有效解决品种"多乱杂"问题，有利于优良品种及良种良法配套技术的推广应用。采用小麦统一供种、种子包衣等技术措施，亩均可增产 3% 以上。

（5）关键技术集成应用方面　大田试验显示，小麦播种前采用大犁深耕翻，可掩埋秸秆、杂草，提高整地质量和播种质量，亩增产 5% 以上。采用小麦宽幅精播、播前播后双镇压、减垄增地、水肥一体化、"一喷三防"等集成技术，可大幅提高作物单产。

（6）适度规模经营方面　截至 2022 年底，全省种粮家庭农场达到 17.8 万家，较 2021 年增加 27%，场均种粮面积达到 117 亩。根据抽样调查，目前家庭农场比小农户粮食亩产平均高出 50 公斤。预计未来 3 年，种粮家庭农场数量保持每年 15% 左右的增速，随着相关技术到位率持续提升，单产显著提高。

（7）农业社会化服务方面　2022 年，全省粮食作物托管面积达到 2 亿亩次，较 2021 年增长 10%。从生产情况看，服务组织通过统一选用良种、统一植保施肥、统一收获等措施，粮食亩产可提升 50 公斤左右。预计未来 3 年，农业社会化服务市场空间将进一步拓展，有利于小麦单产的提高。

（三）实现路径

1. 大力实施"六统一"单产提升集成模式

总结推广各地"吨半粮"、"吨粮田"产能建设成功经验，坚持良田、良种、良法、良机、良制"五良"融合，积极推进农田规模化、技术标准化、装备智能化、环境生态化、服务专业化、经营产业化"六化"提升，大力实施统一种植良种（3~5个优良品种）、统一整地播种、统一肥水管理、统一机械作业、统一病虫草害防治、统一技术指导"六统一"单产提升集成模式，单产提升整建制推进县、高产创建优势区"六统一"全覆盖。

2. 大规模开展精细整地

全省耕地 3 年深耕深松一次，单产提升整建制推进县、高产创建优势区 1~2 年深耕深松一次，年内推广落实深耕深松作业面积 3 000 万亩次。高标准落实深翻粉碎还田、腐熟堆肥还田等秸秆综合利用技术，实现精细还田、均匀还田、翻压还田、配肥还田，着力解决秸秆还田质量不高影响播种出苗，以及造成土传病虫草害传播等问题。结合农田灌溉设施提升、水肥一体化推进，积极推广小麦减垄增地种植模式，实现"小畦变大畦、大垄变小垄、小田变大田"，力争全省推广 500 万亩以上，增加有效种植面积 50 万亩以上。

3. 大面积推广优良品种

发布山东省农作物优良品种推广目录，启动实施重大品种推广补助项目，小麦骨干型、成长型品种推广面积 3 300 万亩以上。针对 2022—2023 年度冬春小麦冻害情况，开展品种抗寒性评价鉴定，发布品种冻害风险提示，引导农民科学选种。

4. 大幅度提高播种质量

探索推广农机作业补助试点项目，加快小麦宽幅精量播种和播前播后双镇压高性能播种机应用。推广小麦宽幅精播、播前播后双镇压技术等技术。

5. 大投入推进水肥一体化

将水肥一体化作为小麦大面积单产提升的关键举措，确保实现高产高效。单产提升整建制推进县、高产创建优势区水肥一体化达到 90% 以上。新建高标准农田 187 万亩、改造提升 257 万亩，水肥一体化达到 70% 以上。

6. 千方百计确保粮食颗粒归仓

大力推广机收减损技术，全省小麦机收平均损失率控制在 1.5% 以内。实施农机农艺融合应用项目，推广小麦增收减损机械化技术与装备。以小麦机械播种、飞防作业、减损收获为重点，突出抓好农机手操作技能培训。坚决打好"虫口夺粮"攻坚战，全覆盖实施小麦"一喷三防"，将重大病虫危害损失率力争控制在 5% 以内。加快推广绿色烘干设施设备，着力解决仓储烘干一体化设施用地问题，以 5 万亩为半径，至少建设一处粮食烘干晾晒中心。

7. 着力推动适度规模经营和主体培育提升

引导土地经营权有序流转，鼓励向种植粮油作物主体集中。实施好新型农业经营主体技术应用和生产经营能力提升项目、新型经营主体单产提升行动，支持示范社、示范场 1 800 家以上。实施农业社会化服务项目，培育壮大一批服务组织，全省粮油生产托管面积达到 2 亿亩次。实施高素质农民培育行动，全年培育高素质农民 3.5 万人次以上，将粮油生产关键技术培训纳入重点培训内容，分级分类开展技术培训，切实提升种粮农民生产技能和经营管理水平。

四、山东省可推广的小麦绿色高质高效技术模式

（一）山东省小麦绿色高质高效增产技术模式

1. 产量目标及产量构成因素

（1）产量目标　600 公斤/亩。

（2）产量构成因素　每亩基本苗 18 万～25 万，冬前总茎数为 60 万～80 万，春季最大总茎数为 100 万～120 万，每亩穗数 45 万～48 万，每穗粒数 35～38 粒，千粒重 45 克左右。

2. 技术模式

优质高产品种＋秸秆还田、配方施肥、精细整地＋宽幅精播、减（无）垄种植、播前播后双镇压＋浇越冬水＋拔节-孕穗肥水＋"一喷三防"＋机械收获。

3. 技术要点

（1）品种选用　品种是小麦提质增效的内因。优质小麦的品种布局与生产，必须以市场需求为导向，强化企业与基地（专业合作社、种粮大户、农户）的对接。实行订单生产、合同收购。以企业需求定品种、定面积、定产量、定价格。发展优质小麦必须实行专业化生产、规模化种植、标准化管理、产业化发展。

建议选用的优质强筋专用小麦品种主要有：济麦 44、淄麦 28、泰科麦 33、徐麦 36、科农 2009、济麦 229、红地 95、山农 111、藁优 5766、济南 17、洲元 9369、泰山 27、烟农 19 等。

要确保生产用种的种子质量高。种子纯度不低于 99%，净度不低于 99%，发芽率（正常苗率）在 85% 以上。

（2）播前准备

①种子处理。做好种子包衣、药剂拌种，可有效防治或推迟小麦条锈病、白粉病、纹枯病等病害发病时间，减轻秋苗发病，压低越冬菌源，同时控制苗期地下害虫危害。

②施足基肥。整地前亩施腐熟堆肥（农家肥）1 000～3 000 公斤或商品有机肥 300～500 公斤。注重测土配方施肥，氮磷钾肥配合，补施微量元素肥。一般亩施氮肥（N）14～16 公斤、磷肥（P_2O_5）7～8 公斤、钾肥（K_2O）6～8 公斤，缺锌地块亩施硫酸锌 1～2 公斤。建议采用氮肥后移技术，氮肥基施和追施各占 50%，其他肥料全部底施。

③秸秆还田。玉米秸秆还田要做到"切碎、撒匀、深埋、压实"。秸秆粉碎还田

要求长度≤7厘米，均匀抛撒地表，耕翻深埋地下。如果采用深松技术，必须先旋耕，将秸秆切入土层，旋耕深度15厘米以上，秸秆还田后要灌水踏实，如墒情适宜要及时耙压。

④精细整地。采用机械深松或深耕，耕深23厘米以上，破除犁底层；耕耙配套，耕层土壤不过暄，无明暗坷垃，无架空暗垡，达到上松下实；耕层土壤含水量达到田间持水量的70%~80%，畦面平整，保证浇水均匀，不冲不淤。播前土壤墒情不足的应造墒，坚持足墒播种。

（3）精细播种

①种植规格。田畦标准化种植，以3.0~3.2米为宜，畦埂宽不超过40厘米，以充分利用地力和光能。采用宽幅播种机播种，平均行距25厘米。

②足墒播种。适宜的土壤墒情是培育壮苗的关键，小麦出苗最适宜的土壤相对含水量为75%~80%，应采取多种形式造墒，确保适墒播种。当墒情和播期发生冲突时，宁可晚播，也要造墒播种。墒情不好时也可播后立即浇好蒙头水。

③适期播种。10月5~15日为适播期，10月7~12日为最佳播期，力求在最佳播期内播种。

④宽幅精量播种。采用小麦宽幅精量播种机播种，亩播量7.5~12公斤，播深3~5厘米。随播镇压或播后镇压。

（4）冬前管理

①查苗补种。在出苗后要及时查苗、补苗，并拔除疙瘩苗，这是确保苗全、苗匀、苗壮的第一个环节。

②及时划锄。小麦三叶期至越冬前，每遇降雨或浇水后，都要及时划锄。立冬后，若每亩总蘖数达到计划穗数的1.5倍时，要进行镇压。

③适时防治病虫草害。重点做好金针虫、蛴螬、蝼蛄等地下害虫，以及纹枯病、根腐病等根病的防治。同时，针对麦田杂草种类，于10月中下旬至11月上中旬，选用适宜农药机械化学除草。

④化控或镇压。若越冬前麦田群体偏大，有旺长趋势，要及时采用镇压方式或者叶面喷施多效唑、烯效唑等化控调节剂，以控旺转壮。

⑤浇越冬水。浇越冬水有利于保苗安全越冬，使早春保持较好墒情，有利于推迟春季第一次肥水管理，掌握麦田管理主动权。当日平均气温下降至0~3℃左右（11月底至12月上旬）时浇越冬水最为适宜，早浇气温偏高会促进生长，过晚会使地面结冰冻伤麦苗，要在麦田上冻之前完成浇越冬水。浇过越冬水后，待墒情适宜时要及时划锄，以破除板结，防止地表龟裂，并除草保墒，促进根系发育，促进形成壮苗。

（5）春季及后期管理

①适时镇压划锄。雨水节气后，镇压划锄，减少透气跑墒，提高地温，促麦苗早发。以后每逢降雨或浇水后，都要及时划锄。

②拔节期追肥浇水。施拔节肥、浇拔节水的具体时间要根据品种、地力、墒情和苗情掌握。分蘖成穗率低的大穗型品种，在拔节初期（3月底至4月初）追肥浇水；分蘖成穗率高的中小穗型品种，地力水平较高、群体适宜的麦田，宜在拔节中期（4月上旬）追肥浇水；地力水平高、群体偏大的麦田，宜在拔节后期（旗叶露尖、4月中旬）追肥浇水，灌水量每亩40米³左右，结合浇水施好拔节肥。

③化控防倒。在小麦起身期前后，群体偏大，生长偏旺麦田，要进行镇压，镇压效果不佳的要适时喷施植物生长抑制剂，抑制基部节间伸长，促进根系下扎，控制植株过旺生长，防止生育后期发生倒伏。

④化学去除杂草。3月中上旬，小麦返青后及时开展化学除草。对以阔叶杂草播娘蒿、荠菜、猪殃殃、繁缕等，可选用含氯氟吡氧乙酸、双氟磺草胺、噻吩磺隆、唑草酮、双唑草酮等成分的药剂。对于禾本科杂草，可用甲基二磺隆及其复配制剂防除节节麦，可用啶磺草胺、氟唑磺隆等药剂及其复配制剂防除雀麦，可用炔草酯、唑啉草酯等药剂及其复配制剂防除野燕麦、多花黑麦草等；甲基二磺隆及其复配制剂严禁在强筋麦和优质麦上使用，也不能与2，4-D混用，以免出现药害。

⑤浇好挑旗、灌浆水。小麦挑旗和灌浆期对水分需求量较大，要及时浇水，使田间持水量稳定在70%～80%之间。一般应于开花期进行，如小麦挑旗期墒情较差，可适当提前至挑旗期浇水；如小麦开花期墒情较好，可推迟至灌浆初期浇水，灌水量每亩40米³左右。

⑥喷施叶面肥。在小麦开花灌浆期间，叶面喷施磷酸二氢钾或植物细胞膜稳态剂溶液，以防早衰，促粒重。

⑦"一喷三防"。小麦生育后期，选用适宜杀虫剂、杀菌剂和磷酸二氢钾混合喷雾起到防病、防虫、防早衰的作用，特别要做好对蚜虫、红蜘蛛、赤霉病、白粉病、锈病、纹枯病等病虫害的防治。

⑧适时机械收获。蜡熟末期籽粒的千粒重最高，籽粒的营养品质和加工品质也最优，此时为最佳收获时期。田间表现为植株茎秆全部黄色，叶片枯黄，茎秆尚有弹性，籽粒含水率22%左右，籽粒颜色接近本品种固有光泽，籽粒较为坚硬。提倡用联合收割机收割，麦秸还田。

（二）小麦测墒补灌水肥一体化节水高产技术模式

1. 模式概述

小麦生产中一般采用大水漫灌或畦灌的方式，从而造成灌水过多；或采用定量灌溉的方式，但没有考虑灌水前土壤含水量，有一定的盲目性。在追施氮肥方面，多采用撒施方式。不合理的灌溉、施肥方式均造成水肥资源浪费，水分和氮肥利用效率低。研究节水省肥技术是实现小麦可持续发展和缓解水资源供需矛盾的根本措施，也是农业农村部提出的"控水、减氮、减药及三基本"的任务之一。基于此研究并创建了小麦测墒补灌水肥一体化技术。

小麦测墒补灌水肥一体化节水高产技术是根据小麦关键生育时期的需水特点，设定关键生育时期的目标土壤相对含水量，根据目标土壤相对含水量和实测的土壤含水量，利用公式计算需要补充的灌水量，然后利用压力管道灌溉系统（以喷灌系统、微灌系统为载体），将氮肥溶解于灌溉水中，实现水肥同步管理和高效利用，达到节水、节肥、节地、增产、增效的目标。

2. 增产增效情况

该项技术比当地传统灌溉节水 20%～60%，水分利用效率和氮素利用效率均提高 10%以上，籽粒产量高于或等于传统灌溉，亩产达 550～600 公斤。

3. 小麦测墒补灌的测定方法

（1）小麦关键生育时期适宜的土壤含水量　小麦需要灌溉的关键时期为播种期、越冬期、拔节期和开花期。年降水量为 500 毫米的地区，0～40 厘米土层适宜的目标土壤相对含水量为 75%～80%；年降水量为 600 毫米左右的地区，0～40 厘米土层适宜的目标土壤相对含水量为 70%～75%；年降水量为 700 毫米左右的地区，0～40 厘米土层适宜的目标土壤相对含水量为 70%。从节水的目的出发，播种前浇底墒水后，一般不用浇越冬水。

（2）小麦测墒补灌的灌水量的计算　测墒补灌的灌水量计算公式为：

$$补灌水量（米^3/亩）= \frac{20}{3}aH(B_1 - B_2)$$

式中：a——测墒土层土壤平均容重（克/厘米^3）；

H——测墒土层深度，为 40 厘米；

B_1——目标土壤质量含水量（田间持水量乘以目标土壤相对含水量）；

B_2——灌溉前土壤质量含水量。

4. 技术要点

（1）播前测墒补灌　麦田耕作前，测定土壤容重和田间持水量。按照测墒补灌的方法测定土壤相对含水量和计算补灌量，按补灌量用微喷方式灌溉。

（2）基肥施用　根据土壤基础肥力施用氮磷钾肥，提倡施用有机肥。高产地块（7 500～10 500 公斤/公顷）施氮肥（N）105～120 公斤/公顷，磷肥（P_2O_5）90～120 公斤/公顷，钾肥（K_2O）90～120 公斤/公顷；中产地块（6 000～7 500 公斤/公顷）施氮肥（N）90～105 公斤/公顷，磷肥（P_2O_5）75～105 公斤/公顷，钾肥（K_2O）75～105 公斤/公顷。

（3）越冬前测墒补灌　在 11 月底至 12 月上旬日平均气温降至 3～5℃时浇越冬水。按照测墒补灌的方法测定土壤相对含水量和计算补灌量，按补灌量用微喷方式灌溉。

（4）春季测墒补灌和水肥一体化　按照测墒补灌的方法测定土壤相对含水量和计

算补灌量；群体偏小，应在起身期追肥浇水；群体适宜或偏大，应在拔节期或拔节后期（旗叶露尖）追肥浇水。高产田追施氮肥（N）105～120公斤/公顷，中产田追施氮肥（N）90～105公斤/公顷。施肥灌溉方式以喷灌系统或微灌系统为载体，将氮肥溶解于灌溉水中，实施水肥一体化技术。

（5）开花期测墒补灌　按照测墒补灌的方法测定土壤相对含水量和计算补灌量，按补灌量用微喷方式灌溉。

5. 适宜区域

小麦测墒补灌水肥一体化节水高产技术适宜在黄淮海麦区推广应用。

6. 注意事项

节水灌溉的效果与耕作质量密切相关，应做好深耕或深松及耙耱镇压等耕作措施，做到充分接纳降水，保住地下贮水，测墒补充灌溉水，减少土壤水分蒸发，达到节水省肥高产的效果。

五、拟研发和推广的重点工程与关键技术

（一）深入开展农田基础设施提升行动

持续加大高标准农田建设改造力度，深入开展高标准农田整县制推进，同步发展高效节水灌溉，优化农机作业条件，增加农田防灾减灾能力，实现"田成方、林成网、路相连、渠相通、旱能浇、涝能排"。狠抓耕地质量提升，大力推广深耕深松、测土配方施肥、秸秆还田等关键技术措施，增加土壤有机质含量，夯实单产提升基础。持续推进盐碱地综合利用，利用工程、农艺、生物等措施，集成推广土壤改良、地力培肥、治理修复等技术，有序推进退化耕地治理，变低产田为中产田，中产田为高产田。

（二）深入开展良种选育推广行动

大力实施种业振兴行动和现代种业提升工程，加快种质资源精准鉴定，挖掘优异基因和种质，积极推进种源关键技术核心攻关、育种联合攻关和农业生物育种研发。优化品种试验和审定标准，引导品种研发方向与生产实际及高产高效需求相匹配。加大品种展示评价力度，加强现有品种对比筛选，遴选推广一批单产潜力大、高产抗逆强、稳产易种植的品种。支持建设一批商业化育种中心，培育一批育繁推一体化企业，强化区域性良种繁育基地建设，有效提升供种保障能力。

（三）深入推进农机装备水平提升行动

推广应用激光（卫星）平地、深耕深松、适用秸秆还田条件下的多功能耕整地机械，切实提高整地质量。研发应用丘陵山区轻简型收获机械，提高收获质量，降

低机收损失。优化完善农机购置与应用补贴政策，对高性能、智能化、复式作业机械推进优机优补，加快老旧机械淘汰更新。加强机手培训，提高机手精细操作技能。

（四）深入开展技术集成推广服务行动

深入开展全省"万人下乡·稳粮保供"农技服务大行动，立足各地自然条件和生产实际，组织基层农技推广体系，加强主推技术展示示范，加快熟化优化高产高质高效关键技术推广应用，不断提升关键稳产增产技术到位率和覆盖率。依托农民教育培训体系，组织粮油生产经主体和农户，开展高素质农民培育，提升技术技能水平。充分发挥现代农业种植产业技术体系、粮食类农业重大技术协同推广团队作用，组织专家开展前瞻性技术试验示范，畅通先进农业科技成果转化应用渠道，加快破解生产技术瓶颈。

（五）深入开展农业防灾减灾行动

立足本地气象灾害类型和发生特点，重点加强干旱、低温冻害（倒春寒、霜冻）、高温热害（干热风）等气象灾害监测预警，制定发布小麦气象灾害防灾减灾和灾后恢复生产技术方案，及时组派专家赶赴生产一线，指导开展防灾减灾，促进灾后恢复生产，减轻灾害损失。针对不同作物病虫害发生规律，重点加强小麦茎基腐病、条锈病和赤霉病等病虫害防控，做好监测预警，推进统防统治和绿色防控，确保主要农作物病虫害损失率控制在5%以下。

（六）深入开展新型农业经营主体和社会化服务提升行动

鼓励适度扩大种植规模，提高流转和适度规模经营比例，切实发挥产能提升示范引领作用。推动农业社会化服务组织高质量发展，不断提升整地播种、施肥打药、收割收获等关键环节服务水平。持续加大对从事粮油生产的新型农业经营主体带头人的培训力度，并组织技术专家结对帮扶，有效提升主体技能水平和管理水平。发挥优势特色产业集群、国家现代农业产业园辐射带动作用，强化订单农业和粮油深加工，助推产能效益双提升。

（七）深入开展"吨粮""吨半粮"生产能力整建制提升行动

进一步发挥山东省在粮油高产创建工作中的典型优势，深入总结"省长指挥田""高产攻关田"经验做法，依托粮油绿色高质高效行动，着力抓好良种良法配套、农机农艺融合，支持有条件的地区开展整片区、整乡（镇）、整县、整市"吨粮""吨半粮"生产能力建设。推广德州市"吨半粮"创建机收减损示范区、高产创建示范区、减肥减药示范区、节水灌溉示范区的"四区联创"绿色生产模式，加速提高关键技术到位率、覆盖率和服务率，示范带动全省粮油生产均衡稳定增产。

六、保障措施

（一）加强组织领导

强化粮食安全党政同责，实行省负总责、市县乡抓落实的工作领导机制，坚持党的领导，强化各级党委政府主体责任，加大人力物力和财政投入力度，为小麦产业高质量发展提供坚强保障。将"粮食生产稳定度"指标纳入市、县党政领导班子和领导干部推进乡村振兴战略实绩考核体系，增加小麦种植面积权重，细化分解小麦生产任务目标，逐级压实小麦安全责任，高位推进小麦生产工作。各级农业农村部门要制定本地区具体规划，做好与地方其他相关规划的衔接，牵头建立协调机制，加强部门间沟通协作，统筹推进规划实施。

（二）加强政策扶持

积极争取发改、财政等部门的支持，在保持农机补贴、粮食高产高效绿色创建、保护价收购、政策性农业保险的基础上，进一步整合、创设有关扶持政策，确保"十四五"期间用于扶持粮食生产的专项财政资金"只增不减"，切实调动和保护好广大农民务农种粮及粮食主产区重农抓粮的"积极性"。扩大完全成本保险和种植收入保险覆盖范围，为小麦产业保驾护航。完善防灾减灾监测应急体系，加大绿色高质高效技术推广支持力度，提高小麦生产发展水平。

（三）加强科技支持

坚持创新驱动发展，完善农业科技创新机制，依托省农业专家顾问团小麦分团、国家和省小麦产业技术体系、高校和科研院所、科技领军企业等科技力量，在品种、节水灌溉、农机装备、绿色投入品研发等应用技术研究领域加强科技攻关，加快科技成果转移转化。完善基层农技推广体系和农业科技社会化服务体系，增加农业科技服务有效供给，提高农业科技服务效能。加强农村实用人才培训，实施高素质农民培育计划，提高农民生产技术和经营管理水平。

（四）加强政策统筹

各级农业、发改、科技、财政、人社、供销等部门要加强协调、密切合作，形成齐抓共推的强大合力，及时研究解决工作中出现的重大问题，推进全省小麦生产工作再上新台阶，切实保障国家粮食生产安全。

（五）广泛宣传引导

加强规划解读和宣传，充分调动政府部门、市场主体、农民群众等各方面积极性、主动性和创造性，凝聚促进小麦产业高质量发展的强大合力。挖掘地方优秀经验，及时解读创新案例、宣传做法经验、推广典型模式，引导全社会共同关注、协力支持，营造促进小麦产业发展规划实施的良好氛围。

河北

河北省小麦单产提升实现路径与技术模式

小麦作为河北省主要粮食和口粮作物，常年种植面积占全国小麦种植面积约9.5%，总产占全国总产约11%。抓好了小麦生产，就稳住了全年粮食安全的基本盘。为深入贯彻党的二十大提出的"全方位夯实粮食安全根基"这一基本要求，全面落实党中央提出的实施新一轮千亿斤粮食产能提升行动战略决策，河北省根据《全国粮油等主要作物大面积单产提升行动实施方案（2023—2030年）》要求，细化本省小麦单产提升关键要素，明确在全省实施小麦亩产跨千斤示范行动，带动提升全省粮食综合生产能力，让中国人饭碗盛上更多优质"河北粮"。

一、河北省小麦产业发展现状与存在问题

（一）发展现状

1. 面积与产量变化

近年来，全省小麦种植面积稳定在3 300万亩以上，优质强筋小麦种植面积呈增加趋势；全省小麦单产持续向好，总产连续11年稳定在280亿斤以上。

一是近年来种植面积稳定在3 300万亩以上。"十三五"期间，全省小麦年平均种植面积为3 480.8万亩，较"十二五"期间下降了4.3%。小麦种植面积的下降主要受地下水压采、退井还旱的影响。"十四五"以来，河北省紧盯粮食安全的基本战略，小麦种植面积逐年增加，由2020年的3 325.4万亩，增加到2023年的3 371.5万亩，增幅为1.38%。

二是小麦单产呈稳步上升趋势。"十二五"期间，河北省小麦年平均亩产由355.1公斤提高到412.9公斤，增幅57.8公斤；"十三五"期间亩产由412.9公斤提高到432.8公斤，增幅19.9公斤。2023年亩产跨上440公斤台阶，达440.6公斤，较"十三五"开局之年增加27.7公斤。近10年间，仅2018年（由于是苗期冻害、中后期病害趋重和干热风为害等导致）小麦单产出现下降。

三是小麦总产年稳定在280亿斤以上。依靠单产的逐步提升，河北省小麦总产在"十二五"期间增长显著，从255.2亿斤增长到296.6亿斤，增长率为16.2%。"十三五"期间，虽然单产有所提高，但受小麦种植面积减少的影响，小麦总产小幅下降，2020年降至287.9亿斤，较2016年下降2.8%。与"十三五"期间的最高总产量相

比，2020 年减产率达到 4.3%。随着种植面积的回升和单产的持续增长，小麦总产量逐步恢复，2023 年增长至 299.7 亿斤，恢复到近 10 年的较高产量水平。

2. 品种审定与推广

"十二五"期间，河北省农作物新品种审定委员会审定通过了 39 个小麦新品种。"十三五"期间审定 135 个。进入"十四五"的三年间两次审定品种共计 150 个。审定品种呈现"井喷"现象。河北省坚持绿色、丰产、高效的小麦生产目标，突出节水优质特色，优化节水和优质专用品种布局，每年主推 5～7 个小麦品种，"十三五"期间节水品种种植面积累计达到 3 200 万亩以上，强筋优质小麦的年种植面积稳定在 500 万亩左右。2022 年，河北省大力推广高产小麦新品种"马兰 1 号"，种植面积达到 501.8 万亩，占全省小麦种植总面积的 14.9%，是近年来种植面积最大的品种。

3. 农机装备

"十三五"以来，河北省农业机械化转型升级取得明显成效，全省耕种收综合机械化率由"十三五"初期的 74% 增长到 83%，比全国平均水平高 12 个百分点。全省农机总动力达到 7 965.74 万千瓦，占全国总动力 7.5%，位居全国第三，其中小麦全程机械化水平位列行业前端。河北省小麦综合机械化率达到 99.80%，高出全国 3 个百分点，基本实现全程机械化。

4. 栽培与耕作技术

河北省每年分区域主推 2～4 项小麦生产技术。主推技术突出了节水、节肥，发挥了河北省强筋小麦生产优势。重点是克服水资源匮乏和周年光热资源紧张的难题，体现了农业化肥降量增效的绿色发展需求。

5. 品质状况

全省 2023 年收获小麦的平均容重 798 克/升，变幅为 733～835 克/升；不完全粒比例平均为 5.0%，变幅为 0.5%～24.3%；籽粒含水量平均为 10.5%，变幅为 7.8%～13.0%；硬度指数平均为 66.0，变幅为 50.0～75.0；降落值平均为 376 秒，变幅为 165～618 秒；湿面筋含量平均为 32.2%，变幅为 22.4%～40.7%；粗蛋白含量平均为 14.0%，变幅为 11.7%～16.2%。

6. 成本收益

河北省小麦单位成本高于全国平均水平。除个别年份外，小麦单位成本均高于河南省和山东省两个小麦生产大省。"十三五"期间，河北省小麦生产性亩投入呈稳中略升的趋势，五年间亩投入增加了 83.54 元，年均增加 20.89 元；亩产值小幅波动，其中 2018 年下滑明显。投入与产出相对平衡，净利润低。进入"十四五"的两年，受小麦价格大幅提升的影响，产投比超过 1.2，亩均净利润接近 500 元。

7. 市场发展

"十三五"期间，河北省年处理小麦加工能力由 2015 年的 1 544 万吨增加到 2020 年的 1 994.2 万吨，占全国的比重由 2015 年的 7.96% 增加到 2020 年的 9.7%，由全国第 5 位上升到全国第 3 位，实现了较快增长，但与山东省和河南省差距仍比较明显，虽然河北省是粮食生产大省，但不是粮食强省。

河北省小麦加工企业数量有所减少，由 2015 年 256 家减少到 2020 年的 187 家，减少了 26.95%，但加工企业数量占全国的比重有所增加，由 2015 年占比 6.51% 上升到 2020 年的 7.2%。从区域分布看，河北省小麦加工企业主要集中在冀中南小麦主产区，受益于小麦主产省和强筋小麦优势，龙头企业形成集聚效应。现有国家级龙头企业 5 家、省级龙头企业 40 家。多家本地头部企业加快在全国战略性布局，全省粗加工的小麦制粉产量和挂面产量占到全国的 1/10 左右，方便面产量接近全国产量的 1/5。在加工企业快速成长的同时，带动了"企业＋基地"优质专用小麦生产组织的快速发展，石家庄市藁城区建成全国最大的强筋麦贸易集散地。

（二）主要经验

1. 推进耕地质量提升

推广耕地地力提升技术，示范推广增施有机肥、生物菌肥、秸秆还田、深耕深松等技术，增加土壤有机质，提高土壤肥力，实施测土配方施肥，促进土壤养分平衡。开展退化耕地治理示范，消除或减轻土壤障碍因素，提高耕地质量和综合生产能力。

2. 带动种业科技创新

省委省政府对种业振兴高度重视，出台支持种业振兴的政策措施。河北省节水小麦育种水平、推广面积、节水成效均居全国前列，共育成节水小麦品种 80 多个，在农业农村部认定的 7 个绿色高产节水品种中有 6 个为河北育成。2022 年"马兰 1 号"小麦新品种在少浇一水的前提下，亩产最高达 863.76 公斤，刷新了河北省小麦单产纪录。

3. 社会化服务带动技术集成推广

截至 2021 年底，河北省农业生产托管服务组织发展到 3.1 万家以上。其中，全环节托管服务组织发展到 1 300 家以上；农业生产托管服务面积增加到 2.2 亿亩次以上，全环节托管服务面积发展到 700 万亩；平原粮食主产区和丘陵山区粮食作物多环节托管服务面积占比分别提高到 67% 和 44% 以上。组织化规模化程度的提升，相比分散经营减少了沟渠和地垄，可有效提升土地利用效率，获得更多可耕种土地，间接提升单位面积产量。同时，规模化经营者更容易接受和使用新品种新技术，以实现粮食高产稳产和降低投入。

（三）存在问题

1. 水资源短缺与地下水压采政策压力巨大

随着全省地下水超采综合整治工作的逐步推进，2016 年度试点范围已经扩大到全省 9 个设区市、2 个省直管县，共 115 个县（市、区）。由于传统意义上，小麦被认为是耗水作物，而对其冬季覆盖作物的生态保护功能认识尚不普遍，因此压缩小麦种植面积，实行水改旱和小麦季节性休耕（"一季休耕、一季种植"）的技术模式，被认为是压采地下水的措施之一。压采区域也多为小麦产区，将对小麦生产造成一定影响，扩大小麦种植面积的阻力加大。

2. 化肥农药使用量依然较高

河北省小麦增产与化肥农药的投入密切相关，但是河北省化肥农药投入连年增长，已经超出合理发展水平，化肥和农药利用效率低下，对环境和水资源造成污染。河北省小麦单位面积施肥量明显高于河北省粮食平均施肥量，并有增加趋势，小麦化肥施用量达到 30 公斤/亩，比河北省粮食平均化肥投入高 7.4 公斤/亩。"多用化肥农药，粮食多增产"的思想根深蒂固，如何使化肥农药控制在合理的区间成为未来发展的难点。

3. 规模化集约化程度有待提高

目前，河北省的农业经营水平仍然以一家一户分散小规模经营为主，农村家庭经营耕地面积平均为 0.42 公顷/户和 0.126 公顷/人，均低于全国平均水平（0.50公顷/户，0.156 公顷/人）。一家一户的小农作业，无法适应大规模机械化、标准化生产，暴露出规模小、效率低、缺乏竞争能力等问题。目前的生产经营方式难以应对农业市场化、国际化及国际竞争日趋激烈的挑战。

4. 比较效益低，农民生产积极性不高

近年来，小麦的单产虽有所增加，但普遍采取粗放式、掠夺式经营，农民小麦种植的收益有下滑的趋势。化肥、种子、农药和燃油的价格上涨，冲抵了小麦增产带来的收益。另外，随着劳务经济的发展，种粮收入占农民收入的比重越来越小，导致大量劳动力产业转移，使最薄弱的农业缺少了前进的动力。当前小麦生产面临的突出问题是比较效益低，需要发展适度规模经营，实现规模效益。

5. 小麦加工业发展迟缓

河北省小麦粉加工量连续多年没有大幅度提升，长期稳定在 1 000 万吨左右。而同期山东省小麦粉加工量保持在 2 400 万吨，河南省小麦粉加工量保持在 5 000 万吨的规模，分别是河北省的 2.4 倍和 5 倍，差距较大。

二、小麦区域布局与定位

河北省为小麦种植大省，以冬小麦种植为主，也有极少量春小麦种植。小麦常年种植面积在 3 300 万～3 400 万亩。由于地形地貌和气候多样性，河北省的冬麦区主要跨黄淮（北部）和北部麦区，结合当前生产条件、产量水平和品种生态型特点，河北省冬小麦可分 4 个种植区，即太行山山前平原冬麦区、低平原冬麦区、滨海平原旱作冬麦区和冀东平原冬麦区。

（一）太行山山前平原冬麦区

1. 基本情况

为河北省小麦主产区之一，种植总面积约 1 150 万亩，约占河北省总小麦面积的 35%，是全省生产条件和产量水平最高的地区，平均亩产量在 500 公斤以上，主要分布在石家庄、保定、邯郸、邢台所辖的太行山山前平原的县（市、区）。本地区地势平坦，土层较厚，沙黏适中，土壤肥沃，贮水保肥力强，气候干旱少雨，水资源相对较为丰富，水质好，灌溉水源主要为河渠等地表水和浅层地下水，保浇程度较高；光照充足，多为一年两熟制，复种指数高，是河北省小麦高产种植区。

2. 目标定位

太行山山前平原冬麦区是河北省小麦的高产区，也是优质强筋麦的优势产区，种植技术和管理水平较高，是河北省传统的冬小麦的高产区与优质强筋麦的最主要产区，目前优质强筋麦面积约 500 万亩。其目标定位为丰产高产再增产，优质高产再提效。

3. 主攻方向

主要有高产、优质和节水三个主攻方向，一是节水优质高产品种选育；二是水肥高效再增产技术集成模式；三是优质强筋麦高产保质增效技术集成模式。

4. 种植结构

绝大多数为"冬小麦－夏玉米"一年两熟制连作模式，也有较少的"冬小麦－夏谷""冬小麦－夏花生""冬小麦－夏高粱"等种植模式。

5. 品种结构

以高产稳产节水品种为主，保定沧州以南的黄淮北部麦区的品种多偏向于半冬性、冬性早熟或中熟，保定沧州以北的北部麦区多为强冬性小麦品种。

6. 技术模式

主要包括小麦的节水高产精准管理栽培技术模式、小麦高产优质全程机械化技术模式、优质强筋小麦高产优质技术模式等。

（二）低平原冬麦区

1. 基本情况

为河北冬小麦主要种植区之一，包括衡水市的全部、沧州市中西部、邢台市、邯郸市的东部、廊坊的东南部和保定市的东部的县（市、区），该区小麦总面积约 1 800 万亩，约占河北总小麦种植面积的 53%。本地区地势平坦，土层较厚，地力中等，气候干旱少雨，水资源严重短缺，浅层多为咸水，主要灌溉水源为深层地下水，保浇程度偏低；光照充足，多为一年两熟制，复种指数高，小麦灌浆后期干热风发生频繁，亩产量约 400 公斤，以中低产田为主。

2. 目标定位

低平原冬麦区是河北省小麦的中产区，插花分布有高产和低产区，也是河北省深层地下水严重超采区。种植技术和管理水平略偏低于太行山山前平原区，其目标定位为节水稳产，抗逆丰产。

3. 主攻方向

一是抗旱节水丰产品种选育；二是抗逆水肥高效丰产技术集成模式。

4. 种植结构

大多数为"冬小麦－夏玉米"一年两熟制连作模式，也有"冬小麦－夏谷""冬小麦－夏花生""冬小麦－夏高粱"等种植模式和棉花、春花生、春玉米等一年一熟种植模式。

5. 品种结构

以抗旱节水丰产稳产品种为主，保定沧州以南的黄淮北部麦区的品种多偏向于半冬性、冬性早熟或中熟，保定沧州以北的北部麦区多为强冬性小麦品种。

6. 技术模式

主要包括小麦的节水高产精准管理栽培技术模式、小麦抗逆丰产全程机械化技术模式等。

（三）滨海平原冬麦区

1. 基本情况

为河北旱作雨养冬小麦种植区，包括渤海之滨沧州市的东部，该区小麦每年面积在 70 万～200 万亩，受年际间降雨的影响面积和产量波动较大。本地区地势低洼，土壤盐碱瘠薄，地力差，淡水资源严重短缺，浅层为埋深 1～3 米的咸水，没有灌溉水源，为纯旱作雨养，为一年两熟或一年一熟制，亩产量约 260 公斤，属于典型的低产田。

2. 目标定位

滨海平原冬麦区是河北省小麦纯旱作雨养的低产区，但其旱碱麦品质较好。其目标定位为抗旱耐盐，增产提质。

3. 主攻方向

一是抗旱耐盐丰产品种选育；二是抗逆水肥高效丰产技术集成模式。

4. 种植结构

多为"冬小麦－夏玉米"一年两熟模式，也有"冬小麦－夏谷""冬小麦－夏高粱"等种植模式和棉花、春花生、春玉米等一年一熟种植模式。

5. 品种结构

以抗旱耐盐丰产稳产冬性中晚熟品种为主，品种结构单一，更新速度慢，主要有捷麦 19、沧麦 6002、沧麦 6005、冀麦 32 等品种。

6. 技术模式

主要包括旱碱麦种植技术模式、盐碱地小麦"六步法"栽培技术模式、小麦沟播增产技术模式等。

（四）冀东平原区

1. 基本情况

该区地处北部冬麦区，主要包括唐山的全部、秦皇岛市的全部和廊坊的北部，本地区地力中等，降水量相对较多，水资源相对丰富；光热资源严重不足，越冬期较长且气温较低，多为一年两熟制，多属于中低产田。小麦面积约 300 万亩，亩产量约 350 公斤，也是河北省小麦的中低产区。

2. 目标定位

冀东平原冬麦区是河北省小麦的中低产区，种植技术和管理水平一般，其目标定位为抗寒抗旱，丰产稳产。

3. 主攻方向

一是抗寒抗旱节水丰产早熟品种选育；二是抗逆水肥高效丰产关键技术及其集成模式。

4. 种植结构

大多数为"冬小麦－夏玉米"一年两熟制连作模式，也有春玉米、马铃薯、甘薯等一年一熟种植模式。

5. 品种结构

以抗寒抗旱丰产稳产冬性或强冬性品种为主，主要是京津唐地区培育的品种，也有少量黄淮北部的品种种植。

6. 技术模式

主要包括小麦的抗寒抗旱节水丰产栽培技术模式、小麦光热水肥高效利用技术模式等。

三、小麦产量提升潜力与实现路径

（一）发展目标

保持种植面积基本稳定，推进 12 个整建制推进县小麦单产大幅提升，引领、带动全省小麦大面积均衡增产，实现面积稳定、单产和总产双提升。

——2025 年目标定位。整建制推进县亩产比 2023 年平均水平提高 5％以上，力争带动全省小麦平均亩产达到 450 公斤。

——2030 年目标定位。整建制推进县亩产比 2023 年平均水平提高 7％以上，力争带动全省小麦平均亩产达到 475 公斤。

——2035 年目标定位。2035 年力争全省小麦平均亩产达到 500 公斤。

（二）发展潜力

1. 面积潜力

在 2023 年小麦种植面积稳定在 3 350 万亩以上的基础上，统筹农业节水与小麦扩种，多渠道挖掘种植潜力，到 2030 年小麦种植面积恢复到 3 400 万亩左右，到 2035 年河北省小麦面积争取恢复到 3 500 万亩左右。

2. 单产潜力

按照"急抓 1 年、紧抓 3 年、续抓 5 年、长抓 15 年"的工作方法，由点到面、由片到县，全要素集成、整合式推动，2023—2030 年，全省小麦单产年均增长 2.8% 左右，到 2035 年亩产有望超过 500 公斤。

3. 总产潜力

到 2030 年，河北省小麦面积稳定在 3 400 万亩以上，单产达到 475 公斤/亩以上，总产达到 1 600 万吨以上。到 2035 年，河北省小麦面积争取恢复到 3 500 万亩以上，单产达到 500 公斤/亩以上，总产超过 1 750 万吨。

（三）实现路径

1. 高标准农田与耕地地力提升工程

一是建设高标准农田。落实党的二十大要求，加快将永久基本农田建成高标准农田步伐。利用财政支持、政府专项债、PPP 模式等渠道，每年新建或改造提升高标准农田 300 万亩左右，其中发展高效节水农田 100 万亩。鼓励有条件的地方大力实施全域水网等项目建设，扩大地表水灌溉面积，为粮食生产拓展更大空间。二是改善耕地地力。推广耕地地力提升技术，示范推广增施有机肥、生物菌肥、秸秆还田、种植绿肥、深耕深松等技术，增加土壤有机质，提高土壤肥力，实施测土配方施肥，促进土壤养分平衡。开展退化耕地治理示范，消除或减轻土壤障碍因素，提高耕地质量和综合生产能力。三是稳步扩大小麦种植面积。统筹农业节水与用水，全省超额完成地下水采补平衡任务后，通过发展高效节水、取消季节性休耕等方式，增加小麦种植面积。抓住国家实行小麦最低收购价政策、小麦价格涨幅较大的政策机遇，充分挖掘有种植潜力的地块，千方百计扩大种植面积。

2. 高产小麦品种育繁推示范工程

一是加快新品种筛选。设立新品种种植展示田，每年筛选 10 个以上适宜不同生态区种植的小麦优良品种。加大经过生产检验、农民接受程度高的主导品种推广力度，推动构建一乡一品（高产品种）、一县 3~5 个主导品种的结构布局。突出需求导向，着力挖掘高产加工型、高产优质兼顾的苗头性小麦品种。二是提高良种生产能力。加快国家区域良种繁育基地和省级良种繁育基地建设，支持辛集市创建国家级小麦种业产业园，培育壮大龙头企业。加强仓储设施、专用机械、烘干加工和质量检测设备建设，改善基地生产基础设施水平。提高用种质量标准，加强品种保护。三是扩大高产品种种植面积。对做出突出贡献的育种专家、制种企业以及单一高产品种规模基地，给予适当奖补奖励，带动高产优质品种大面积推广。

3. 小麦适度规模经营发展扶持工程

一是加快土地流转步伐。强化农村土地流转服务，鼓励引导农户通过出租、转包、入股等方式流转土地经营权，提升粮食生产规模化、标准化水平。二是培育新型经营主体。落实扶持政策，完善利益联结机制，大力发展粮食类家庭农场和农民合作社，鼓励村党支部领办合作社，加快构建主体多元、功能互补、运行高效的现代化农业经营体系。三是扩大生产托管服务规模。支持各地认真实施中央财政农业生产社会化服务项目，扶持壮大一批托管服务组织。支持各类服务主体开展大规模托管服务，为小麦生产提供耕、种、防、收各环节托管服务，助力小麦规模经营，实现稳产高产。

4. 小麦全生育期精细精准科学管理工程

一是成立小麦亩产跨千斤创建行动专家指导组。发挥小麦省级产业技术体系创新团队作用，针对小麦从种到收每个生长期和一系列关键节点，制定精细化、精准化、规范化的小麦科学管理实施方案。加快绿色生产关键技术集成推广，推广化肥绿色增效技术。二是开展示范引领。围绕集成推广新品种、新技术、新模式，每县打造一批万亩片、千亩方，实现良田、良种、良法、良机、良制配套，辐射带动大面积均衡增产。发挥粮食生产科技专员和创新驿站作用，为小麦生产提供全链条技术指导服务。对种植大户、托管组织和农民群众开展拉网式技术培训，力争精细精准管理技术规范覆盖到每一块小麦田，向每个关键环节要产量。三是强化科学防灾减灾。加强植保社会化服务体系建设，大力推进区域统防统治、联防联控。推进粮食生产完全成本保险，创新灾害保险查勘定损和理赔模式，最大限度减少因灾损失。

5. 实施农机装备提升工程

一是提高农机装备应用水平。用足用好农机购置补贴政策，围绕小麦精细整地、精量播种、精准施肥药、高效收获等各个环节，支持引导农民购置使用先进适用的农机装备，提高小麦复式、高端产品补贴额，加快提升小麦"耕、种、管、收、储"全程作业质量与作业效率，深挖农机装备增产潜力。二是提高小麦机收减损水平。牢固树立"减损就是增产"意识，推动降低小麦收获损耗。加大先进适用、安全可靠的小麦联合收获机推广力度，鼓励应用机收损失监测技术，切实提升机收减损性能。组织开展小麦机收减损技术培训和"大比武"活动，提高机手贯彻标准的自觉性，推动机手按标、按规、高效作业。三是大力推进农机智能化。加快农机农艺融合、机械化信息化融合，促进大数据、物联网、智能控制、卫星定位等信息技术在小麦农机装备制造和作业上的应用，培育播深检测、测土配方、四情（苗情、墒情、虫情、灾情）监测、产量监控等数据支持体系，提升小麦生产全程质量管控能力，实现小麦生产全程智能化。

6. 实施全产业链融合发展工程

一是推动产业化发展。支持五得利、今麦郎、金沙河、益海、参花、同福等企业集团做大做强。瞄准业内大型领军企业，新引进一批面制品精深加工和"中央厨房"等商贸物流销售企业，实现全省小麦就地转化，延长产业链，提高附加值。突破小麦精深加工、副产物高值化利用等关键技术，开发谷朊粉、蛋白肽、膳食纤维和赤藓糖醇等"高、精、特、新"产品，提高产品附加值。二是推进市场化运营。建设全省小麦生产全过程、发展全链条数字化管理服务应用平台，加快推进小麦全产业链融合发展和智能化转型。充分发挥小麦加工、优质麦产业化联合体、收储企业和新型经营主体带动作用，完善利益连接机制，实现单种、单收、单储和专用加工，提升质量，增强竞争力。三是实施品牌化带动。支持开展小麦原粮及加工产品等地理标志产品宣传和开发，培育推介区域公用品牌、企业品牌。组织开展产销对接、意向洽谈等形式多样的原粮及加工品交易活动，提升品牌影响力，扩大市场占有率。

四、冬小麦精耕细种节水匀肥技术模式

（一）模式概述

冬小麦精耕细种节水匀肥技术模式是国家粮食丰产科技工程通过在河北省开展的近 20 年超高产攻关，不断完善形成的河北省小麦绿色高质高效技术模式。该技术模式多年多点不断创造河北省小麦单产纪录，实现了从亩产 600 公斤到 700 公斤，再到 800 公斤的单产水平。与当年当地普通生产田相比，均创造了超过 200 公斤的亩产层级差。该技术模式全面规范了精选品种与种子包衣、秸秆粉碎与精细整地、"四适"播种与前后镇压、平衡施肥与节水灌溉、病虫草综合防控和自然灾害防范等技术标准。

（二）技术措施

1. 精选品种与种子包衣

选择节水抗逆、株型紧凑、适宜本地生产的高产品种。针对当地流行的茎基腐病、纹枯病、金针虫等发生情况，选择包衣用高效杀虫灭菌药剂，并施以最佳包衣剂浓度，做到高质量包衣。

2. 秸秆粉碎与精细整地

前茬作物秸秆高标准粉碎匀铺埋深压实。秸秆粉碎后长度以不超过 10 厘米为宜，耕地前均匀平铺在耕地表面，结合小麦底肥氮的投入，加速秸秆腐熟过程。采用深松耕＋旋耕方式耕地，深松耕深度不低于 40 厘米、旋耕深度不低于 15 厘米。

3. "四适"播种与前后镇压

小麦播种前土壤相对含水量控制在70%~80%，保证适墒播种；由北向南10月1—10日适期播种，保证冬前积温达到550℃左右，小麦越冬苗龄5叶1心的壮苗标准；每亩播种量10~13公斤，保证亩基本苗18万~25万；结合整地质量，尽量选用15厘米以下行距的适宜密植形式，保证麦苗分布均匀。播种前后两次镇压，保证播种质量。

4. 平衡施肥与节水灌溉

按照亩产小麦700公斤以上的产量水平，亩施氮肥（N）15~16公斤、磷肥（P_2O_5）6~8公斤、钾肥（K_2O）7~10公斤、配施适量硫、镁等中微量矿质养分。其中50%的氮肥和全部的磷钾肥、微肥底施，另外50%的氮肥在小麦拔节初期结合春季灌溉追施。在精耕细种、播前足墒的基础上，全生育期只在拔节初期浇灌一次，亩灌水量45米³。

5. 病虫草和自然灾害防控

针对茎基腐病、纹枯病、白粉病、麦蚜虫、吸浆虫、雀麦、节节麦等多发性病虫草害，坚持精准预测、快速防控、春草秋治等综合防控措施。关注天气变化，重点预防春季冻害、后期高温等自然灾害。

五、拟研发和推广的重点工程与关键技术

河北省小麦产量的提升，依次经历了通过增加穗数提高产量、增加穗粒数提高产量的历史阶段。分析"十三五"以来的高产典型，产量构成因素中穗数和穗粒数差异不显著，而籽粒千粒重成为产量差异的主要因素。造成千粒重差异的主要原因是籽粒建成期和成熟前10天左右的气温差异。为此，河北省小麦单产提升的关键技术研发应聚焦小麦花后耐高温逆境技术。

六、保障措施

1. 加强组织领导

省级成立由省农业农村厅主要领导任组长、分管厅领导任副组长、各相关单位主要负责同志为成员的小麦单产跨千斤创建行动领导小组，强化政策制定、资金支持、工作协调，统筹推进重点工作。领导小组办公室挂靠在厅种植业处，由分管副厅长兼任办公室主任。强化各级党委政府主体责任，将小麦单产跨千斤创建行动列为市县粮食安全党政同责和乡村振兴考核的重要内容。县（市、区）作为建设主体，设立党政主要领导指挥田、样板田。市、县（市、区）农业农村部门成立相关机构，制定具体实施方案，明确年度任务清单和工作台账，将创建目标任务落实到乡镇、村和具体地

块，挂图作战，务求实效。

2. 完善工作机制

建立考核评价制度，省农业农村厅制定小麦单产跨千斤创建行动考核办法，对各级各相关部门组织领导、政策制定、资金扶持、举措落实、工作推进等方面进行考核评价。实行整县、整乡、整村集中连片建设、梯次推进方法，持续放大示范效应。建立督导检查制度，定期组织观摩交流，对重点工作进行督导检查。

3. 加大政策扶持

切实落实各项惠农政策，确保对产粮大县奖励、政策性保险等专项财政支持只增不减。完善金融支持，积极协调金融机构创新金融支农品种，降低贷款门槛，增加对示范区生产基础设施建设、种植大户、农机大户和加工龙头企业的信贷规模；探索实行生产订单抵押等抵押形式，切实解决新型经营主体和农户贷款难问题。

4. 强化宣传引导

充分发挥主流媒体、新媒体作用，加强对小麦单产跨千斤创建行动重要意义宣传，充分调动政府部门、市场主体、农民群众等各方面积极性。挖掘一批先进典型、创新案例，宣传成功经验、推广典型模式。

安徽省小麦单产提升实现路径与技术模式

安徽省位于东经114°54′~119°37′，北纬29°41′~34°38′之间，处于暖温带与亚热带过渡区。安徽小麦种植区域主要分为淮北平原麦区、江淮之间麦区和沿江江南麦区，其中，淮河以北麦区前茬作物主要为大豆、玉米、花生等旱茬作物，晚秋、冬季和早春降水量偏少，小麦易受阶段性干旱的影响；江淮之间地形以丘陵、岗地为主，前茬以水稻、甘薯、玉米等水旱作物并存为主，秋冬季降水偏少、春季降水偏多；沿江江南麦区分布于长江沿岸的冲积平原和水网圩区，前茬多为水稻，春季3~5月降水量偏多，小麦易受湿渍害影响。

一、安徽小麦产业发展现状与存在问题

（一）发展现状

1. 面积与产量变化

（1）小麦种植面积保持稳定　小麦作为安徽种植面积最大的作物，2013—2015年种植面积总体保持在3 650万亩左右。2016年第三次全国农业普查结果显示，安徽省小麦种植面积达4 331万亩，2022年后面积稳定在4 300万亩左右，位居全国第三（图1），其中旱茬小麦种植面积2 800万亩左右，稻茬小麦种植面积1 500万亩左右。

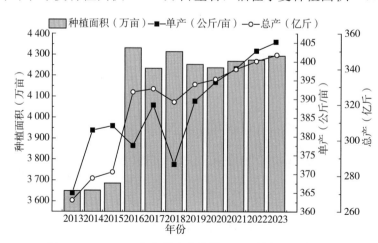

图1　2013—2023年安徽小麦种植面积、单产和总产变化

注：资料来源于国家统计局，下同。

（2）**小麦单产与总产大幅提升** 随着品种的更新、栽培技术的改进及政策支持力度的加大，安徽小麦单产与总产均有较大幅度提升。2018 年后，小麦单产和总产逐年增加。与 2013 年相比，2023 年小麦平均单产达 405.3 公斤/亩，年均单产增加 3.6公斤/亩，总产达 348.16 亿斤；2013—2023 年间小麦总产增加 82 亿斤。

2. 品种审定与推广

（1）**安徽小麦品种自育能力增强，典型品种推广面积扩大** 2013—2023 年全省通过审定的品种数量达 281 个，其中半冬性品种 224 个，春性品种 54 个，弱春性品种 3 个；从品质类型上看，主要为中筋品种，共 145 个，占比 51.60%，其次为中强筋品种 80 个，弱筋品种 6 个。弱筋品种是安徽小麦品种的"短板"（图 2）。从种植面积上看，2014 年后，自育品种种植面积稳步增长，2021 年达 1 300 万亩，占全省小麦种植面积的 30%（图 3A）；从典型品种种植面积上看，2016 年以前，全省种植面积超过 100 万亩的小麦品种基本为省外品种，2017—2018 年，自育品种安农 0711、华成 3366 年种植面积均超 100 万亩，且分别于 2017、2018 年种植面积超过 200 万亩；涡麦 9 号和荃麦 725 年种植面积也呈扩大趋势，2021 年度分别达 96 万亩和 86 万亩（图 3B）。综上，安徽自育小麦品种主要为半冬性小麦，品质类型以中筋和中强筋为主，且在全省均有大面积种植。"十三五"以来，安徽自育品种产量潜力和抗性得到持续改善，特别是稳产性和抗赤霉病、穗发芽性能均优于省外品种，安农 0711、华成 3366 分别获 2019 年、2020 年安徽省科技进步一等奖。

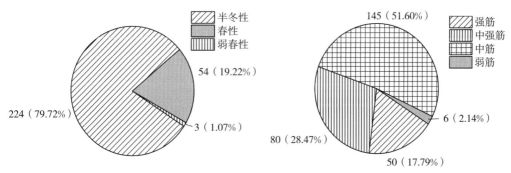

图 2 2013—2023 年安徽省育成的小麦品种类型

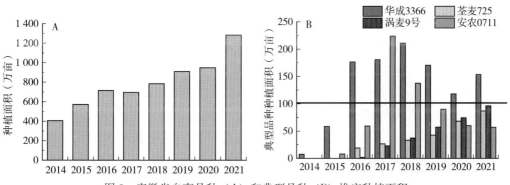

图 3 安徽省自育品种（A）和典型品种（B）推广种植面积

（2）选育和推广了一批高产优质多抗小麦新品种 "十三五"以来，安徽大力开展小麦绿色高质高效创建和产业竞争力提升行动，推广了一批高产优质多抗小麦品种，据统计，2021年全省小麦生产有统计面积的品种共362个，其中推广面积达50万亩的品种，半冬性品种16个，分别为烟农19、烟农999、华成3366、鲁研888、济麦44、淮麦33、荃麦725、烟农1212、华成麦1688、涡麦9号、中麦578、徐麦35、安农0711、百农207、泛麦5号、华展199。春性品种3个，分别是宁麦13、镇麦12、扬麦15。自育品种产量潜力、抗性持续改善，特别是稳产性和抗赤霉病、穗发芽性能优于省外品种，安农0711、华成3366分别获2019年、2020年安徽省科技进步一等奖。

（3）小麦赤霉病抗性育种水平进一步提升 近年来，安徽提高了抗（耐）赤霉病品种审定的标准，用标准引导育种创新。品种审定标准要求北部麦区赤霉病不得高感，淮河以南麦区中抗以上。选育的新品种小麦赤霉病抗性持续改进，在中等发病年份，通过赤霉病防控，基本能控制赤霉病危害，为安徽小麦产业高质量发展保驾护航。

（4）小麦穗发芽筛选取得新进展 制定了一套由国家小麦良种重大科研联合攻关组、国家小麦产业技术体系发布的小麦穗发芽抗性鉴定团体标准，指导抗穗发芽育种。同时，挖掘出5个抗穗发芽基因优异等位变异及分子标记，构建了抗穗发芽小麦品种选育分子标记检测体系。

（5）优质专用小麦品种开发凸显优势 在优质专用小麦产业化开发上，安徽选育和推广了一批自育的优质强筋小麦品种，如涡麦9号、谷神麦19，其中谷神麦19获2020年全国优质强筋小麦面包制品评比冠军。该品种主要品质指标优于新麦26。同时也筛选出一批适宜安徽种植的软质小麦品种，如荃麦725、皖麦52、未来0818、紫麦19等，阐明了安徽软质白粒小麦的品质特性，安徽软质白粒小麦的蛋白质、湿面筋含量相对较高，硬度低而稳定，面粉白，淀粉糊化特性好，吸水率低，延展性好，比较适合制作南方馒头、面条、糕点、饼干等面制品和酿酒制曲。近年来安徽省农业农村厅大力推广优质专用品牌小麦规模化生产，开展"按图索麦"，促进了产销对接和农户增收。

3. 农机装备

2022年安徽省农业农村厅发布的《安徽省"十四五"农业机械化发展规划》中重点指出，提升农机装备的信息化、智能化水平。小麦生产全程机械化继续平稳推进，已基本实现小麦生产全程机械化，但农业机械化水平仍需提升。

针对安徽稻茬麦区存在晾田困难，土壤含水率高、质地黏重、宜耕性差，稻茬麦播种环节粗放，以及旱茬麦区砂姜黑土耕性差，导致整地播种质量难以提高等问题，研制出一批适合区域土壤与茬口特点的农机农艺结合良好的高效复合型机械，以确保小麦机械化整地播种质量。

（1）高畦降渍旋耕施肥开沟一体机　针对安徽省稻茬麦区播种期间阴雨天气较多，土壤黏重，整地质量无法保证的问题。由凤台县农业技术推广中心、安徽农业大学、安徽省农科院等单位联合研发推广了高畦降渍旋耕施肥开沟一体机。该机配套动力 100 马力*以上（作业幅宽 2.5 米）或 90 马力（作业幅宽 2.2 米）。作畦高度 18～20 厘米，沟宽 25 厘米左右，畦面宽 2.0 米或 1.8 米，较原田平面高 2～3 厘米。排水降渍能力强，持续阴雨时不会出现片状或条带状受渍发黄、烂根及死苗现象，实现了适墒、持续降雨以及田间湿烂等多种条件下的小麦播种，且该机型一次性完成旋耕、埋茬、施肥、作畦、播种、开沟等多道工序，作业简便，节约成本。

（2）三轴防缠绕旋耕施肥精量播种机　针对旱茬麦区砂姜黑土耕性差和秸秆还田量大等问题，由安徽省农科院作物所与泗县农丰农业机械有限公司联合研发了"拱地龙"小麦旋耕施肥播种一体机。该机型主要由旋耕作业系统、浅旋防缠绕系统、实时车速采集系统、精量电动施肥播种系统和镇压覆土系统 5 组部件组成，施肥、旋耕、播种、第 1 次镇压，覆土和第 2 次镇压六道作业一次完成，耕深 15 厘米，耕深稳定性、碎土率及播种均匀度较行业标准分别提高 6％、31％和 10％，构建了行距 20 厘米、垂直 3～5 厘米可调的立体空间布局，有效解决播种深浅不一、缺苗断垄、镇压不实、播种质量差等问题。

综上，新农机装备的研发和推广应用使得小麦播前耕整措施逐步优化，整地质量明显提高，小麦少免耕播种技术得到进一步提升，小麦机收由高速增长向高质量增长转变。

4. 栽培与耕作技术

"十一五"期间，围绕沿淮淮北小麦亩产 600 公斤超高产栽培的技术需求，针对淮北气象灾害频发的气候特点和砂姜黑土"旱、涝、僵、瘠"的特性，从品种的科学布局与选择、高质量群体的构建与调控、资源的高效利用与科学运筹，以及生育后期倒伏和早衰的防御等方面，开展关键技术攻关，研究建立了以"选用半冬偏冬性品种""氮肥基追并举""播期、播量、氮素运筹三位一体"和"防倒伏防早衰"为核心的淮北小麦超高产栽培体系，创造了亩产 741.7 公斤的安徽高产纪录。

"十二五"期间，围绕安徽小麦持续稳定绿色增产的技术需求，立足安徽淮北砂姜黑土、沿淮江淮水稻土不良属性和区域灾害频发的过渡性气候，以"地力-产量双提升"为目标，开展关键技术攻关。淮北地区：通过 32 年长期定位试验，揭示了砂姜黑土地力演变规律，制定了土壤培肥改良理论与技术标准，促进了砂姜黑土培肥改良和地力提升。以砂姜黑土供肥特征与小麦需肥特性研究为基础，建立区域养分平衡施肥数据库和基于 WebGIS 的小麦测土配方配肥查询系统，研发专用控释肥、缓释抗旱复混肥等新型肥料，构建了小麦持续增产与节本增效绿色施肥技术模式。立足过渡

---

　　* 马力为非法定计量单位，1 马力＝0.735 千瓦。下同。——编者注

性气候特征，创建了小麦多途径应变高产栽培与气象监测预警管理系统，创造小麦亩产 741.7～771.8 公斤系列高产典型，使区域小麦产量潜力得到充分发挥。江淮地区：创建了以选用丰产性好，抗逆性强的弱春性小麦品种，以少免耕或防缠绕旋耕机械整地精量条播为核心的江淮地区稻茬小麦多途径高产栽培技术，制定安徽省地方标准《沿淮江淮地区水稻茬小麦高产栽培技术规程》《江淮地区稻-麦周年均衡增产栽培技术规程》《沿江地区稻麦轮作高效配套栽培技术规程》《稻茬麦全程机械化栽培技术规程》。

"十三五"期间，针对淮北小麦-玉米周年品种配置与温光资源时空分布不协调导致作物光热水肥资源利用效率偏低，生产规模化、机械化程度不高，农机农艺融合性差等问题。研究提出了砂姜黑土化肥减量增效技术和浅薄耕层地力提升技术，促进土壤肥沃耕层构建，实现了砂姜黑土地力提升、资源高效利用与粮食绿色增产同步；明确了不同分蘖能力小麦品种的群体温光资源利用特征，联合研制了小麦精量旋播机，构建了温光资源高效利用群体和提高了耕整地播种机械化技术水平。优化升级了淮北地区优质强筋/中强筋小麦-籽粒机收玉米全程机械化绿色高质高效生产技术模式，增产增效显著。

近年来，针对江淮地区生态条件及稻茬小麦技术需求，安徽凤台县农业技术推广中心、安徽农业大学、安徽省农科院联合研制了稻茬小麦高畦降渍机械化种植技术，以高畦降渍旋耕施肥开沟一体机为核心，配套种子处理技术、高效施肥技术，以及播种期与播种量协调技术，为稻茬小麦高质量播种和实现高产奠定基础。该技术实现了在适墒、干旱和连阴雨等多种天气条件下的小麦高质量播种，克服了墒情对农机作业的限制，解决了秸秆全量还田稻茬麦适期播种难、播种质量差的问题；同时畦面高出原田平面 2～3 厘米，畦沟四通八达，降湿除渍效果好。可提高多种天气条件下小麦播种质量，此外该技术一次完成多道播种工序，机械作业费亩节约 40 元左右，亩用种减少 10 公斤左右，平均亩增产约 10%。

5. 品质状况

随着人们在饮食方面的要求越来越高，小麦面粉制品朝着优质化、专用化、精致化和健康化方向发展。近年来，随着安徽小麦品质区划的完善和优质小麦新品种研发和推广，小麦品质已有进一步发展。目前，安徽小麦品质的发展现状依存于小麦一产和二产的发展情况。在全国小麦品质区划中，安徽淮北麦区属于黄淮南部麦区，小麦品质以中强筋为主，但在沿河冲积地带和黄河故道沙土至轻壤潮土区小麦具白粒弱筋品质特点，淮北麦区硬质强筋麦整体具有容重高、白度高、出粉率高的特点。江淮和沿江麦区属于南方中筋、弱筋红粒冬麦区，因成熟期常遭遇阴雨天气，不利于蛋白酶发挥作用。因此，该区蛋白质含量相比北方冬麦区低 2%～4%。同时该区也种植中筋小麦以满足当地对面条和馒头等面制品的消费，与北方冬麦区相比较，制成的面条和馒头质地偏软，咀嚼性弱，尤其适合长三角和珠三角等南方市场。

（1）籽粒质量优良　根据国家小麦质量标准（GB 1351—2008），近年来，安徽小麦容重达到国家二等麦（≥770克/升）的比例均在80%以上（表1）。2022年，安徽省粮食和储备局对淮北、亳州等10个主要小麦产区（市）进行抽样检测，共收集样品204份，五等以上（容重大于或等于710克/升）占比99.5%，三等以上（容重大于或等于750克/升）占比95.1%，同比提高9.7百分点。其中一等小麦（容重大于等于790克/升）占比58.3%，超过一半，同比提高18.5个百分点。同时期在国家粮食和物资储备局组织的2022年新收获小麦质量安全监测工作中，从安徽省共检验样品1 683份，涉及15市67县（区）。所检样品容重平均值首次超过800克/升，达到802克/升（一等），平均容重与江苏、山东相当，变幅650~854克/升。中等以上占比97.4%，其中一等比例达到77.6%，远远超过全国63.1%的平均一等比例。千粒重平均值46.6克，变幅34.2~62.3克。不完善粒率平均值2.6%，其中符合最低收购价要求（≤10%）的比例为99.4%。

（2）品质以中筋、中强筋为主，优质强、弱筋小麦数量较少，且稳定性较差　据《小麦品种品质分类》质量标准（GB/T 17320—2013），在安徽省5年抽检336份小麦样品中，蛋白质含量、湿面筋含量、吸水率和稳定时间分别为13.4%、28.1%、59.2%、5.7分钟，总体上达到中强筋小麦标准；其中2份样品达到弱筋小麦标准，69份样品达到中筋小麦标准，27份样品达到中强筋小麦标准，19份样品达到强筋小麦标准。其余219份样品综合指标未达标（表1）。

表1　历年安徽省小麦品质变化

年度	样品数	容重（克/升）		蛋白质含量（%）		湿面筋含量（%）		吸水率（%）		稳定时间（分钟）	
		均值	CV（%）	均值	CV（%）	均值	CV（%）	均值	CV（%）	均值	CV（%）
2011	80	796	2.2	13.6	8.5	30.9	14.6	57.7	6.9	4.5	58.0
2015	62	796	3.2	11.7	3.4	21.9	31.1	54.9	5.3	5.6	58.5
2016	56	781	3.5	13.6	8.2	27.7	15.1	59.1	4.5	6.5	75.6
2018	62	788	2.9	14.5	7.5	31.3	9.6	61.7	6.0	6.2	82.7
2019	76	807	2.6	13.6	9.6	28.6	14.7	62.4	7.1	5.6	56.4
平均	336	794	2.9	13.4	7.4	28.1	17.0	59.2	6.0	5.7	66.2

注：CV为变异系数。

6. 成本收益

（1）人工成本降低，但总成本增加　与2017年相比，随着机械化普及率提升，2021年人工成本减少了37元，但物质与服务费用有较大增幅，达65元，生产成本为659.02元/亩，增加了近18元/亩；且土地成本增加15元，最终2021年总成本比2017年增加33元。对安徽部分旱茬小麦主产区种植大户的生产成本和收益情况进行调研发现，在调查区域内小麦产量和产值差异不大，收益的主要差别体现在生产成本上，皖北旱茬小麦产量和产值范围分别为600~650斤/亩和575~600元/亩。

安徽省稻茬小麦产量低、种植风险较大的问题长期难以解决，种植效益明显偏低，限制了农民的生产积极性。主要有以下几方面原因：一是小麦价格持续较低，生产资料价格上涨较快，劳动力、肥料、种子、机械、农药各项生产要素价格全面增长；二是稻茬小麦投入量居高不下，不减反增，不仅造成浪费和污染严重，还导致生产效率不高、效益下降；三是稻茬小麦品质不高，沿淮江淮稻茬麦区是弱筋小麦适宜生长区域，但是达标或优质率很低，价格难以保证；四是气候条件复杂多变，低温、高温、渍水等灾害频繁，增加了稻茬小麦的种植风险，降低了产出效应，导致效益进一步降低。生产成本增加、增产未能增效，甚至效益下降，严重影响了农民生产的积极性，最终影响并妨碍增产潜力向增产现实转化。

（2）小麦单价总体提升缓慢，产值、利润与产量紧密相连　调研数据显示（表2），2017—2021年小麦单价呈先下降后上升的趋势，其中2018年小麦单价最低，2021年小麦单价较2017年提高0.21元/公斤。产值和净利润以2021年最高，分别达1 176.99元和281.86元，主要原因：一方面小麦单价提高，另一方面是小麦亩产达471.00公斤，而2018年小麦亩产仅为338.24公斤，产值和净利润均为几年内最低。

综上，随着物质与服务成本、土地成本的不断增加，提升小麦单产是保证种植户效益的重要途径。

表2　2017—2021安徽省小麦成本和收益情况

成本和收益明细	2021年	2020年	2019年	2018年	2017年
生产成本（元）	659.02	651.72	666.03	643.97	641.20
物质与服务费用（元）	472.08	468.82	459.74	437.14	417.16
人工成本（元）	186.94	182.90	206.29	206.83	224.04
土地成本（元）	236.11	231.07	221.87	217.44	221.29
总成本（元）	895.13	882.79	887.90	861.41	862.49
主产品产量（公斤/亩）	471.00	417.35	483.44	338.24	447.60
平均单价（元/公斤）	2.45	2.26	2.19	2.07	2.24
主产品产值（元）	1 153.95	943.21	1 058.73	700.16	1 002.62
副产品产值（元）	23.04	22.69	22.76	20.19	22.03
产值合计（元）	1 176.99	965.90	1 081.49	720.35	1 024.65
净利润（元）	281.86	83.11	193.59	−141.06	162.16

7. 市场发展

安徽省小麦生产在全国的产业区位优势明显，体现在多样的品种和品质类型、较高的机械化率以及较为完备的高产高效生产技术体系。小麦的市场需求较大，沿淮淮北麦区小麦整体优势明显，但也存在三产发展不平衡、产业链水平低且链条短、突破性品种及高附加值产品和龙头企业缺乏、品牌影响力弱等短板。该区域小麦种植以传统型中筋或强筋小麦品种为主体，而随着人们对小麦为原料的加工食品品质要求的不断提高，强（弱）筋、酒用型等专用型小麦需求在不断扩大，因此需要进行结构优化和产业融合增效模式的探索实践，以促进安徽小麦产业多元化发展。

安徽省具有发展优质强、弱筋小麦的区位优势，其中淮北地区肥力较高的砂姜黑土等可种植强筋小麦，而江淮地区湿润气候、良好热量条件以及肥力较低的沙壤土有利于种植优质弱筋小麦。目前市场上优质小麦的价格高，在产量稳定的基础上，可有效地促进农民增收。按照区位、资源、人力和产业基础、要素成本、配套能力等综合优势，安徽省小麦产业增效模式是在两个小麦产业带上建立专用面粉、主食加工和精深加工等集群，同时打造绿色食品加工和观光旅游产业强镇以延长产业链，促进产业深度融合。

（1）形成较大规模的面粉加工企业　目前安徽已形成金沙河、正宇和五得利集团亳州面粉有限公司等较大规模面粉企业，年加工能力超过 500 万吨，销售额达 50 亿元以上，产品畅销长三角、珠三角、京津冀等地区。

（2）产品种类丰富，市场品牌不断细化　国内面粉加工行业除生产口粮面粉外，还生产营养强化面粉、绿色面粉、预配合粉等专用粉，并成功打造金沙河、冀南香、北极雪等知名品牌。

（3）充分发挥互联网销售优势　2020 年度我国网上零售额达 11 万亿元，居民网购比例不断提高，传统面粉销售面临冲击，部分面粉加工企业和下游经销商与时俱进，积极入驻天猫、抖音、快手等电商、直播平台，充分发挥互联网优势，拓宽面粉销售渠道。

（4）积极进行产业升级，面粉加工企业向机械化和智能化方向发展　安徽金沙河粉业有限公司利用多种自动化设备升级挂面生产工艺，实现 1 人看多条线，节约了人员成本；五得利集团亳州面粉有限公司采取长链条加工方式有效地保留了小麦中的营养成分和微量元素，产品粉质细腻，麦香浓郁。

（二）主要经验

1. 加强了中低产田改造，提升耕地质量

截至 2022 年底，安徽省建成高标准农田 6 024.5 万亩，占全省耕地面积的 72.4%，土地综合生产能力明显增强。通过实施高标准农田建设与机械深耕深松项目，一定程度上解决了由于长期旋耕和高度依赖化学肥料，造成的耕层变浅，土壤结构变劣，水肥利用效率下降及田间基础设施薄弱等问题，为实现高产与持续增产、环境改善、质量安全目标夯实条件基础。

2. 培育推广抗病、抗逆、优质高产品种

安徽省在品种审定标准上对赤霉病抗性作出严格要求，鼓励选育抗穗发芽、强筋或弱筋优质品种。通过小麦良种科研联合攻关，选育了具有突破性小麦优良品种。从

近五年的发展趋势看，抗"倒春寒"和抗赤霉病的能力成为刚性需求，抗穗发芽、抗倒伏成为选择品种的重要因素。从政府部门推广需求看，以强筋品种和耐赤霉病品种为两大重点类型，前者主要通过发展订单农业扩大面积，形成规模，后者主要通过严格审定标准，扩大示范和宣传，提高影响力。

3. 小麦高产高效栽培与良种良法配套技术的研发与应用

针对不同区域生态特点，在培育一批高产、优质、广适相结合的新品种，以及在实现新一轮品种更替和产量、效益综合提升的基础上，深入开展关键技术攻关与良种良法配套技术研究与示范，充分发挥品种的增产效应。

4. 推广使用先进农业机械

秸秆还田机械、复式播种机械、先进植保作业机械和新型专用肥料的广泛使用，使得小麦栽培的技术集成度大大提升，小麦生产劳动生产率、小麦播种质量、赤霉病防控能力等大幅提高。

5. 大力发展订单农业

积极探索总结"按图索粮"成功经验，加快发展优质专用小麦，大力促进专用小麦的订单生产。中麦578、新麦26等一批强筋小麦，荃麦725等软质酿酒小麦在一定程度上得到利用，实现了产量、品质、效益协同提升。

6. 强化示范带动

组织实施小麦绿色高质高效创建，开展寻找"安徽省小麦最高产"活动及结合相关科技项目建设高标准示范区，充分发挥项目示范引领作用。

（三）存在问题

1. 稳定小麦种植面积的难度增大

近年来，江淮、沿江地区稻田养鱼及一季中稻面积不断扩大，冬季休闲田面积有所增加。淮北地区大力发展设施园艺作物或高效经济作物，在一定程度上挤压了粮食作物面积，安徽小麦面积增长的空间有限。

2. 中低产田占比依然较高，农田基础条件薄弱

安徽耕地面积8 320万亩，从耕地地力水平监测情况看，中低产田占比62.5%，部分地区水利及农田基础设施条件薄弱，早期建成的高标准农田标准不高，耕地质量偏低、耕作层浅薄。淮北平原砂姜黑土有机质含量低、土壤板结、盐渍化。江淮分水岭地区土壤瘠薄、保墒能力差，沿江洼地土壤湿度高，耕作播种难。

3. 气候复杂多变，自然灾害频发

安徽地处南北气候过渡地带，地形地貌多样，气候复杂多变，易出现极端天气情况，自然灾害频发重发，小麦播期干旱、"倒春寒"、干热风、穗发芽、渍害、旱涝和赤霉病等非生物、生物逆境对安徽小麦生产的威胁越来越大；稻茬麦区易遭受涝渍害、"烂场雨"、穗发芽等灾害。

4. 小麦品种数量多，单一品种难以实现规模化连片种植

2021 年安徽小麦品种达 375 个，较 2014 年增加了约 3 倍（表 3）。其中种植面积达 100 万～300 万亩的品种数量呈减少趋势，从 2013 年的 10 个，减少到 2021 年的 3 个。安徽小麦品种数量多，但大面积种植的品种数量少，不利于大面积规模化种植与良种良法配套。

表 3　近八年安徽省小麦品种和大面积推广品种数量

年份	品种数	面积≤50 万亩	面积 50 万～100 万亩	面积 100 万～300 万亩	面积≥300 万亩
2014	125	102	11	11	1
2015	150	130	13	6	1
2016	176	158	12	5	1
2017	185	164	11	9	1
2018	213	197	9	6	1
2019	273	256	11	5	1
2020	345	329	11	4	1
2021	375	356	15	3	1

5. 农机与农艺融合程度较低，耕整地质量差

安徽旱茬麦区的砂姜黑土蓄水能力差、保水性能弱和供水强度低，导致土壤干燥时异常坚硬，透水透肥性差；湿润时土壤黏重、耕作性极差；稻茬麦区田块腾茬晚，晒田时间短，土壤过湿，加之秸秆量大、还田不匀，小麦整地、播种质量难以保证，而耕整地多采用普通旋耕机，旋耕深度较浅，秸秆与土壤混合不匀，导致小麦种子与土壤接触不实，造成小麦缺苗断垄、黄苗、弱苗和吊死苗现象。

6. 播期和播量不协调

播量偏大及播期和播量不协调，普遍存在于安徽小麦各产区，尤以稻茬麦种植区更为突出。近年来由于直播稻、粳稻及糯稻面积扩大和过度追求水稻高产，水稻收获期不断推迟以及小麦播种期间降雨增多，小麦播种期常常被推迟至 11 月中下旬，甚至 12 月，加之耕整地质量较差，为了保证基本苗数，盲目加大播种量，普遍达到 25～30 公斤/亩。淮北旱茬麦区部分抢墒早播田块，常出现播期播量不协调，播量过大，导致基本苗过多，群体偏大，易造成冻害和后期倒伏。

7. 专用小麦的品质不稳定

安徽小麦制品主要以普通粉为主，时常出现部分产品滞销的局面。为了改善小麦生产状况，各地区鼓励发展优质专用麦，但大多数农民不了解小麦品种的品质特性，未按要求选择合适的小麦品种，而且农民对优质麦种植技术缺乏认识，大多为了追求

高产，施用过多氮肥，导致种植的优质专用小麦品质不达标，最终只能降价销售甚至被取消订单。

二、安徽小麦区域布局与定位

（一）沿淮淮北旱茬麦区

1. 基本情况

淮北旱茬麦区小麦种植面积在 2 800 万亩左右，占全省小麦种植面积的 2/3。该区处于黄淮海平原南端，属暖温带半湿润季风气候，日照时数达 1 300～1 450 小时，每年春末夏初太阳辐射量和日照时数充足；常年平均气温 14～15℃，冬季最冷月平均气温 −1～0℃，平均极端最低气温达 −14～−12℃，小麦易受冻害；全年降水量 850～1 000 毫米，小麦生长季降水量为 350～400 毫米，秋季、冬季及早春雨量较小，小麦生长受到一定抑制。该区域土壤类型以中低产砂姜黑土为主，目前仍存在耕地质量不高的问题。

2. 目标定位

重点目标是提高单产，保障品质。选育推广 20 个以上适于安徽种植的高产优质多抗小麦新品种，重点解决产量与赤霉病、穗发芽的抗性矛盾，以及产量与品质的矛盾。通过良种良法配套，农机农艺融合，集成绿色高质高效栽培技术，建立攻关试验区、核心示范区、大面积示范区，整建制打造淮北旱茬麦亩产 600 公斤，带动全省小麦均衡增产增效。建设高标准农田，建立小麦产后服务中心，实现单品收储，推动小麦产业创新发展、转型升级、提质增效。

淮北地区小麦生产重点推广使用全量秸秆还田和高质量播种技术、先进植保机械作业、安全收获及储藏技术。近十年来，安徽着力深挖沿淮淮北小麦增产潜力，通过小面积高产示范，带动大面积产量提升。全省小麦单产纪录的突破经历了三个发展阶段：①亩产 750～800 公斤：2014 年，全省多点亩产突破 750 公斤（太和：济麦 22，760.9 公斤；夹沟农场：济麦 22，761.8 公斤；涡阳：周麦 27771.8 公斤），宿州市埇桥区首次亩产突破 800 公斤（华成 3366，814.6 公斤）；②亩产 850 公斤：2021 年阜阳市颍泉区百亩亩产突破 850 公斤（烟农 999，851.05 公斤）；③亩产 900 公斤：2022 年，涡阳首次突破亩产 900 公斤（皖垦麦 22，913.18 公斤）。

3. 主攻方向

淮北地区是安徽小麦单产最高的区域，对单产贡献最大的是单位面积有效穗数和穗粒数。分析 2019—2022 年全省高产典型田块的产量构成因素，安徽小麦单产实现亩产 800 公斤向 900 公斤跨越的关键在于确保足够的亩穗数，亩有效穗数必须达到50 万以上，同时穗粒数保持在 38～40 粒，千粒重 40～45 克（表 4）。

表 4 安徽省小麦高产潜力及产量特征

年份	地点	实测产量（公斤/亩）	穗数（万/亩）	穗粒数（粒/穗）	千粒重（克）
2019	阜阳市颍泉区	818.60	52.8	33.8	49.6
2021	阜阳市颍泉区	851.05	50.9	38.6	46.0
2022	阜阳市颍泉区	882.89	54.2	38.3	45.1
2022	亳州市涡阳县	913.18	59.8	42.0	39.5

4. 种植制度及品种结构

淮北地区种植制度，以一年两熟制为主。小麦与大豆、玉米、花生、甘薯等作物轮作，沿淮地区有部分稻、麦两熟制。本地区宜选用多穗型至中间型丰产多抗半冬性或半冬偏冬性小麦品种，品质类型为强筋、中强筋和中筋，发挥此类品种抗寒性强的特性，减少冬春冻害的影响；还可利用其分蘖力强的特性，弥补砂姜黑土耕性差导致缺苗断垄、穗数不足的缺点；另外可进一步推动优质麦规模化和标准化生产，有利于良种良法相配套。本地区赤霉病、倒伏、穗发芽等发生较频繁，还应考虑品种抗（耐）赤霉病及抗穗发芽特性。

5. 技术模式

（1）小麦高质量机械耕播技术 安徽小麦地跨黄淮南与长江中下游两大麦区，主要土壤类型分别以"结构性差、适耕期短、养分匮乏、有机质含量低"的中低产砂姜黑土和质地黏重、透气性差的水稻土为主，随着秸秆还田政策连年实施，耕整地播种质量难以保证，缺苗断垄、穗数不足严重限制了小麦丰产稳产。基于此，本项技术以精量旋耕施肥播种复式一体机为核心，辅以良种良法配套、肥料科学运筹与病虫害绿色防控等技术，在安徽沿淮淮北和江淮大面积推广应用，增产节本增效成效显著。

在明确不同小麦品种高产群体特征及其机械化调控途径基础上，结合精细整地和规范化播种的技术要求，研制了精量旋耕施肥播种复式一体机，有效解决因耕整地、播种质量不高导致缺苗断垄的问题。本项技术作为"淮北平原麦玉两熟资源高效利用关键技术研究与示范推广"成果的核心技术，获 2019—2021 年度全国农牧渔业丰收奖三等奖。本项技术的配套技术：①适宜品种及良种良法配套技术。针对沿淮淮北、江淮地区等不同小麦种植区的生态特点，分别筛选出适宜的强筋/中强筋、弱筋等优质小麦品种，并以播期、播量等主要栽培措施协同，充分挖掘品种产量潜力。②肥料科学运筹与病虫害绿色防控技术。根据高产小麦养分吸收规律和土壤养分供应特征，自主研制了小麦专用新型肥料（$N-P_2O_5-K_2O$ 为 26-10-9），结合弱筋、强筋、中强筋小麦品质类型，或一次性施用专用肥 50 公斤/亩，或在基施专用肥 50 公斤/亩的基础上拔节期追施尿素 3～5 公斤/亩。采用包衣麦种，未包衣的种子选用苯醚·咯·噻虫嗪悬浮种衣剂拌种，全蚀病严重田块可增加 12% 硅噻菌胺悬浮种衣剂拌种。本项技术以抢墒抢时、精细耕整地、规范播种为关键技术，在实际应用推广中，应注意结合秸秆还田实际现状，隔 2～3 年深耕一次，若播种后遇旱应及时补灌确保齐苗，同时可配合增施有机肥改良土壤、提升地力。

（2）砂姜黑土区小麦地力提升与持续丰产综合栽培技术　本技术主要针对砂姜黑土"旱、涝、僵、瘠"的不良属性和区域灾害频发的过渡性气候特征，以"地力-产量"双提升为总体目标，通过增施有机质，增加耕层深度，改善土壤理化属性，提升基础地力；选用半冬偏冬性品种，适应气候条件和种植制度变化，实现温光资源高效利用；通过群体调控与化控技术相结合防倒伏，解决高产群体过大及生育后期灾害性天气常发的问题；通过地力提升与肥料运筹防早衰，以及应对区域常见干热风和脱肥对粒重的影响。本技术适宜砂姜黑土培肥与小麦高产高效生产，已在安徽省沿淮淮北地区大面积推广应用，实现多年多点小麦亩产超 650 公斤，2021、2022、2023 年分别创造了亩产 823.8 公斤、913.18 公斤、891.7 公斤/亩的安徽小麦高产典型。

（二）沿淮江淮稻茬麦区

1. 基本情况

江淮稻茬麦区分布于长江与淮河之间及其沿岸的广大区域，小麦种植面积为 1 500 万亩左右，占全省小麦种植面积的 1/3。该区属暖温带半湿润季风气候和亚热带湿润气候，日照时数达 900～1 200 小时，北部多于南部；常年平均气温 15～16℃，小麦季大于 0℃积温 2 100～2 200℃，降水量为 500～750 毫米，其中江淮之间地区雨量与小麦生理需水量基本吻合，沿江地区 3～5 月降水量较多，小麦易受湿渍害影响。地形主要以丘陵、岗地为主，土壤类型为黄棕壤和黄褐土，长江沿岸冲积平原和南部水网圩区为水稻土。该区域整地及播种质量差，病虫草害频发等问题突出。

2. 目标定位

江淮沿淮地区重点推广使用秸秆还田、少免耕机械化播种技术、先进植保机械作业、田间降湿防渍技术。沿淮大面积主攻 500 公斤/亩，江淮大面积主攻 450 公斤/亩。近年来，通过全省稻茬小麦协作攻关，区域小麦小面积高产潜力不断提升，2022、2023 年度凤台县桂集镇安农 1589 示范片，实收亩产分别达到 620.85 公斤、621.65 公斤；怀远龙亢农场 11 月 12 日播种的龙科 1109，实收亩产 651.1 公斤；2023 年度颍上县陈桥镇安农 1216，实收亩产 705 公斤。

3. 主攻方向

沿淮江淮地区是安徽小麦生产重要区域，对单产贡献最大的是单位面积有效穗数和千粒重。分析稻茬小麦高产典型田块的产量构成因素，亩产 600 公斤的关键在于确保足够的亩穗数，亩有效穗数必须达到 45 万以上，同时穗粒数保持在 35 粒左右，千粒重 43 克以上。

4. 种植及品种结构

本区域种植制度，以麦稻一年两熟制为主。江淮分水岭以北地区宜选用丰产多抗半冬性或半冬偏春性中筋品种，以南地区选用春性弱筋或中筋种。此外，本地区渍害、赤霉病、倒伏、穗发芽等发生较频繁，还应考虑品种耐渍能力、抗（耐）赤霉病及抗穗发芽特性。

5. 沿淮江淮稻茬麦高畦降渍机械化种植技术

稻茬麦高畦降渍机械化种植技术是凤台县农技推广中心针对沿淮稻茬小麦普遍存在的整地播种质量差，秋种期间常因阴雨不能适期播种以及生育期间渍害等对小麦产量及品质的影响而研制的一种节本高效种植新技术。该技术利用"高茬还田施肥开沟高畦播种一体机"实现了在适墒、干旱和连阴雨等多种天气条件下的小麦播种，同时旱易灌、涝易排、降渍效果明显，具有较高推广应用价值。

（1）技术特点

一是解决了阴雨高湿等条件下小麦播种的难题。"高茬还田施肥开沟高畦播种一体机"不受土壤墒情限制，即便是水稻收获后，田间有少量积水和墒情较差的烂泥田，也可一次完成旋耕灭茬、施肥、开沟、做畦、播种复式作业，无需等待适墒播种，可有效应对秋种期间持续阴雨天气对小麦播种的影响，为稻茬小麦适期播种，培育冬前壮苗奠定了基础。

二是畦宽适中、沟系配套，利于排水降渍或补充灌溉。"高茬还田施肥开沟高畦播种一体机"作业完成后，自然形成畦面宽 2 米、畦沟深 25～30 厘米高畦，畦面高出原田平面 2～3 厘米，田间沟系四通八达，利于排水降渍；在遇持续干旱时可进行沿沟浸灌，即灌即排，避免了大水漫灌造成的土壤板结和渍害。

三是有效解决了水稻秸秆全量还田难题。水稻高留茬收割，利用"高茬还田施肥开沟高畦播种一体机"可轻松完成水稻秸秆还田，实现秸秆还田与小麦播种两不误。

四是作业简便，节本高效。该技术一次完成旋耕、灭茬、施肥、播种、开沟作业，生产环节简化，作业效率高，生产成本低。

五是通风透光，田间小气候条件好。小麦根系发达，病害轻，抗倒伏能力强。

（2）作业要点

一是适墒条件下播种。水稻收获后，选用"高茬还田施肥开沟高畦播种一体机"一次完成旋耕、灭茬、施肥、开沟、作畦、播种作业，人工疏通地头沟，墒情不足或播后遇旱时，及时喷灌或沿沟洇灌，即灌即排。

二是烂泥田或田间有积水时播种。水稻高留茬收割，选用"高茬还田施肥开沟高畦播种一体机"完成旋耕、灭茬、施肥、开沟、作畦、播种作业，人工疏通地头沟，及时排除田间积水。

三是连阴雨天气条件下播种。水稻高留茬收割，人工施肥于田面，再选用"高茬还田施肥开沟高畦播种一体机"完成旋耕、灭茬、开沟、作畦作业，最后人工撒播小麦种子于畦面，疏通地头沟，及时排除田间积水。

三、安徽省小麦产量提升潜力与实现路径

依托粮食生产发展项目实施，以江淮稻茬麦和淮北旱茬麦为重点，抓好省市县三级精耕细作指挥田和示范点建设，大力推广高产优质品种，提高播种质量，改进施肥技术，加快高性能农机装备和先进机具的推广应用，推进良机良法配套，稳住高产区、提高中高产区、主攻低产区，努力提高综合生产能力。2023—2025 年全省平均单产每年提高 1% 左右；预计到 2025 年全省平均单产达到 420 公斤/亩左右。力争到 2030 年全省平均单产突破 450 公斤/亩，较 2022 年提高 47 公斤/亩。

（一）发展目标

——2025 年目标定位。到 2025 年，安徽省小麦面积稳定在 4 300 万亩左右，亩产达到 415 公斤左右，总产达到 357 亿斤左右。

——2030 年目标定位。到 2030 年，安徽省小麦面积稳定在 4 300 万亩左右，亩产达到 435 公斤左右，总产达到 374 亿斤左右。

——2035 年目标定位。到 2035 年，安徽省小麦面积稳定在 4 300 万亩左右，亩产达到 455 公斤左右，总产达到 391 亿斤左右。

（二）发展潜力

1. 面积潜力

安徽省淮北地区大力发展设施园艺作物或高效经济作物，在一定程度上挤压了粮食作物面积，淮北地区小麦面积增长空间有限，重点是保稳定。近年来，江淮、沿江地区稻田养鱼及一季中稻面积不断扩大，冬季休闲田面积有所增加，是扩大安徽省小麦种植面积的潜力区。

（1）全面落实严格的耕地保护制度稳定小麦生产面积　按照耕地用途，安徽省实行严格分类制度，即永久基本农田重点用于粮食生产，高标准农田原则上全部用于粮食生产；落实和完善耕地占补平衡政策，建立补充耕地立项、实施、验收、管护全程监管机制，确保补充可长期稳定利用的耕地，实现补充耕地产能与所占耕地相当。做到严守耕地保护"红线"，严格控制耕地转为林地、草地、园地等其他农用地，坚决防止耕地"非粮化"倾向，牢牢守住国家粮食安全的"生命线"。

（2）充分利用冬闲田扩大小麦生产面积　安徽江淮及沿江江南区域有 800 多万亩的冬闲田，超过全省耕地面积的 10%，根据生态特点和市场需求可争取 100 万~150 万亩用于发展小麦产业，总产可增加 7 亿~10 亿斤（单产按 350 公斤/亩计）。

2. 单产潜力

目前安徽小麦平均亩产 400 公斤左右，而最高亩产已超 900 公斤，小麦产能挖掘

潜力空间大。根据不同生态区域、前作茬口、现有产量水平和可能提供的良好种植环境，拟定小麦主攻产量目标。目前安徽淮北旱茬麦主攻高产的目标为亩产 550～650 公斤及以上；沿淮、江淮稻茬麦主攻产量目标为亩产 400～500 公斤。围绕小麦产量持续增长及节本增效，在选用适宜品种基础上，发挥技术物化优势，促进关键技术落实到位，通过小麦专用新型复合肥和新型播种机械的应用，有效解决科学施肥技术到位难和播种质量提高难等问题。

（1）深入挖掘稻茬麦产区的增产潜力　稻茬小麦单产水平远低于全省平均单产，仅 200～350 公斤/亩。茬口衔接不当、品种选用不合理、化肥运筹不科学、农机农艺不协调、病虫害防治效果不佳等都是限制沿淮、江淮及沿江等稻茬小麦产量提升的关键技术问题。下一步应重点利用秸秆还田、少免耕机械化播种技术、先进植保机械作业、田间降湿防渍技术，促使该区域稻茬小麦亩产提升 50 公斤以上，年总产增加 75 万吨，产能潜力巨大。

（2）进一步提升旱茬小麦单产潜力　针对沿淮淮北旱茬麦区生态特点与技术现状，安徽创建了"淮北砂姜黑土区小麦地力提升与持续丰产综合栽培技术"，通过有机肥部分替代化肥以提升地力，改善土壤蓄水保肥能力，科学利用品种、适期适量播种等技术，已多点实现小麦亩产多年突破 800 公斤。从品种产量潜力、区域高产典型及大面积产量水平上看，该区域仍有较大增产空间，但目前区域单产水平已较高，处高位爬坡阶段，通过继续增加投入增加产量的效应会降低，因此需要从高产潜力品种持续挖掘、高产栽培技术不断创新、新型专用肥料与新型耕播机械加速研制等方面进一步探索提升小麦单产的途径。

（三）实现路径

围绕小麦产量持续增长及节本增效，在选用适宜品种基础上，发挥技术物化优势，促进关键技术落实到位，通过小麦专用新型复合肥和新型播种机械的应用，有效解决科学施肥技术到位难和播种质量提高难等问题。淮北地区适宜种植白皮半冬性品种，品质符合强筋、中强筋和中筋标准，具有抗倒伏、抗"倒春寒"、抗赤霉病和穗发芽等特性。重点推广使用全量秸秆还田和高质量播种技术、先进植保机械作业、安全收获及储藏技术。淮北地区小麦生产的重点目标是提高单产，保障品质。淮河以南地区适宜种植红皮春性品种，品质符合弱筋和中筋标准，具有抗赤霉病、穗发芽，耐渍害等特性。重点推广使用秸秆还田、少免耕机械化播种技术、先进植保机械作业、田间降湿防渍技术。小麦生产的重点目标是稳定单产，提高效益。

（1）继续加强高标准农田建设与改造提升　截至 2022 年底，全省建成高标准农田 6 024.5 万亩，占全省耕地面积的 72.5%，2022 年《安徽省高标准农田建设规划（2021—2030 年）》中明确提出"确保到 2030 年建成 6 750 万亩高标准农田、改造提升 1 718 万亩高标准农田，以此稳定保障 680 亿斤以上粮食产能"。高标准农田建设与改造提升，促进更多"粮田"向"良田"转变，据测算亩均可节水 20%～30% 及以上、节电 30% 以上、节肥 10% 以上、节药 15% 以上。

（2）优化品种布局，持续推进高产多抗小麦品种选育和推广　种子作为农业的芯片，粮食产量的提高，45% 以上源于良种的贡献。要依靠科技培育出更优质、更高产、抗性更强的突破性小麦新品种。淮北中北部地区以半冬性小麦品种为主，搭配弱冬性品种，部分晚茬适当选择弱春性品种。沿淮和江淮地区应在积极示范的基础上，选用半冬性小麦品种，努力扩大半冬性品种比例，稳定高产春性小麦品种面积。通过品种布局调整，增加全省半冬性品种应用比例，为夺取高产奠定品种基础。淮北中北部地区重点推广优质强筋品种，淮北中南部地区重点推广优质中强筋品种，适当搭配优质中筋品种，沿淮及江淮地区重点推广优质弱筋品种和优质中筋品种，有条件的地区可推广优质中强筋品种。

旱茬麦区：随着抗病、抗倒伏、高产等性状集成，小麦单产达到新的高度。近几年，旱茬麦区亩产超 750 公斤的品种包括安农 0711、谷神 19、华成 3366、皖垦麦 0622、淮麦 44、皖垦麦 22、烟农 999 等。2022 年，亳州市涡阳县皖垦麦 22 高产攻关田实收亩产 913.18 公斤，是安徽省首个亩产突破 900 公斤的小麦品种。下一步旱茬麦区以选育分蘖能力较强，抗逆抗病性较好，单位面积有效穗数较多的半冬性小麦品种为主。

稻茬麦区：安徽稻茬麦高产区主要集中在沿淮和江淮北部，2022 年凤台县桂集镇安农 1589 示范片，实收亩产 620.85 公斤。该区以选育成穗率高，株型偏紧凑，茎秆弹性好，抗倒伏能力较强的半冬性或半冬偏春品种为主；江淮南部和沿江江南地区以选育成穗率高，耐迟播，抗倒伏能力强，耐渍性好和抗病性强的春性品种为主。

（3）强化核心技术攻关和集成应用　良种、良法、良肥、良机"四良"配套，大面积提高小麦综合生产能力。进一步优化小麦生产全程机械化技术模式，集成配套适宜精耕细作大功率高性能机械和机具装备，推广普及大功率拖拉机加装北斗导航辅助驾驶和播种作业智能监测终端技术，集成推广秸秆还田、机条播一次性作业、高效施肥等关键技术。近年来，安徽省农科院作物所以自主研发的新型专用肥料、精量播种机械等物化产品为载体，解决长期以来大面积生产整地播种质量难以提高，科学施肥技术到位难的问题，在沿淮淮北旱茬麦区开展优质小麦丰产高效机械化、药肥减施增效等新技术模式示范应用，增产增效显著。下一步，应继续加强新技术、新产品、新装备、新材料研制研发，强化核心栽培技术持续攻关和集成模式及时更新应用。

（4）完善小麦减灾、避灾稳产技术　科学落实防灾减损措施，重点落实秋季干旱涝渍、早春冷害冻害、干热风、"烂场雨"等气象灾害御防工作，增强抵御自然灾害能力。建立区域小麦干旱、冻害等主要灾害的气象监测预警及应灾管理系统，实现小麦关键生育阶段主要灾害监测预警；监测小麦病、虫、草害对农药的抗药性，研发广谱性药剂，并提出相应的防治策略，实现一喷多防、一药多效；大力推广种子包衣技术，重点防控小麦纹枯病、赤霉病、吸浆虫、麦蜘蛛、蚜虫等病虫害，积极开展冬春季麦田化学除草，防控好小麦条锈病和赤霉病，落实"一喷三防"技术措施，大力推进联防联控、统防统治，应用现代植保药械，提高重大病虫害防控水平和应急防控能力，增强对干热风、干旱、渍害、倒伏等非生物胁迫干预，创制切实有效的补救措施。

（5）加强高标准示范区建设　积极整合相关项目资金，高质量打造好整建制推进县和精耕细作示范区，择优选生产基础较好县区组织开展精耕细作示范样板建设，积极打造省、市、县三级高产样板示范指挥田，通过百亩攻关田、千亩示范方、万亩辐射区"百千万"建设，集中开展小麦高产和超高产攻关，促进增产关键技术措施应用到位率快速提升，将现有的专家指导产量转化为广大农户产量，将示范样板典型产量迅速转化为大田产量，不断缩短高产田与农户田之间的产量差，既要小面积高产攻关更要兼顾大面积丰产稳产，促进大面积均衡增产增效。

（6）充分发挥新型经营主体的示范引领作用　大力支持种粮大户、家庭农场、合作社等新型经营主体积极投身单产提升行动，采取购买服务或先服务后补贴等方式，积极开展专业化社会化服务，在推广土地托管、代耕代种、联耕联种等服务模式基础上，根据分散小农户需求提供全程、套餐式或点菜式专业化服务，加快推广农业生产"大托管"，为小农户提供低成本、高质量服务，推动小农户与现代农业发展有机衔接。

四、推广小麦绿色高质高效技术模式

1. 淮北砂姜黑土区小麦持续丰产高效栽培技术模式

砂姜黑土是黄淮海三大中低产土壤类型之一，主要分布于安徽、河南、山东和江苏等省份，其中安徽分布面积最大，达 2 400 万亩左右，约占砂姜黑土总面积的50%。长期以来，砂姜黑土结构性差、易旱易涝、适耕期短、养分匮乏、有机质含量低，土壤生产力低下；加之区域地处南北过渡性气候带，干旱、冻害、赤霉病等自然灾害频发，长期制约该区小麦稳定增产。技术要点如下：

（1）因土分类培肥，提升基础地力　针对砂姜黑土有机质含量低、质地黏重等不良属性，增施有机物料，提高土壤基础肥力，实现有机肥替代化肥，减少化肥施用量。①低肥力快速提升：针对低肥力砂姜黑土"瘠、僵"障碍属性，一次性施用生物炭 1 300～2 000 公斤/亩（麦季），秸秆粉碎集中还田或深施还田，亩增施牛粪 400～650 公斤/年或猪粪 200～350 公斤/年（干基），深耕 20 厘米以上，逐步加厚耕层至30 厘米，或 2～3 年深松 1 次。②中肥力稳定提升：针对中肥力砂姜黑土"僵"突出障碍因子，一次性施用生物炭 650～1 300 公斤/亩（麦季），秸秆粉碎还田，亩增施牛粪 250～400 公斤/年或猪粪 130～200 公斤/年（干基），深耕 20 厘米以上，逐步加厚耕层至 30 厘米，或 2～3 年深松 1 次。

（2）选用适宜品种，发挥品种潜力 基于区域近 30 年来的气候变化趋势及近年自然灾害发生特点，结合秋季旱茬作物面积的扩大及小麦品种适应性，宜选用多穗型至中间型丰产多抗型半冬性或半冬偏冬性优质中强筋或强筋小麦品种，这样既可充分利用 9 月份有效降雨，解决适播期内干旱以及温光资源浪费问题，又可发挥此类品种抗寒性强的特性，减少冬春冻害的影响，还可利用其分蘖力强的特性，弥补砂姜黑土耕性差导致缺苗断垄、穗数不足的缺点。此外，本地区赤霉病、倒伏、穗发芽等发生较频繁，应考虑选用抗（耐）赤霉病及穗发芽的品种。

（3）科学平衡施肥，提高肥料利用效率 秸秆直接还田条件下亩配施氮肥（N）15～17 公斤、磷肥（P_2O_5）5～6 公斤、钾肥（K_2O）5～6 公斤；有机物料、磷钾肥一次性基施，氮素基追比例（6∶4）～（5∶5），追肥时期为拔节期。或基施小麦专用新型保持性复合肥（26-10-9）50 公斤/亩，拔节期追施尿素 5～7.5 公斤/亩，灌浆期结合"一喷三防"增施叶面肥。

（4）适时精细整地，提高蓄水保墒能力 该区域小麦播种期间干旱频发及砂姜黑土耕性差、适耕期短、耕层浅等因素，严重影响小麦耕播质量。每隔 2～3 年，深耕埋茬一次，打破犁底层（深耕 20～25 厘米），增加耕层厚度，提高土壤蓄水保肥能力。秸秆还田地块，前茬作物收获选用加装粉碎装置的机械，并使用大中型拖拉机配套的铧式犁深耕翻埋秸秆，秸秆翻埋在 15 厘米土层以下，旋耕耙压 2 遍，旋后即播；或选用旋耕、施肥、播种、镇压复式作业一体机播种。针对砂姜黑土表墒易失和适耕期短的特点，准确把握适耕期。整地时土壤相对含水量应达到 75%～80%，墒情不足的应在整地之前板茬造墒。

（5）高质量播种，培育壮苗越冬 未经包衣的种子，选用 27% 苯醚·咯·噻虫嗪悬浮种衣剂拌种；小麦全蚀病发生严重田块，选用 12% 硅噻菌胺悬浮种衣剂拌种。足墒适期适量播种，播种前墒情不足时提前浇水造墒，整地后立即进行播种，以保证土壤具有足够墒情。为充分利用 9 月份有效降雨，淮北中部播期以 10 月 13～25 日为宜，淮北北部和南部相应提前或推迟 3～5 天。适播期内适宜播量 10～13 公斤/亩。选用旋耕、施肥、播种、镇压复式作业一体机，行距 20～23 厘米，播种深度 3～5 厘米，未带镇压装置或镇压不实的田块要在小麦播种后及时镇压。

（6）科学田管，确保稳健生长 出苗到越冬期，培育壮苗安全越冬；起身到抽穗期，培育壮秆大穗。抽穗到成熟期，防病、防虫、防早衰。注意赤霉病的防控，"适时防治、见花打药"普防赤霉病，选用高效低残留且兼治小麦叶部病害的农药，注意轮换用药，延缓抗药性，提高防治效果；选择适宜播种机械，选择播种量、施肥量控制精准，碎土、镇压效果好的复式作业机械，提高播种质量。

2. 淮北地区优质强筋/中强筋小麦全程机械化绿色高质高效生产技术模式

针对淮北平原砂姜黑土区小麦产量不高不稳、品质一般、效益低，生产规模化、机械化程度不高，农机农艺融合性差等现状，采用"优质强筋小麦品种＋土壤培肥＋旋耕施肥播种一体机（隔2～3年深耕或深松）＋重施拔节肥＋机械喷防＋小麦机械收获秸秆还田一体化"的技术路线，以优质强筋/中强筋品种选用、砂姜黑土地力提升技术、秸秆全量还田条件下平衡施肥技术、小麦保优栽培技术、全程机械化技术等为核心，集成优化淮北地区优质强筋/中强筋小麦全程机械化绿色高质高效生产技术模式。该技术模式在淮北地区示范应用效果显著，2021—2023年涡阳示范区高产田块小麦3年亩产分别为823.8公斤、913.2公斤和891.7公斤。

3. 安徽沿淮江淮稻茬小麦绿色高质高效生产技术模式

安徽稻茬小麦常年种植面积约1 500万亩，居全国稻茬小麦种植面积第二位，集中分布于安徽省沿淮、江淮之间区域。本技术主要针对区域大面积生产普遍存在的整地播种质量差、灾害频发重发等生产现状，以机械化、轻简化为指导思想，以"提高群体质量、保证有效穗数、增加穗粒数和粒重"为目标，通过选用适宜品种、复式整地播种作业、科学肥料运筹、病虫草害绿色防控等技术途径，提升单产水平和综合经济效益。该技术一次完成多道播种工序，每亩机械作业费节约40元左右，亩用种减少10公斤左右，平均亩增产约10%。技术要点：

（1）选择适宜品种 该区域宜选用优质、高产、抗寒性好、抗赤霉病、抗穗发芽和耐渍性强的小麦品种。沿淮地区杂交中稻早茬口选用半冬性品种，粳、糯稻晚茬口选用迟播早熟的半冬偏春性或春性品种；江淮沿江地区选用晚播早熟春性品种。

（2）科学平衡施肥 在增施有机肥以培肥地力的基础上，氮、磷、钾素配合，补充微量元素；有机肥及磷钾肥、微肥全部基施，氮肥的50%～60%基施，40%～50%于返青、拔节、孕穗期看苗追施。施肥量因不同目标产量水平而异。亩产量500公斤以上时，氮肥（N）、磷肥（P_2O_5）和钾肥（K_2O）亩施用量需分别达到14～16公斤、6～8公斤和6～8公斤；亩产量400～500公斤时，氮肥（N）、磷肥（P_2O_5）和钾肥（K_2O）亩施用量需分别达到13～15公斤、5～6公斤和6～8公斤；或亩施小麦专用新型保持性复合肥（N-P_2O_5-K_2O为26-10-9）50公斤。

（3）机械化高质量整地播种 适墒期抢时机耕、机耙或机旋，提倡复式一体机直接整地播种。水稻收割前10～15天排水。使用全喂入履带式联合收割机收割水稻，收割机加装秸秆粉碎抛洒装置，同步完成水稻收割、秸秆切碎和抛洒匀铺作业。连续旋耕田块间隔2～3年进行一次深耕（松）。宜推广机械匀播技术，行距20～23厘米，播深3～5厘米。土壤墒情适宜或偏旱时，可选择三轴防缠绕旋耕施肥精量播种机；土壤湿度过大时，可选择高畦降渍播种一体机，采用高畦降渍机械化种植技术，一次完成旋耕、灭茬、施肥、开沟、作畦、播种作业。播期10月下旬至11月上旬，适期播种条件下，半冬性品种基本苗18万～22万/亩，春性品种基本苗22万～28万。

（4）"三沟"配套 安徽稻茬麦区小麦生长期间降水量明显多于淮北旱茬麦区，尤其生育期间连阴雨天气较多，易发生渍害。播种作业后未开沟田块及时机械开沟，沿淮地区畦沟间隔 3～4 米，腰沟间隔 30～50 米；沿江地区畦沟间隔 2～2.5 米，腰沟间隔 20～30 米。田内"三沟"（畦沟、腰沟、田边沟）深度分别达到 0.20 米、0.25 米、0.35 米左右；田外大沟深 0.6～0.8 米。要求"三沟"配套，沟沟相通，排灌方便。

（5）科学管理　江淮稻茬小麦生长季节病虫草害常年偏重发生，后期渍害和倒伏风险偏大，加强田间管理，主动抗逆减损是实现稻茬小麦高产稳产的重要保障。注意赤霉病的防控。坚持"主动出击、见花打药"的防治策略，紧抓小麦齐穗至扬花初期开展第一次预防，沿淮及其以南麦区施药后 5 天左右开展第二次预防。若小麦扬花期遇阴雨天气，选择雨隙或抢在雨前施药，施药后 6 小时内遇雨应及时补治。

五、拟研发和推广的重点工程与关键技术

（一）安徽不同生态区小麦高产土壤肥力指标体系及其培肥技术研究

高产实践表明，较高的土壤基础肥力是实现小麦稳定高产的基础。近年来，安徽小麦高产纪录不断刷新，高产典型大量涌现，但高产土壤条件尚待明确。针对不同区域小麦实现高产的土壤肥力指标及相应的土壤培肥施肥技术模式还需进一步研究。

（二）安徽不同生态区高产小麦养分供需特征及优化施肥技术研究

施肥是栽培措施中对小麦产量、品质及效益（经济、生态）影响最大的因素，科学高效施肥必须以小麦养分供需规律为理论支撑，同时还要兼顾施用轻简化，以适应当前生产者老龄化的现状。针对目前大面积生产中肥料利用率低的现状，需要明确不同类型田块养分特征，制定合理施肥模式，实现小麦养分高效利用及轻简化施肥。

（三）安徽不同生态区小麦抗逆稳产栽培关键技术研究

安徽地处我国南北气候过渡带，旱、涝、冻害等灾害频发，加之全球气候变化背景下极端气候趋于常态化，严重制约小麦稳定增产。针对不同区域灾害发生特点，研究不同生态区小麦生育期间主要气象因子变化趋势，明确主要灾害发生规律，探究小麦产量限制的关键气象因子，建立安徽不同生态区小麦生长模型，提出抗逆稳产栽培的关键栽培技术。

（四）安徽省稻茬小麦绿色高产技术协作攻关

2021 年 10 月，由安徽省农技总站、安徽省农科院作物所以及合肥市、蚌埠市、安庆市、滁州市、宣城市等单位专家组成了专家组，按照沿淮、江淮、沿江三大区域划分，联合 14 个单位，共同成立了"安徽省稻茬小麦绿色高产技术协作攻关组"，围绕各区域生态特点与技术需求，开展攻关试验示范，共同推进全省稻茬小麦绿色、高

产和高效生产。

（五）小麦新品种选育及良种良法配套联合攻关

加强绿色、优质、高产、高效新品种的选育、栽培技术配套及推广应用，形成区域优势明显的小麦产业格局，特别是赤霉病、穗发芽、"倒春寒"抗性及品质水平得到显著提升，为安徽小麦产业发展和良种更新换代提供科技支撑。

（六）强化自主研发的"四新"农业科技成果转化与应用

结合近年来安徽省财政农业科技成果转化专项的实施，示范应用省内自主选育的小麦新品种、研发的新型肥料及植保药剂、农机新装备以及技术新模式，并在应用过程中不断优化产品、熟化技术，形成适合不同区域生态特点的小麦丰产优质机械化生产技术。

六、保障措施

（一）持续科技创新

科技创新是安徽小麦产能提升的有力支撑，耕地是农业的基础，土壤结构性障碍改良、农田土壤培肥是实现小麦持续增产的保障。科技兴粮、科技稳粮，就是要通过品种创新、耕地质量提升、新技术集成推广和防灾减灾水平提升等技术攻关与集成应用，进而提高粮食生产综合能力。

（二）加强组织领导

按照"有规划、有计划、有政策、有措施、有行动、有成效"要求，制定小麦产量增长的长期规划，并细化年度计划，制定切实可行的举措。落实党政领导班子及其成员粮食安全工作责任清单，全面落实《安徽省粮食作物生长期保护规定》，进一步严格耕地用途管制和耕地利用优先顺序，加强粮食生长期保护力度。市级农业农村部门要做好牵头协调工作，开展工作督导和生产指导，推动措施落实落地。县（市、区）级农业农村部门要充分发挥主体作用，切实加强对小麦生产工作的跟踪服务，确保行动取得实效。

（三）强化投入保障

统筹整合粮食生产发展资金、绿色高质高效行动、农业生产社会化服务、基层农技推广、农机购置与应用补贴等项目资金，加大对小麦单产提升行动的支持力度，推动大面积单产提升尽快见效。重大科研攻关项目、现代种业提升工程等项目要向小麦倾斜，推动各类单项生产技术集成组装和储备优化。省级财政不断提升投入水平，并积极争取中央财政支持，引导地方财政增加支持小麦单产提升的项目资金。

（四）强化技术服务

省、市、县成立小麦大面积单产提升行动专家组，负责研究提出各级小麦产业发展、科技攻关、技术集成等目标任务，明确单产提升的主攻方向。精细化开展技术指导服务，抓好苗情监测、田管指导、病虫防治、防灾减灾技术指导；推广新品种、新技术、新模式、新产品、新装备；开展多种形式的技术培训，切实把技术、服务送到农户，落到田间地头。

（五）加强考核评价

组织开展小麦单产提升行动绩效评价考核，对在小麦单产提升行动中成效显著的县（市、区），以及作出突出贡献的单位、专家和种粮大户等给予适当表彰奖励，对工作不力、成效不明显的进行通报。在安排年度相关项目资金时，对单产提升明显的地区给予倾斜支持。

（六）大力宣传引导

充分挖掘各地涌现出的好经验、好典型，通过网络、报纸、电视等各类媒体广泛宣传，营造良好的舆论氛围。持续加强信息调度，准确了解掌握小麦生产各环节出现的新情况、新问题，帮助研究解决实际困难，并及时上报相关信息。

江苏

江苏省小麦单产提升实现路径与技术模式

江苏以全国 3.8% 的耕地，生产了占全国 6% 左右的粮食，养活了 8 000 多万人，创造了全国人口密度最大省份粮食总量平衡、口粮自给的业绩。江苏省是全国 11 个小麦主产省之一，面积和总产均占全国 10% 左右，分列全国第 4 位和第 5 位。2023 年夏收全省小麦面积 3 584.3 万亩，总产 1 373.53 万吨，分别占全省粮食作物总面积和总产量的 43.8% 和 36.2%，面积大于水稻居第 1 位，总产仅次于水稻居第 2 位，为江苏粮食总产的增加作出了重要贡献。同时，江苏省小麦市场化程度比较高，是我国小麦产销大省之一，生产的小麦不仅能满足本地口粮消费和加工企业的需求，还是南方广东、福建等省面粉和食品加工企业重要的小麦采购原料基地。因此，江苏省小麦生产对保障当地乃至全国粮食供给、维持粮价稳定、保障粮食安全具有重要的意义。

一、江苏省小麦产业发展现状与存在问题

（一）发展现状

1. 面积与产量变化

（1）种植面积波动式上升　新中国成立以来，江苏省小麦种植面积呈波动式上升趋势，1949 年仅 2 685 万亩，"十三五"年均达 3 581.7 万亩，增长了 33.4%，其中 2016 年最高，达 3 655 万亩。近 10 多年来，面积基本稳定在 3 500 万亩左右，在 3 350 万～3 650 万亩之间，年度间有所波动；近三年呈增长态势，2023 年为 3 584.3 万亩，比上年增加 18.4 万亩（图 1）。

（2）单产水平平稳上升　新中国成立以来，江苏省小麦种植面积平稳上升，但实现单位面积产量等级突破所用时间不同。1949 年江苏小麦亩产平均 42 公斤，1952 年小麦亩产超过 50 公斤，3 年年均增长 4.38 公斤/亩；1971 年小麦亩产超过 100 公斤，19 年年均增长 2.73 公斤/亩；1976 年小麦亩产超过 150 公斤，5 年年均增长 9.84 公斤/亩；1979 年小麦亩产超过 200 公斤，3 年年均增长 28.72 公斤/亩；1982 年小麦亩产超过 250 公斤，3 年年均增长 5.07 公斤/亩；1996 年小麦亩产超过 300 公斤，14 年年均增长 3.69 公斤/亩；2017 年小麦亩产超过 350 公斤，21 年年均增长 2.67 公斤/亩。2023 年全国小麦平均亩产 383.2 公斤，尚未突破 400 公斤（图 1）。

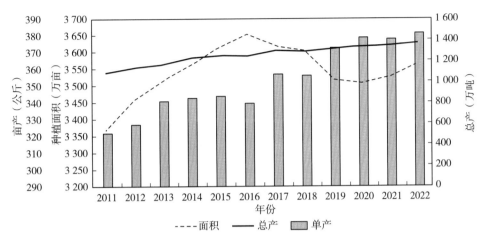

图 1　近十多年江苏省小麦种植面积、单产与总产变化

注：资料来源于江苏省统计局，下同。

（3）总产水平随面积呈波动式增长　新中国成立以来，江苏省小麦总产水平受政策与种植面积及单产的影响，呈波动式增长，1949 年仅 113 万吨，1952 年突破 150 万吨，之后波动式徘徊，至 1967 年突破 200 万吨，改革开放后急剧增长，1978 超过 300 万吨，1979 年超过 500 万吨，1982 年超过 700 万吨，1984 年超过 900 万吨，1992 年超过 1 000 万吨，之后随政策调整有所下跌，一直到 2012 年超过 1 200 万吨，2019 年超过 1 300 万吨，2023 年达 1 373.53 万吨（图 1）。近 20 多年来，小麦总产基本呈增长态势，实现了"十九连丰"，近 5 年总产稳定在 1 300 万吨以上。

（4）小麦增产对江苏省粮食增产的贡献　统计数据显示，新中国成立以来（1949—2020），江苏省小麦单产年递增率达到 3.15%，显著高于同期粮食的单产年递增率 2.75%（稻谷为 2.18%）；新世纪以来（2000—2020），江苏省小麦单产年递增率达到 1.69%，显著高于同期粮食的单产年递增率 0.83%（稻谷 0.44%，玉米 0.39%）。在"十一五""十二五""十三五"期间，江苏粮食总产的增长量中，小麦的贡献率分别为 77.8%、68.3%、69.2%，为江苏粮食总产的增加做出了主要贡献（图 2）。

2. 品种审定与推广

江苏省涉农教学、科研单位适应江苏多品质类型种植的现状，依据市场需求，选育出"扬麦""宁麦""镇麦""淮麦""徐麦""连麦"等不同类型的小麦品种，审定品种数量与种植品种数量激增，"十三五"期间，每年种植的有统计面积的品种均在 100 个以上，其中 2023 年夏收有统计面积的小麦品种数高达 315 个（江苏省种子站数据）。其中选育出的适合江苏淮南地区种植的偏强筋春性红皮品种，如镇麦 12、扬麦 23、镇麦 10 号、镇麦 168、农麦 88、明麦 133、扬麦 29、宁麦资 126、镇麦 13、

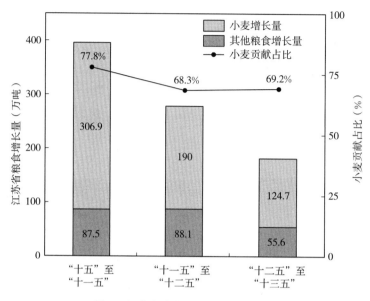

图 2　江苏省小麦对粮食增量的贡献

镇麦 15，金丰麦 1 号、瑞华麦 596 等，填补了国内空白；弱筋春性红皮品种，如宁麦13、扬麦 20、扬麦 13、扬麦 24、扬麦 30、国红 6 号等，市场需求量增大，部分品种成为酿酒原料的特用品种。地产"红皮小麦"成为区域地理标志品牌，拓展了江苏小麦产业化之路。江苏省农业技术推广总站根据各市农技推广机构对主推品种规模以上种植的不完全统计，2023 年夏收，地产小麦品种淮麦 33 已取代引进品种烟农 19，成为淮北第一大种植品种；苏中和苏南地区种植的品种基本都是地产品种，镇麦 12、宁麦 13、扬麦 25 种植面积均在 200 万亩以上。

特别是近几年多家单位联合攻关，在赤霉病育种方面取得了重要进展，选育出了扬麦 33 等一批赤霉病抗性强的小麦品种，并在生产中推广应用，有效地解决了特殊年份小麦赤霉病发生偏重、收获籽粒毒素含量偏高的难题。

近年来，随着国家品种审定政策的变化，众多企业加入到品种选育与推广行列中，截至 2021 年底，全省共有 156 家持证种子企业，其中经营小麦种子企业 88 家，主要满足省内用种需求，辐射浙江、安徽、上海等周边省份，2021 年小麦种子销售总额 28.45 亿元，同比增长 23.48%。2021 年种子企业构成中，育繁推一体化企业 7家，外商投资企业 2 家，新三板上市企业 4 家，母公司主板上市企业 1 家。2021 年种子销售收入前 10 企业依次为江苏省大华种业集团有限公司、江苏明天种业科技股份有限公司、江苏神农大丰种业科技有限公司、江苏中江种业股份有限公司、江苏红旗种业股份有限公司、江苏金土地种业有限公司、江苏省方强种子有限责任公司、江苏天丰种业有限公司、江苏省高科种业科技有限公司、坂田种苗（苏州）有限公司。在 2023 年召开的第十四届中国国际种业博览会暨第十九届全国种子信息交流与产品交易会上，发布了 2021 年度中国农作物种子企业销售排名，其中江苏省大华种业集团有限公司、江苏明天种业科技股份有限公司入选商品种子销售总额 20 强企业（分列第 5 位和第 13 位）和小麦商品种子销售总额 10 强企业（分列第 1 位和第 6 位）。

3. 农机装备

随着农业种植结构调整深入推进，规模化种植的大力发展，以及农村劳动力的急剧减少，机械化、轻简化栽培技术、新型高效农资和农机装备的应用需求更加迫切。

21 世纪以来，江苏小麦生产机械化技术、装备得到了全面发展，不再局限于耕、种、收三个环节，前茬的秸秆还田、田间的病虫害防治、收获后的烘干等机械装备均有了突破性进展和规模化应用。由江苏自主研发、性能良好的秸秆还田机、粉碎机在实现秸秆还田的同时完成了小麦播前耕整地作业。基于秸秆机械化还田的小麦播种设备，正逐渐被秸秆还田播种机、播种施肥机、播种施肥开沟机、播种施肥开沟镇压机等联合复式作业机械代替，基于秸秆机械化还田的小麦复式播种作业机械化技术日趋成熟，可一次性完成水稻秸秆还田、小麦播种、施肥、开沟、镇压等多道作业。田间植保机械在基本淘汰简易的手动背负式喷雾喷粉机后，历经了手推或担架式、静电式、大型自走式高地隙植保机械三次更新换代，高效植保机械化技术相对成熟。近年来，烘干机得到了快速发展，为加快推进主要粮食作物生产全程机械化提供了契机，更为实现主要粮食作物生产全程机械化找到了发力点。2021 年全省新增各类农业机械 4 万多台（套），其中新增大中型拖拉机、水稻插秧机 7 000 多台，各类耕整地机械 6 300 多台（套）。2021 年全省农机行业实现营业收入 712 亿元，同比增长 13%；实现利润 56.5 亿元，同比增长 5% 左右；出口交货值 71 亿元，同比增长 20% 左右。农机龙头企业不断涌现，50 家企业营业收入进入"亿元俱乐部"，其中 13 家企业营业收入超 10 亿元。

4. 栽培技术

近年来江苏涉农高等院校、农业科研院所、农业技术推广部门、面粉与食品加工企业等单位围绕江苏小麦实际，整合小麦产业各领域的优势力量，围绕制约江苏省小麦产业发展的共性关键问题以及区域性特殊问题联合攻关，研究不同品质类型小麦品质调优技术，并注重与抗逆、省工、节本技术有机结合，良种良法配套，研发了多样化、多类型的强筋、中筋和弱筋小麦高产高效栽培技术与模式，供生产中选择应用。其中多项列入江苏省农业重大推广计划（表 1），"长江中下游稻茬小麦机播壮苗肥药双控栽培技术""稻茬小麦精控机械条播高产高效栽培技术"和"冬小麦主要气象灾害防灾减损技术"还被列入了 2022 和 2023 年全国粮油生产主推技术，促进了本区域小麦生产水平的提升。

表 1　近年来列入江苏省农业重大推广计划的小麦生产技术

年度	数量	列入江苏省农业重大推广计划的小麦生产技术
2016	7	1. 稻麦周年高产高效模式与栽培技术 2. 小麦机械匀（条）播高产栽培技术 3. 稻草全量还田小麦全苗壮苗技术 4. 稻茬小麦减量施肥抗逆稳产栽培技术 5. 稻麦化学农药减量控害技术 6. 农田杂草可持续生态防治技术 7. 耕地质量提升综合技术
2017	5	1. 稻麦绿色增产攻关模式与配套技术 2. 小麦机械匀（条）播高产栽培技术 3. 稻茬小麦节肥高产优质抗逆栽培技术 4. 稻麦田全程减药控草技术 5. 作物精确管理技术
2018—2019	4	1. 稻茬小麦节肥高产优质抗逆栽培技术 2. 稻麦田抗药性杂草的监测及其治理技术 3. 小麦赤霉病综合防控技术 4. 作物精确管理技术
2020—2021	3	1. 稻茬小麦优质高产高效绿色栽培技术 2. 稻麦周年生产全程机械化技术 3. 测土配方施肥全程智能"五云"服务技术
2022—2023	4	1. 稻茬小麦机械化高产优质高效绿色低碳栽培技术 2. 稻麦周年轮作杂草绿色高效防控技术 3. 主要农作物病虫害控药减损绿色防控技术 4. 丘陵区中低产田肥沃耕层构建与耕地质量提升技术

　　小麦高产高效栽培技术与模式在生产中应用，既得到了社会的认可，也促进了农业增效，多项科研成果获得国家、省部级奖励，其中"促进稻麦同化物向籽粒转运和籽粒灌浆的调控途径与生理机制"获国家科学技术奖自然科学奖，"宁麦系列弱筋小麦品种选育及配套技术研究与应用""小麦诱变育种方法创新及扬辐麦系列品种选育"等成果获江苏省科学技术奖，"稻麦生长指标光谱监测与精确施肥技术的集成推广""稻麦丰产技术'五元聚合六型并推'推广模式创建与应用"等获全国农牧渔业丰收奖，"稻茬小麦'三调三控'绿色高效栽培技术体系示范推广""江苏稻麦生产抗逆调控技术集成与推广""稻麦精确管理技术的集成与推广""小麦化肥农药减量增效技术集成与推广""稻麦无人机精准施药技术集成与推广""稻麦两熟绿色高效技术模式集成与推广""农作物秸秆肥料化利用技术集成与推广""麦玉周年轮作丰产高效全程机械化技术集成与推广""县域测土配方施肥专家系统研制与应用""稻麦两熟集约化高产高效技术创新集成与应用"等成果获江苏省农业技术推广奖。

5. 品质状况

江苏省生态条件差异较大，以淮河及苏北灌溉总渠为界，江苏省小麦可分为淮南和淮北两大麦区，面积约各占一半。生产的小麦籽粒品质差异较大，其中淮北地区品种类型为半冬性白皮小麦，属我国黄淮平原冬麦区，产量水平较高，质量较好；淮南地区品种类型为春性红皮小麦，属我国长江中下游平原冬麦区，其中苏中地区产量水平较高，苏南地区产量水平较低。

2017 年以来，江苏省农业技术推广总站联合南京农业大学小麦区域技术创新中心、江苏省粮食作物现代产业技术协同创新中心、南方小麦交易市场等单位，向全省13 个市征集大田生产及试验示范基地的小麦样品，选送品质检测机构综合检测，分析江苏省小麦年度间、区域间及品种间变化特征，综合考虑优质小麦·强筋小麦（GB/T 17892—1999）、优质小麦·弱筋小麦（GB/T 17893—1999）和小麦品种品质分类标准（GB/T 17320—2013），将小麦籽粒蛋白质含量或湿面筋含量品质指标划分为 5 类，并分别定义为强筋（蛋白质含量≥15％或湿面筋含量≥35％）、中强筋（蛋白质含量14％～15％或湿面筋含量32％～35％）、中筋（蛋白质含量12.5％～14％或湿面筋含量26％～32％）、中弱筋（蛋白质含量11.5％～12.5％或湿面筋含量22％～26％）、弱筋（蛋白质含量≤11.5％或湿面筋含量≤22％）。不同年度检测数据表明，江苏省小麦品质变异较大，如 2018—2023 年检测的样品中，根据容重变幅，不同年度三等以上小麦占比变动在 92.7％～99.7％，其中一等小麦占比变动在 56.5％～77.5％（表 2）。

表 2　江苏小麦抽检样品等级分布

年份	样品数	一等		二等		三等		四等		五等	
		（γ≥790）		（790＞γ≥770）		（770＞γ≥750）		（750＞γ≥730）		（730＞γ≥710）	
		个数	占比（％）	个数	占比（％）	个数	占比（％）	个数	占比（％）	个数	占比（％）
2023	170	72	42.4	50	29.4	35	20.6	12	7.1	1	0.6
2022	180	134	74.4	33	18.3	8	4.4	4	2.2	1	0.6
2021	279	158	56.6	79	28.3	30	10.8	8	2.9	4	1.4
2020	364	282	77.5	71	19.5	10	2.7	1	0.3	0	0
2019	200	147	73.5	36	18.0	13	6.5	2	1.0	2	1.0
2018	193	109	56.5	46	23.8	24	12.4	11	5.7	3	1.6

注：资料引自王龙俊，2023。γ为容重，单位为克/升。

综合来看，不同年度检测的样品中，达中筋品质要求的样品占比最高，为14.4％～34.0％，达到强筋或中强筋品质要求的样品数占比次之，分别为 2.2％～20.8％（强筋）、9.3％～14.0％（中强筋），达弱筋品质要求的样品数占比最低，仅为0.52％～1.4％（表 5）。以 2022 年为例，除沉降值外各项指标均达到弱筋小麦标准的样品仅有 2 个，占比 1.1%；达到中筋小麦标准的样品有 26 个，占比 14.4%；达到中强筋小麦标准的样品有 18 个，占比 10.0%；达到强筋小麦标准的样品有 4 个，占比 2.2%；其余（130 个，占 72.2%）为部分指标达到要求的其他类型小麦（表 3）。

表 3　小麦品种品质达标情况

年份	样品数	达到强筋		达到中强筋		达到中筋		达到弱筋	
		个数	占比（%）	个数	占比（%）	个数	占比（%）	个数	占比（%）
2023	170	41｜36	24.1｜21.2	23｜41	13.5｜24.1	44｜28	25.9｜16.5	11｜2	6.5｜1.2
2022	180	4｜6	2.2｜3.3	18｜17	10.0｜9.4	26｜31	14.4｜18.9	2｜4	1.1｜2.2
2021	279	58｜59	20.8｜21.1	26	9.3	80｜79	28.7｜28.3	3	1.1
2020	364	42	11.5	41	11.3	93	25.5	5	1.4
2019	200	8｜9	4.0｜4.5	28｜18	14.0｜9.0	68｜66	34.0｜33.0	2	1.0
2018	193	14	7.3	24	12.4	55	28.5	1	0.52

注：资料引自王龙俊，2023。①送检北京、靖江机构因未测定沉降值，只对标其余的 7 个指标，若 7 项指标中缺失计入不达标；②籽粒蛋白质和湿面筋含量优先采用南京农业大学近红外检测数据比对，若与机构检测数据品质定位不一致时，用"｜"在右侧另行标注，并同时计入达标数。③两个机构检测值至少有一个达标即判定达标，两个机构都达标的以北京为准。

同时，受不同区域生态条件、品种类型、生产技术水平等影响，不同区域间小麦籽粒品质差异较大。以 2021—2022 年为例，弱筋小麦样品仅 4 个，地处沿江麦区的启东（偏东部）以及宁镇扬丘陵麦区的仪征（偏西部）；中筋小麦样品 34 个，在淮北麦区分布较多，另外还主要分布在里下河麦区，在泰州、常熟、吴江等地也有零星分布；中强筋小麦样品 17 个，主要分布在淮北麦区，其次是沿海麦区，在昆山、盐都、射阳等地有零星分布；而（偏）强筋小麦样品 6 个，主要分布在里下河麦区。

6. 成本收益

普通小麦的市场价格区间主要取决于托市收购政策实施情况，价格年度间波动性较大；但小麦种植成本逐年增加，故种植效益总体不高，在不计自营地折租和家庭用工成本情况下，有一定的现金收益。据江苏省农业技术推广总站根据各市夏熟小麦总结资料整理汇总数据，近 10 年来总种植成本大概需要 500~700 元（不计算租地成本），亩总产值 700~1 150 元，亩纯效益大约 100~500 元（表 4）。

7. 市场发展

江苏省既是小麦主产区，也是小麦主要销售区，小麦市场化程度比较高，是我国小麦产销大省之一，既有国内贸易，也有进出口贸易，特别是地处南北过渡地带，航运发达，连接南北内外优势突出，逐步形成了粮食贸易集散中心，南方省份小麦需求大多经由江苏省中转销售，不仅能满足本地口粮消费和加工企业的需求，还是南方广东、福建等省面粉和食品加工企业重要的小麦采购原料基地。

表4 近10年全省小麦生产效益汇总表

年份	亩产（公斤）	市场收购价（元/公斤）	总产值（元/亩）	总成本（元/亩）	纯效益（元/亩）
2013	390.00	2.20	871	560.00	311
2014	394.00	2.34	926	566.00	360
2015	392.00	2.30	901	581.00	320
2016	374.00	1.88	704	572.00	132
2017	383.00	2.28	877	568.00	309
2018	375.00	2.22	833	586.00	247
2019	381.82	2.17	831.68	593.64	238.04
2020	385.41	2.21	852.11	596.54	255.57
2021	384.43	2.39	926.89	624.31	302.58
2022	386.84	2.94	1 138.46	681.96	456.50
2023	387.73	2.57	999.06	675.40	343.66

注：总成本中不含农民自有承包地土地折租成本。江苏省农业技术推广总站根据各市夏熟小麦总结资料整理汇总。

江苏小麦的产需情况与全国相似，总体平衡，丰年有余。近4年来，受国际市场供需、国家最低收购价、小麦出库费用减免、补贴政策等的调控，江苏小麦总产稳定在1 300万吨以上，小麦优质品种面积扩大，主体品种、中强筋小麦面积占比提升；同时近两年江苏省小麦价格一直处于高位，也促进了小麦生产。根据有关专家测算，江苏省小麦总需求量在1 240万吨左右，其中口粮、饲料用粮、工业行业（食品）用粮以及种子用粮、新增储备粮等消费数量分别约为400万吨、300万吨、400万吨、60万吨、80万吨，基本处于产需平衡、略有盈余的状态（江苏小麦产业发展报告，2020）。

（二）主要经验

1. 规模种植大户的快速发展加大了对品种与技术的需求

2013年以来，江苏省家庭农场迅速发展，已成为保障"米袋子""菜篮子"的重要力量。2015年江苏农业经营格局产生较大变化，其中农民合作社总数超7万家，经认定的家庭农场达2.1万家，农业适度规模经营比重达到了67%。2020年底，全省家庭农场17.5万家，省级示范家庭农场2 290家；经市场监管部门登记的农民合作社8.3万家，其中农民合作社国家示范社408家、省级示范社1 374家。家庭农场已成为现阶段江苏现代农业的重要组织形式和经营载体，也是小农业对接大市场的主渠道和发展农业新业态新模式的生力军。

全省55%的家庭农场从事粮食种植，经营面积占全省家庭农场经营总面积的

63%，在保证国家粮食安全等方面发挥着重要的作用。

2. 品种数量与品质类型扩增

随着国家品种审定政策的变化，众多企业加入到品种选育与推广行列中，截至2019年12月31日，全省共有138家持证种子企业，其中经营小麦种子企业86家，导致近几年审定品种数量与种植品种数量激增，"十三五"期间每年种植、有统计面积的品种均在100个以上，单一最大种植面积不超过500万亩，2020年夏收种植面积在100万亩以上的品种仅有6个。

不同类型专用小麦品种数量均较以往有所增加，淮北地区种植的半冬性偏强筋品种包括烟农19、淮麦20、淮麦30、淮麦39、淮麦40、徐麦32、徐麦31、徐麦9158、瑞华麦518、济麦44、西农511、淮麦36、郑麦7698、丰德存麦1号等，中筋品种包括淮麦33、徐麦33、百农207、徐麦35、瑞华麦520等；淮南地区种植的中筋春性红皮品种包括扬麦25、扬辐麦4号、扬麦16、苏麦88等，偏强筋春性红皮品种包括镇麦12、扬麦23、镇麦10号、镇麦168、农麦88、明麦133、扬麦29、宁麦资126、镇麦13、镇麦15、金丰麦1号、瑞华麦596等，弱筋春性红皮品种包括宁麦13、扬麦20、扬麦13、扬麦24、扬麦30、国红6号等。

3. 多类型栽培技术与模式适应了生产实际

近年来江苏涉农高等院校、农业科研院所、农业技术推广部门等单位围绕江苏小麦现状，充分整合小麦产业各领域的优势力量，围绕制约江苏省小麦产业发展的共性关键问题以及区域性特殊问题联合攻关，并注重与抗逆、省工、节本技术有机结合，创新规范化播种与壮苗培育、肥料安全高效施用、高效抗逆应变、主要病虫草害绿色防控等关键技术，研发出多样化、多类型的小麦高产高效栽培技术与模式，配套智能生产与管理、收获贮藏与加工增值、产业经济分析与发展战略研究等，再到区域熟化、基地示范，显著提升江苏省小麦产业科技水平和市场竞争力。

通过良种良法配套，高产典型再获突破，籽粒品质整体质量较好。2020年苏垦农发新洋分公司新南管理区十六大队中筋小麦淮麦33旱茬高产攻关田块亩产达827.5公斤，创造江苏省小麦单产最高纪录；2021年方强农场种植的华麦11稻茬高产攻关田块亩产达762.6公斤，创造江苏省稻茬小麦单产最高纪录；2022年睢宁种植的淮麦50稻茬高产攻关田块亩产达755.3公斤，创造江苏省县域稻茬小麦单产最高纪录；2023年昆山种植的扬麦25稻茬高产攻关田块亩产达641.1公斤，系苏南地区首次亩产突破600公斤，创造江苏省苏南地区稻茬小麦单产最高纪录。

4. 多样化的技术推广手段提高了技术推广效率

为解决技术推广"最后一公里"问题，江苏涉农高等院校、农业科研院所、农业技术推广部门等单位采用"贴合生产、协同创建、典型引领、整体推进"的技术推广思路，多途径开展技术培训指导，创新科普及模式，组织观摩、推介、培训及创业实训等活动，培训技术推广人员、科技示范户和职业农民，充分利用农技耘App等信息化推广手段开展线上线下融合技术培训与推广，不断提升科技创新成果的显示度、推广度和应用效果。江苏省自 2008 年起在全省各地建立了稻麦综合展示基地与示范基地，2020 年、2021 年、2022 年数量分别达 34、42、43 个，展示示范新品种、新技术、新产品、新模式，构建了以"产业体系基地"引领下的小麦生产技术创新与协同推广模式。2018—2023 年连续 6 年举办的种植大户千人培训与信息交流会，已基本形成活动品牌，通过共同研讨种植产业现状、产业发展政策与趋势，聚焦新技术、新品种、新产品、新装备，整合全产业链优势资源，为种植大户农业生产保驾护航；采用线上会议、视频培训、农技耘 App 技术发布等形式开展科技普及和技术服务，累计培训近 100 万人次。

（三）存在问题

1. 播种质量不高依然是江苏省小麦单产提升的主要制约因素

播种质量直接关系到出苗状况和苗情基础，是制约大面积平衡增产的重要因素。随着农业种植结构调整深入推进，规模化种植的大力发展，以及农村劳动力的急剧减少，机械化、轻简化栽培技术和农机装备的应用需求越来越迫切。江苏省以一年两熟制稻茬小麦为主，75% 左右面积种植的小麦是稻茬小麦。相对于旱茬，江苏省大面积水稻腾茬较迟，同时稻茬土壤适耕性差，加之秸秆还田量大，因此适耕期短，整地播种质量往往难以保证。实际生产中，传统的、粗放式的人工撒播、免耕直播依旧是部分地区农户首选的播种方式，播种量和均匀度难以准确掌握，播量偏大、效率低。影响播种质量的因素较多，包括秸秆还田和整地质量是否到位，播期、播量、播深、墒情是否适宜，播深是否一致，分布是否均匀，基肥是否足量，以及种子质量、药剂拌种等等。以适期播种为例，近年来江苏晚播小麦比例偏大，均在 40% 以上（图 3），小麦晚播不仅产量潜力低，而且遭遇生产风险的概率较高。2021 年秋播是近 7 年来

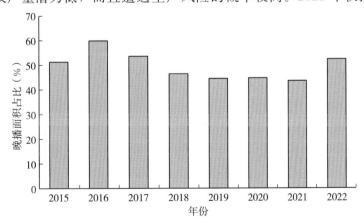

图 3　近年来江苏晚播小麦比例

注：江苏省农业技术推广总站根据各地秋播资料整理汇总。

适期播种比例最好的年份，但适期种植面积也只占 56.5%，迟于适期 10 天以上占 12.1%。2022 年秋播，旱茬小麦大部分实现了适期播种，播种进度明显快于上年；但由于水稻大面积成熟收获腾茬推迟，加之阶段性降雨，稻茬小麦播种进度明显慢于上年，晚期播种比例仅次于 2016 年，为 53.9%。

秸秆还田也是影响整地质量和播种质量最为突出的因素，尽管近几年来随着农机装备水平的提高，秸秆还田和整地质量有所提高，但大面积生产上秸秆全量还田与小麦播种质量和壮苗的矛盾仍十分突出，特别是农机装备不配套的地区、土壤质地差的水稻田和秋播期间多雨的年份，整地播种质量问题较为突出，制约了大面积平衡增产。解决秸秆还田条件下小麦播种质量问题的根本思路在于加强农机农艺融合，农机装备要提档升级且配套，农机作业和栽培措施要相互适应。如何根据墒情和茬口选择适宜耕作播种方式、提高播种质量，特别是提高秸秆还田质量、提高播种均匀度、控制好播种深度等技术仍需进一步探索。

2. 气象灾害与病虫草害问题突出依然是江苏省小麦高产稳产的重大威胁

江苏省地处南北过渡地带，气候多变。虽雨水资源较为充足，但时空分布不均匀。近年来极端性天气频发，导致局部性与区域性灾害发生常态化。秋播期间遭遇连阴雨，严重影响播种进度和播种质量。冻害（冷害）几乎每年都有发生，发生越迟对小麦影响越大，特别是冻药害和干冻死苗。淮北旱作区阶段性干旱发生概率较大，淮南地区涝渍灾害发生概率较大。特别是小麦生育后期灌浆成熟阶段连阴雨、大风、冰雹等灾害性天气，易导致倒伏、千粒重降低、穗发芽、霉变等，品质和产量损失都比较严重。小麦生育后期的干热风、弱光时有发生，已成为影响小麦粒重高低的重要生态因子。

影响江苏省小麦生产和质量安全的主要病虫草害较多，包括小麦赤霉病、白粉病、纹枯病、麦蚜、日本看麦娘、看麦娘、菵草等。近年来江苏麦区病虫草害的发生呈加重趋势，且越来越复杂，防治难度较大。赤霉病大流行始终是江苏省小麦生产的一大威胁，每年预测都呈偏重流行发展态势；小麦条锈病、腥黑穗病等由点发向群发，并具有加重的趋势。病虫害药剂防治过程中，出现了抗药性增强情况。产量水平提高与气象条件改变也影响了病虫草害的发生规律，增加了安全、精准、高效防治的难度。因此，小麦生产要始终坚持抗逆应变，防灾减灾，栽培措施和工程措施都很重要，特别是在赤霉病防控上科技攻关是关键。

3. 品种布局不到位依然是江苏省小麦优质专用化发展的主要障碍

种子市场由企业主导，目前市场上育种主体多，同类重复多，品种数量多，营销企业多。众多种子企业为了自身利益极力宣传推广自身拥有品种权或经营权的品种，行政推广部门作为有限，优良品种区域化布局难以落实到位，导致大面积生产上品种应用分散与碎片化，近几年来江苏省有统计面积的小麦品种都在 100 多个，2021 年秋播统计，全省种植面积 100 万亩以上品种只有 7 个，40 万亩以上的品种有 20 个，合计面积占 63.3%（表5）。品种"多、乱、杂"现象很难保证商品小麦品质一致性，面粉企业配麦（或配粉）工艺困难，既不利于栽培管理与生产指导，也不利于病虫害统防统治，更不利于标准化生产和产业化开发，而产业化的滞后又阻碍了品种布局的落实。

表5　"十三五"期间秋播种植的小麦品种数

年度	种植 100 万亩 以上品种数（个）	种植 50 万亩 以上品种数（个）
2014	9	12
2015	10	12
2016	9	14
2017	8	15
2018	9	14
2019	7	16
2020	7	17
2021	7	20
2022	9	15

注：江苏省农业技术推广总站根据各市不完全统计。

（四）农机农艺不协调将是江苏省小麦轻简化发展的突破关键

江苏省小麦生产全程机械化在机具装备和配套农艺技术水平方面，均得到了明显发展，但推进过程中薄弱环节依然存在，有些矛盾和问题依然突出，农机装备水平有待提高。主要表现在（江苏小麦生产机械化现状与思考，2019）：

1. 播前耕整地有待进一步规范

江苏省麦作前茬以水稻为主，还有部分玉米等其他作物，前作秸秆还田已成常态，但秸秆还田质量在不同地区、不同土壤类型、不同作物、不同产量水平条件下会有差异，在不同机具、不同操作机手间也会有不同。水稻秸秆还田、耕整、播种质量提高的关键在于农机装备能更好地适应不同土壤、墒情条件和农艺要求，制定切实可行的小麦播前耕整地技术规范尤为重要。

2. 播种质量有待进一步提高

目前生产中小麦播种质量问题主要表现在三个方面：一是秸秆还田后，因耕层浅，秸秆还田均匀度不够，且有不同程度的架空现象，土壤紧实度差，播种时会出现深浅不一、均匀性差的问题，导致出苗率低、出苗不均匀，随之出现播量过大现象。二是播种机品种、类型多样化，功能及适应性较差，就江苏稻秸秆还田条件下的小麦播种而言，现有播种机在播种精度、田块适应性方面还有待提高，播量不均匀、易堵塞等现象仍会出现，多功能复式作业机的稳定性、湿烂田块的适应性还有待提高。三是个别地区仍存在人工手撒麦种和肥料后，再用盖籽机旋耕的半机械化播种现象。

3. 高效植保机械需求空间大

植保机械保有量仍以小型植保机械为主，大型机动植保机少，适应大田作物的自走式高地隙植保机械更少。近年来，自走式高地隙植保机械增速快、增量大，但受其自重及平衡性需要影响，多数装备离地间隙为固定式，在高度调节上有一定的局限性；机具本身的作业幅宽在规模种植面积偏小时，无法进行全幅宽作业，存在浪费现象；在追求植保效率的过程中，对药液雾滴的大小、分布均匀性以及靶标的针对性方面，有被忽略的倾向；机具操作人员安全防护缺失等。自走式高地隙植保机械在功能及适应性方面还有改善优化的空间，亟须开发高效、节水、节药、少污染、智能化植保机型。

4. 联合收获机械功能亟待改进

基于江苏秸秆机械化还田需要，小麦收获时需同步进行秸秆切碎，在联合收割机上加装秸秆切碎装置是发展之需；仓储和自动卸粮装置也已成为当前联合收割机必不可少的设备。目前大多数在役联合收割机在出厂时不具备秸秆切碎、仓储和自动卸粮装置，简单的拼接增加会改变原有机具的架构，影响机具的适应性、稳定性和安全性。此外，随着超高产小麦研究成果的应用及江苏省小麦产量水平的提高，原有联合收割机的割刀、割台以及脱粒、清选装置等亟须优化改进，以提高对高产量水平小麦收获的适应性。

5. 机具装备合理配置及调度能力有待提高

小麦生产全程机械化中涉及的机具种类较多，既要考虑拖拉机的大小、数量与农具的配套问题，也要注意前后环节间农机装备数量的匹配。从目前情况看，江苏省小麦生产中动力机械、还田机械、收获机械相对较多，精量播种机、高效植保机、烘干机等数量偏少；地区间分布不均，个别地区过分依赖跨区作业，遭遇自然灾害天气时，机具自给量不足地区的紧缺程度进一步放大，不利于抢收抢种作业。在夏秋农忙时节，平安农机通、滴滴农机、全国农机直通车等互联网平台为实现农机具有序流动、合理调度发挥了积极的作用，但在特殊生产条件下效果有限，主要是因为农机作业的市场化、社会化保障机制尚未形成。

（五）减肥减药技术的深入推进有待加强

化肥、农药的使用很大程度上改观了传统农业"靠天吃饭"的现状，有效保障了农产品的长期稳定供应。然而目前江苏小麦生产过程中还存在肥药施用量偏大、施用时期不合理、施用机械亟须优化等一系列问题，据国家统计局 2013 年统计，江苏小麦平均亩化肥用量 33 公斤（其中氮肥用量 16 公斤），亩农药用量 1 700 克以上，高于全国平均水平，更高于世界水平。农药、化肥过度使用问题引起了社会各界的广泛关注，探索节肥、节药相关技术，也成为近年来的热点研究课题。我国政府明确要求走化肥减量提效、农药减量控害，积极探索产出高效、产品安全、资源节约、环境友好的现代农业发展之路，农业农村部先后出台了《到 2020 年化肥使用量零增长行动方案》《到 2020 年农药使用量零增长行动方案》《到 2025 年化肥减量化行动方案》《到 2025 年化学农药减量化行动方案》，探索建立公益性与市场化融合互补的"一主多元"科学施肥推广服务体系和建立健全环境友好、生态包容的农作物病虫害综合防控技术体系。

近年来，国内外在新型肥料与药剂、施肥与施药机械及使用技术等方面开展了新的探索，研发出一系列的新型肥料，如缓控释肥料有氮、磷、钾复合型控释肥料，树脂包膜尿素，基质复合、保水型控释肥料等，以适应规模化生产的需求；种肥同播机械、喷肥机械、肥料深施机械、水肥一体化机械等研发与配套推广，也在一定程度上提高了肥料利用效率；一系列新型、高效农药及施药机械与装置、施药技术正在生产中示范，如大型自走式喷雾机、高地隙喷杆喷雾机、自走式喷杆喷雾机、单旋翼植保无人机、履带风送式喷雾机、防药飘移装置、防滴装置等及配套的施药技术，为小麦农药高效施用提供了有力的支撑。特别是国外大型机械化、集约化、低成本的生产方式为江苏省当前小麦规模生产提供了很好的借鉴。

（六）小麦产业化模式有待进一步优化与升级

江苏省既是小麦主产区，也是主要销售区，既有国内贸易，也有进出口贸易。根据有关专家测算，江苏省小麦用于口粮、饲料用粮、工业行业（食品）用粮以及种子用粮、新增储备粮等消费数量分别约为 400 万吨、300 万吨、400 万吨、60 万吨、80 万吨，总需求量在 1 240 万吨左右，近 5 年来全省平均总产量为 1 296 万吨，基本上是产需平衡、略有盈余的状态。特别是江苏省地区南北过渡地带，航运发达，链接南北内外优势突出，逐步形成了粮食贸易集散中心，南方省份小麦需求大多经由江苏省中转销售。

但从质量要求上看，江苏省小麦结构性矛盾较为突出。从收购品质（主要是外观品质）上看，主要是受小麦生产中后期气候条件影响较大，好的年份收购品质国标三等以上占比可达到 90% 以上，作为普通小麦能满足市场需求。但是在小麦生产中后期雨水偏多的年份，小麦易造成赤霉病、穗发芽、不完善粒比例高、色质变差甚至霉变，收购品质明显下降，特别是赤霉病重发生年份，不仅产量损失大，毒素超标直接关系到食品质量安全问题，市场接受度较差。从专用品质（完全是内在品质）上看，就单个品种的内在品质潜力来说，无论是强筋、中筋还是弱筋小麦，江苏省都不乏优良品种。但无论哪种品质类型，由于品种布局不到位，越区种植，加之混收混储，商品小麦内在品质的一致性和稳定性较差，与北方主产省相比存在一定程度差距，与进口小麦相比差距十分明显。因此，江苏省商品小麦绝大多数只能作为普通小麦使用，优质专用小麦还不能满足市场需求，特别是优质强筋和弱筋小麦目前主要依靠进口。

（七）市场风险难以预测，新型经营主体种麦收益不稳不高

近年来，小麦市场价格波动性比较大，加之气候异常，种植户多采用粗放式的秸秆处理、还田、整耕和播种，以及精确定量播种和施肥技术应用不到位，增加了生产成本和逆境发生风险，导致产量不高、品质不稳、效益降低。随着种植规模增加，小麦种植利润会有所增加，但利润仍比较低。

二、江苏省小麦区域布局

依据江苏省小麦生产区的生态条件和品种品质类型的不同，江苏省小麦生产可划分为三大区域，即淮北中强筋白粒小麦生产区、里下河中筋与强筋红粒小麦生产区、沿江和沿海及苏南中筋与弱筋红粒小麦生产区。

1. 淮北白粒中强筋小麦生产区

该区位于淮河和灌溉总渠一线以北，包括徐州、连云港、宿迁市全部以及淮安和盐城市的渠北部分，常年小麦种植面积 1 500 万亩左右，亩产 400 公斤左右，是全省小麦高产区。因小麦生育期间降雨量为 250～400 毫米，以干旱为主，小麦生长的中后期温度偏高，灌浆期平均温度为 19～20℃，日较差较大，因而本区域小麦生产的主攻方向是生产中强筋白粒小麦，品种半冬性，以强筋、中强筋类型为主，搭配种植中筋小麦类型，以推广应用强筋小麦品质调优栽培技术为主。

2. 里下河红粒中筋与中强筋小麦生产区

该区是江苏省腹部地区的碟形洼平原，自然生态条件优越，气候温暖湿润，土壤肥沃，栽培条件好，生产水平和产量水平与淮北相当，是生产蒸煮类小麦的理想区域。品种春性，北部搭配弱春性品种；品质以红粒中筋与中强筋小麦品种为主，搭配种植强筋小麦类型，以推广应用中筋小麦品质调优栽培技术为主。

3. 沿江和沿海及苏南红粒弱筋与中筋小麦生产区

该区为江苏省沿长江两岸和沿海一线，及苏南太湖、丘陵地区，小麦生育期间热量资源和降水最为丰富，但逆境胁迫发生频繁，生产水平和产量水平相对偏低。品种春性，沿海北部搭配弱春性品种；品质以红粒中筋与弱筋小麦品种为主，搭配种植强筋小麦类型，以推广应用中筋、弱筋小麦品质调优栽培技术为主。

三、江苏省小麦产量提升潜力与实现路径

（一）发展目标

——2025 年目标定位。小麦种植面积 3 550 万亩以上，亩产达到 390 公斤，总产达到 1 385 万吨以上。

——2030 年目标定位。小麦种植面积 3 500 万亩以上，亩产达到 410 公斤，总产达到 1 435 万吨以上。

——2035 年目标定位。小麦种植面积 3 500 万亩以上，亩产达到 420 公斤，总产达到 1 470 万吨以上。

（二）发展潜力

1. 面积潜力

近 20 年来，江苏省小麦种植面积持续增长，但增长速度明显变缓，"十三五"期间小麦种植面积恢复性增加，年均种植面积 3 581.8 万亩，居全国第四位，较"十二五"平均增加 78.00 万亩，增长 2.23%（表 6）。但因江苏是经济大省、经济强省，农业在整个经济总体中所占比例不断下降，城市发展、公共基础设施建设等占用耕地的比例还将呈增长态势，势必影响小麦种植面积，表明今后江苏小麦种植面积持续增长的潜力极小，甚至还会出现下降的趋势。

表 6　江苏不同阶段小麦生产基本情况

阶段	面积（万亩）	单产（公斤/亩）	总产（万吨）
"十五"	2 500.4	269.82	674.66
"十一五"	3 124.3	314.17	981.56
"十二五"	3 503.8	334.38	1 171.60
"十三五"	3 581.8	361.93	1 296.36
"十三五"比"十二五"增量	78.00	27.55	124.75
增长率（%）	2.23	8.24	10.65

2. 单产潜力

虽然近年来江苏省小麦产量取得了重大突破，但全省小麦平均产量水平与高产示范方及高产纪录差异很大（表 7），大面积平衡增产的潜力巨大。

表7　2023年各地高质高效创建纪录产量与统计产量比较

区域	高质高效创建纪录产量（公斤/亩）	统计产量（公斤/亩）	增长量（公斤/亩）	增长率（%）
徐州市	768.8	401.53	367.27	91.47
连云港	623.9	394.32	229.58	58.22
宿迁市	634.2	386.16	248.04	64.23
盐城市	819.9	387.27	432.63	111.71
淮安市	705.1	388.90	316.20	81.31
扬州市	608.9	382.58	226.32	59.16
泰州市	685.9	394.16	291.74	74.02
南通市	636.5	338.23	298.27	88.19
南京市	—	332.96	—	—
镇江市	588.1	342.74	245.36	71.59
常州市	629.8	324.45	305.35	94.11
无锡市	639.1	323.79	315.31	97.38
苏州市	641.1	318.05	323.05	101.57

（三）实现路径

1. 发挥资源优势，精确区域布局

一是从市场企业的需求出发，协作制定优质专用小麦品种目标，筛选出受小麦加工企业和广大农民欢迎的优质高产专用小麦品种，供大面积生产推广应用。

二是优化完善优质小麦区域化布局，细化优质产麦区域，由政府部门转为市场企业主体对种田大户进行积极引导，指导优质专用小麦集中连片种植，推进较大规模的标准化生产基地建设。加强产业化开发，加工、流通、种业和服务企业应积极推动小麦订单生产和产销的优质优价。

三是深化社会化服务体系建设。专业化分工对小麦产业发展越发重要，加强机械化耕整、播种、施肥、喷药、收获等环节标准化生产管理，提升流通、仓储、烘干等技术专业化程度和服务水平。

2. 强化育种攻关，促进小麦品种产量、品质与抗性取得突破性进展

一是充分发挥江苏"四农"（科研院所、农业院校、农业推广部门、农业种子企业）的协同作用，挖掘抗病、优质等新种质资源，培育综合性状优良的新品种，创新小麦高产、优质、抗逆栽培技术，进一步提升优良品种育种与栽培水平。

二是从市场企业与生产需求出发，协作制定优质专用小麦品种育种目标，选育出受小麦加工企业和广大农民欢迎的优质高产专用小麦品种并推广应用，提升生产水平。

三是充分发挥遍布江苏各生态区的近40个稻麦综合展示基地的作用，充分展示示范储备的新品种和新技术，为后续推广提供品种与技术支撑。

3. 突出全产业链关键技术研发，促进生产效率提高

一是研究不同品质类型小麦品质调优技术，并注重与抗逆、省工、节本技术有机结合，良种良法配套，集成强筋、中筋和弱筋小麦抗逆高产优质标准生产技术规程并推广应用。

二是加强水稻秸秆全量还田条件下适应不同土壤类型和墒情条件的高质量耕整、精准播种和施肥农机装备的研发。

三是创新规范化机械耕播与壮苗培育技术，研发配套播种、施肥等新型农机的农艺措施。

四是利用农田和作物监测装置，建立基础农情信息数据库，构建作物栽培方案设计模型、生长指标光谱监测与诊断调控模型等，集成建立作物精确管理技术体系，实现智能化精准化管理。

五是研发与推广收运烘贮各环节的减损机械、装备及配套技术，加强收获贮藏与加工增值技术、产业经济分析与产业发展战略研究等，减少收获、运输、烘干、贮藏过程的损失，提升江苏省小麦产业化水平和市场竞争力。

六是发挥省部级高质高效创建示范点、高产竞赛田、各地攻关田的作用，充分示范推广新品种和新技术，促进小麦产量、品质和效益的全面提升。

4. 科技创新与科技普及相结合，促进科技成果推广应用

采用"贴合生产、协同创建、典型引领、整体推进"的技术推广思路，切实加强技术推广与服务。

一是制订详细的熟化试验和示范方案，规范开展实验，确保数据可靠，注重新品种、新技术、新模式、新产品、新装备的示范引领作用。

二是针对科技创新成果特点，制定完善的推广方案，明确推广内容、区域规模、培训计划、示范户培育、推广方式等。

三是多途径培养"领头雁"。开展技术培训指导，创新科普模式，组织观摩、推介、培训及创业实训等活动，培训技术推广人员、科技示范户和高素质农民，充分利用农技耘 App 等信息化推广手段开展线上线下融合技术培训与推广，不断提升科技创新成果的显示度、推广度和应用效果。

四、拟研发推广的重点工程与关键技术

1. 稻茬小麦机播壮苗肥药双控栽培技术

本技术针对长江中下游地区稻茬小麦生产中的主要问题，围绕"低产变高产，高产更高产，逆境能稳产"的目标，依据"以适宜（尽可能少）的基本苗实现最佳穗数，以减少小花退化数为重点增加每穗粒数，以抗逆防早衰为中心提高粒重"的高产技术路线，以"精种、调肥、抗逆"为核心，以"因墒机械耕播壮苗培育技术、肥料控量高效运筹技术、病虫草害综合化保技术"为关键技术，以"优质品种选用技术、秸秆深埋还田精种技术、适时灌排防旱降渍技术、综合抗逆促壮防早衰技术"等为配套技术，主要通过适期适量机械耕播、化肥农药控量减次、综合抗逆促壮防早衰等技术的应用，推进本区域稻茬小麦实现播种质量提升、肥药利用效率提高，实现小麦高产优质高效生产。本技术结合其他技术的集成应用，通过精种壮苗实现节种、精确高效施肥喷药实现节肥节药，节本显著，安全高效，据 2017—2019 年江苏省典型示范方数据统计，小麦加权平均亩产 382.3 公斤，比对照增产 41.9 公斤，增幅 12.4%；节肥 4.25%，节药 6.14%。同时根据不同类型小麦品种产量与品质目标，通过适量施用肥药和合理运筹，实现产量、品质与效益的协同提高，增产增收、效益显著，并为用麦企业提供了优质原料，也提高了企业效益。该技术被列入了 2022 年全国粮油生产主推技术。

2. 稻茬小麦精准匀播装备及配套农艺壮苗技术

长江中下游多是稻麦复种轮作，播种质量提高的关键在于稻秸还田、耕整、播种等环节农机装备能否适应不同土壤类型、墒情条件和农艺要求。本技术体系主要内容包括：一是研发水稻秸秆全量还田条件下适应不同土壤类型和墒情的高质量耕整、精准播种和施肥等农机装备，创新适应土壤类型、墒情条件的规范化机械耕播与壮苗培育复式作业技术，包括秸秆深埋还田机械匀播（含无人机飞播）配套开沟镇压装备与技术、深旋耕施肥播种开沟镇压复式作业装备与技术、犁耕翻旋耕施肥播种开沟镇压复式作业装备与技术等；二是利用农田和作物监测装置，构建精准耕播技术方案设计模型和苗情监测诊断调控模型，建立小麦智能化、精准化管理系统，构建基础农情信息监测网与智能诊断技术；三是集成稻茬小麦"机-种-肥-苗"一体化精确管理技术体系。

3. 稻茬小麦气候适应性关键技术

本技术针对长江中下游稻茬小麦阶段性连阴雨天气、低温、灌浆期高温以及抽穗后的大风大雨天气等典型气象灾害频发的实际，对长江中下游稻茬小麦关键生育时期常见的气象灾害明晰综合对应措施，推广应用稻茬小麦气候适应性关键技术，核心技术包括"因墒机械耕播技术、低温晚播适度增密技术、低温防冻补救减损技术、适时灌排降渍防旱技术、壮秆抗风防倒技术、赤霉病'一喷三防'技术"，配以"综合抗性好良种选用技术、防高温逼熟技术、适时收获防烂麦场技术"等，能保障受灾年景下减轻小麦产量损失，并保障产品质量安全，可提高长江中下游麦稻生产区农户的种粮收益，促进生产生态可持续发展。

五、保障措施

1. 强化产业政策支持，稳面积、保总产、促转化、增效益

小麦是江苏夏粮生产的主体，亦是粮食增产的主力，同时也有强大的市场需求与

产业开发能力。政府积极响应习近平总书记提出的建设"农业强省"的目标，在提升粮食产能特别是新增千亿斤粮食产能和更高水平粮仓建设的过程中，进一步加大对小麦产业的扶持，着力稳定面积、提升单产、改善品质、提升效益。

一是实施区域性的粮食生产环节补贴。发挥政策引导作用，省级或地市级根据经济条件合理实施区域性的粮食生产环节（如良种、秸秆还田、机械深耕、新型肥料、农机、装备等）补贴，推进新技术的物化使用，确保节水稳产增效目标实现，保护农民种粮积极性，同时加大宣传力度，让农民充分认识其长远意义，稳面积、促单产、保总产。

二是加大对高新技术与产品研发的支持力度。根据江苏小麦产业发展需求，从种业、生产、加工、流通等全产业链着手，加大关键环节、核心技术研发与推广的支持力度，一方面尽快转化为现实生产力，促进现阶段小麦单产提升；同时储备一批核心技术与产品，为可持续发展服务。

三是设立专项协同基金，鼓励推进三产融合发展。小麦产业各个环节应更多关注市场的需求，并加强各个环节沟通和衔接，细化优质产麦区域，由政府部门联合市场企业主体对种田大户进行积极引导，加强产业化开发，加大农民合作社等经营主体粮食产品初加工、仓储、烘干、物流等建设支持力度，促进产前、产中、产后全产业链紧密衔接，积极推动小麦订单生产和产销的优质优价。

四是合理调控农资与粮食贮备，保护农民种粮积极性。各级地方政府要充分调动粮食、农资生产与流通部门的主动性，合理进行农资与粮食贮备，合理加快优质麦优质优价，促进订单生产；同时抑制农资价格过度上涨，防止过度增加农民种粮成本。

2. 改善基础生产条件，促进单产提升

一是建设高标准农田。建设高标准农田，藏粮于地，是巩固和提高粮食生产能力，保障国家粮食安全的关键举措。根据不同区域特点合理规划，达到土地平整、集中连片、设施完善、农田配套、土壤肥沃、生态良好、抗灾能力强的目的。

二是推进水利设施合理更新。江苏不同区域水分分布不均，苏中、苏南地区雨水偏多，常导致渍害，因此要做好开挖清理外三沟，做到内外三沟配套，防湿降渍；淮北地区常雨水偏少，干旱时有发生，因此要增加节水设施建设力度，提高阶段性供水能力与综合节水能力。

三是持续推进土地流转或创新合作社模式。各级政府应在各地"散田变整田""小田变大田""联耕联种"的基础上，创新思维方式，积极推进耕地方整化、沟渠连通化、种植机械化、生产规模化，降低单位面积土地生产成本，提高单位土地产出率。

3. 培育新农人，加速科技成果转化入地

一是创新技术推广模式。充实健全基层农业技术推广人员队伍，充分发挥乡村农技站、农科所的功能，调动基层农业技术推广组织的技术推广积极性，推进技术进村

入户落地。

二是建立专项基金，鼓励农技人员进乡入企。各级地方政府在财力许可的情况下设立专项基金，鼓励高等农业院校、科研院所的技术人员下乡开展技术指导、技术咨询、柔性入企等，加强机械化耕整、播种、施肥、喷药、收获等环节标准化生产管理，提升流通、仓储、烘干等技术专业化程度和服务水平，及早、尽快将科技成果转化为现实生产力，促进农民增收、农业增效。

三是建立专项基金，培育新农人。依据现代农业发展需求，着力培养一批新农人、"领头雁"，使其成为有知识、懂经营、会管理、爱学习，并且运用科学技术、尊重科学规律的农业产业带头人、科技帮扶带头人、乡村振兴带头人。

湖

北

湖北省小麦单产提升实现路径与技术模式

小麦是湖北省第二大粮食和口粮作物，2023 年，湖北省小麦种植面积、总产分别为 1 557.6 万亩和 410.4 万吨，占全省粮食面积、总产比例分别为 22.1％和 14.8％。湖北小麦区位优势明显，地处我国南北过渡地带，新麦上市早、后熟程度好；湖北水资源丰富，常年稻茬麦生产面积 800 万亩，是长江流域小麦产量提升潜力较大的省份之一；湖北是全国优质中、弱筋小麦优势产区，品质类型丰富，湖北南部麦区适宜发展优质中、弱筋小麦生产，北部麦区适宜发展优质中强筋、中筋小麦生产，局部地区适宜优质强筋小麦生产。"十四五"以来，湖北小麦单产呈现逐年递增趋势，但总体水平依然较低，与科技强农、科技强省要求差距较大，单产提升工作刻不容缓。

一、湖北省小麦产业发展现状与存在问题

（一）发展现状

1. 面积与产量变化

由表 1 可知，"十四五"前 3 年全省小麦种植面积、总产平均分别为 1 560.9 万亩和 405.2 万吨，较"十三五"平均分别减少 73.5 万亩和 8.7 万吨，但小麦单产呈现增长趋势，3 年平均亩产 259.6 公斤，较"十三五"平均增加 6.2 公斤，增幅 2.4％，其中 2022 年全省小麦平均亩产达到 262.2 公斤，刷新历史最高纪录（2014 年 261.6 公斤/亩），2023 年全省小麦平均亩产再次刷新 2022 年最高纪录。"十四五"期间，湖北省小麦总产呈逐年增加趋势，2023 年全省小麦总产达 410.4 万吨，恢复到 2018 年水平，而种植面积与 2018 年相比减少 99.8 万亩，亩产提高 15.9 公斤，表明湖北省小麦总产随面积波动而波动的历史局面正在改变，依靠单产提升促进总产增加的趋势已经形成。虽然湖北省小麦单产在逐年提升，但与全国和邻近的河南省等地相比，亩产仍相差 100 公斤以上。

表 1 湖北省"十三五"以来小麦生产情况

年份		种植面积（万亩）	单产（公斤/亩）	总产（万吨）
"十三五"期间	2016 年	1 711.0	257.6	440.8
	2017 年	1 729.8	246.8	426.9
	2018 年	1 657.4	247.6	410.4
	2019 年	1 526.6	255.9	390.7
	2020 年	1 547.1	259.0	400.7
"十四五"前 3 年	2021 年	1 578.1	253.1	399.4
	2022 年	1 546.9	262.2	405.6
	2023 年	1 557.6	263.5	410.4
"十四五"前 3 年平均		1 560.9	259.6	405.2
"十三五"平均		1 634.4	253.4	413.9
增加绝对值		−73.5	6.2	−8.7
增幅（%）		−4.5	2.4	−2.1

注：表中数据来源于 2016—2023 年《湖北省农业统计年鉴》，并依据第三次全国农业普查结果进行了修订。

2. 品种审定与推广

"十三五"期间，湖北省以深化供给侧结构性改革为主线，持续推进"藏粮于技"战略，加大小麦品种的联合创新和示范推广应用力度，取得明显成效。一是品种创新成果丰硕。湖北省通过审定的小麦新品种有 32 个，其中自主选育品种 25 个，占比 78%，同比"十一五"数量增加 8.3 倍。湖北省农科院主持的《小麦优异种质的评价创制及高产多抗专用系列新品种的选育与应用》获得湖北省 2018 年度科技进步一等奖。优质强筋、中强筋以及糯质小麦新品种陆续获得审定，为拓展湖北小麦加工用途、提升麦粉制品市场竞争力奠定了品种基础。二是品种布局不断优化。随着以鄂麦、华麦、襄麦为代表的小麦自主新品种在生产中的广泛应用，长期以来外省单一品种主导的局面逐趋好转，"十三五"末期，郑麦 9023 应用面积比例已较初期下降 16 个百分点。襄州区和枣阳市分别以鄂麦 006 和华麦 1168 为依托，与企业开展规模化订单生产，优质专用小麦面积稳定在 90% 以上。三是品种产能不断提升。通过良种良法配套的绿色高产栽培技术集成，为湖北小麦新品种高产潜能释放，实现旱茬麦亩产突破 600 公斤和稻茬麦亩产突破 500 公斤目标奠定了品种和技术基础。2020 年，湖北小麦亩产创 651.2 公斤的新纪录，较 2014 年亩产 542.9 公斤的高产纪录提高了 108.3 公斤。仅过两年时间，2022 年湖北小麦亩产再次刷新纪录，旱茬麦亩产达 691.2 公斤，稻茬麦亩产达 594.1 公斤。

"十四五"以来，湖北省科研院所、育种企业持续加大品种创新力度，3 年间共审定品种 65 个，其中自主选育品种 56 个，占比 86%，不断审定出一批中强筋、强筋优质品种，以及对赤霉病、条锈病中抗以上的抗性品种。从 2021 年秋播开始，湖北省农业技术推广部门连续 3 年组织开展高产优抗品种展示，2022 年夏收，湖北省选育品种扶麦 368、鄂麦 006、襄麦 46、楚襄 1 号、鄂麦 590 平均亩产分别比西农 979（外省品种，湖北应用面积最大）增产 94.1 公斤、72.3 公斤、66.3 公斤、51 公斤和 22.5 公斤，增幅分别为 22.9%、17.6%、16.1%、12.4% 和 5.5%。扶麦 368 在襄阳市高产攻关中创下每亩 691.2 公斤单产全省最高纪录。靶向引进高抗赤霉病小麦品种扬麦 33 全省布点，经省级专家测产，扬麦 33 平均亩产 500.9 公斤，较西农 979 增加 90.2 公斤，增幅 21.9%。2023 年，鄂麦、襄麦、华麦、扶麦等系列小麦品种全省应用面积突破 400 万亩，较上年扩大 50 万亩，扬麦 33 在湖北推广第二年，面积达到 6 万亩。

3. 农机装备

据 2022 年湖北农村统计年鉴记载，全省拖拉机 129.9 万台，其中，80 马力 3.8 万台，100 马力以上的 1.4 万台，拖拉机配套农具 262.7 万部，与 80 马力拖拉机配套机具 20.2 万部。全省耕整机 20.6 万台（套），机引犁 84 万台，旋耕机 75.9 万台，深松机 2 766 台，机引耙 57.4 万台，免耕播种机 1.4 万台，精量播种机 5 万台，整地施肥播种机 1.4 万台，机动植保机械 75.4 万台，其中自走式植保机 7 026 台，稻麦联合收割机 11 万台，秸秆粉碎还田机 3.6 万台，打（压）捆机 4 248 台，谷物烘干机 8 348 台，植保无人机 5 206 架。湖北小麦生产机械化程度在各类作物最高，2023 年，湖北省小麦耕种收综合机械化率 93.1%，高出水稻 4.9 个百分点，高出同季作物油菜 17.5 个百分点，其中，小麦机播面积 1 261.6 万亩，机播率 81%，较"十三五"期间增长 17.4 个百分点；小麦机耕面积 1 537.2 万亩、机耕率 98.7%；机收面积 1 520 万亩、机收率 97.6%。小麦机播率、机收率较同季作物油菜分别高出 21 个百分点和 30.1 个百分点。

4. 栽培与耕作技术

湖北省小麦生产管理相对粗放，既受地貌、气候等客观因素影响，也存在人为管理投入不足等问题。湖北省地形地貌类型多样，各地土壤质地也有很大的差异，南部平原地区土壤质地多为沙壤土和壤土，北部和丘陵山区多为黏土和黏壤土。小麦主产区的主要土壤类型为黄褐土和水稻土，土壤质地以黏土和黏壤土为主，土壤质地黏重，宜耕性差，整地困难，加之生产上缺少适宜南方稻茬小麦田使用的整地播种机械，常导致整地质量和播种质量差，致使小麦出苗不整齐，麦苗质量差，难以培育冬前壮苗。另外稻茬麦田沟渠不配套问题较为突出，或沟少沟浅，或有厢沟而没有出水沟，很多麦田甚至无沟，易造成渍害。在播种环节，农民习惯撒播、早播和大播量播种，机械条播的行距宽，播幅窄，在湖北省自然气候条件和雨养农业模式下，不利于小麦个体生长和分蘖的发生发育，导致收获期有效穗数不足，达不到高产小麦群体生长指标。肥料施用技术不够科学、肥效低，化学调控技术不到位，渍害、病害防治不及时，小麦常因倒伏、早衰和病害等减产降质。在稻茬麦机械化方面，全省稻茬麦机械种植面积不到 70%，少数年份受土壤湿度大的影响，大型耕作机械难以下田。针对以上存在的问题，自 2009 年开始我省农科教部门联合研制了"稻茬小麦抗逆丰产增效技术体系"，以稻茬麦（少）免耕机条播技术为主线，集成赤霉病抗性品种选育应用、小麦主要病（灾）害综合防控技术加以推广，累计推广 6 000 余万亩，将全省小麦机播率提升到 70% 以上。近年来，依托科技服务农业产业链行动，集成小麦"三优两增一稳"增产技术，即优化小麦品种选择、优化播种方式、优化施肥方式、增穗粒数、增有效穗数，稳粒重，加快推广应用可有效提高小麦单产。

5. 品质状况

在全国小麦区划中，湖北省是长江中下游中筋、弱筋小麦优势区，鄂北地区适宜中强筋、强筋小麦生产，鄂南地区适宜中筋、弱筋小麦生产。目前，生产用小麦主要用作中筋面粉加工，同时，也存在强筋面粉（制作方便面）、弱筋面粉（制作饼干、蛋糕）加工，以及外调北方几省用于配麦。湖北省地处南北过渡地带，常年受成熟期降雨影响，小麦品质不稳定，2021 年受小麦生产期间降水日数偏多的气象因素影响，国标三等达标率为近五年最低，其中，江汉平原及鄂东地区单产、品质下降是造成全省平均值下降的主要原因，襄阳市、随州市小麦国标三等及以上比例分别达到 69.1% 和 66.7%，比全省平均分别高出 21.5 和 19.1 个百分点。据 2022 年湖北省收获粮食品质情况报告，采集检测 44 个品种 98 个样品，主要包括郑麦 9023、西农 979、郑麦 136、泛麦 8 号等。白色硬质小麦占比 68% 以上。根据《优质小麦·强筋小麦》国家标准判定，样品全项达标率为 4.1%，比去年提高 1.9 个百分点，主要为枣阳市采集样品，品种为泛麦 8 号、郑麦 9023。达标率较低的主要原因是面团稳定时间、湿面筋含量和粗蛋白质含量达标率低。根据《优质小麦·弱筋小麦》国家标准判定，样品全项达标率为 3.1%，比去年提高 0.9 个百分点，主要为荆州市、仙桃市、黄冈市采集样品，品种为襄麦 46、襄麦 55、宁麦 23。达标率低的主要原因是稳定时间达标率低。小麦各品质指标情况分别为：降落数值平均值 256 秒，变幅 78～385 秒；粗蛋白质含量（干基）平均值 12.9%，变幅 10.0%～16.6%；湿面筋含量（14% 水分基）平均值 28.3%，变幅 20.2%～41.1%；沉淀指数平均值 30.2 毫升，变幅 15.0～49.0 毫升；面筋指数平均值 80.4%，变幅 70.0%～99.1%；面团稳定时间平均值 5.09 分钟，变幅 1.42～16.40 分钟；烘焙品质评分平均分 68 分。

6. 成本收益

据调查，"十三五"以来由于生产成本的快速增加和收购价格的降低，湖北省小麦生产的比较效益呈下降趋势，大部分地区小麦生产处于保本微利的状况，正常年份每亩纯收益仅为 100～200 元，在灾害严重的年份，小麦生产甚至处于亏损状态，从而严重影响到农民小麦生产的积极性，特别是一些专业合作社和种田大户，由于还需要支付土地流转费用，小麦当季的经济效益大多为负值。尽管 2022 年夏收小麦价格超出历史，总体维持在 1.5 元/斤左右，同比提高 0.3～0.4 元/斤，小麦种植收益较常年增加，但肥料、农药、小麦种子等农资价格涨幅较大，小麦生产过程中人工费用、机械作业费、燃油动力费也有不同程度的上涨，小麦种植成本较常年增加明显，小麦生产比较效益仍较低。据初步估算，北部麦区种植成本（不含用工）在700～800元/亩之间，南部麦区种植成本（不含用工）在650～700元/亩之间，若按2023年最低保护价1.17元/斤销售价计算，北部麦区和南部麦区亩产要分别达到350公斤和300公斤才能保本。

7. 市场发展

湖北省年小麦加工量234.8万吨，其中，生产成品小麦粉用小麦191.60万吨，生产饲料用小麦43.20万吨。实际小麦省外调入17.3万吨，调出27.0万吨。全省成品粮油加工中，小麦粉加工业设计年处理小麦能力705.68万吨，挂面设计年生产能力75.9万吨，鲜湿面设计年生产能力2.23万吨，方便面设计年生产能力16.24万吨，饲料加工业设计年处理小麦219.56万吨，食品深加工业设计年处理小麦8.4万吨。其中，省级产业化龙头企业的小麦粉加工业设计年处理小麦能力241万吨，挂面设计年生产能力32.93万吨，鲜湿面设计年生产能力0.13万吨，方便面设计年生产能力1.25万吨，饲料加工业设计年处理小麦35.38万吨，食品深加工业设计年处理小麦5万吨。全省纳入粮油产业经济统计系统的企业中主要经营类型为小麦粉加工企业的有99个，占全省入统企业总数的4.83%。其中，省级产业化龙头企业17家。"十四五"以来，湖北本地小麦加工企业实力不断增强，龙头加工企业示范带动作用凸显，逐步实现小麦仓储、加工、面食加工、副产品综合利用一体化。

（二）主要经验

1. 产学研结合，基本解决了稻茬麦机械播种问题

稻茬麦田土壤湿度大，机械整地播种难度大。稻茬小麦播种质量问题一直是湖北省小麦生产发展的重要限制因素之一。为此，湖北省农科院联合四川省农科院、华中农业大学、湖北省农技推广总站等部门，筛选合适机型，研究配套栽培技术，集成了湖北省稻茬麦少（免）耕技术体系，有效地提高了稻茬麦播种质量，发挥了稻茬麦增产潜力，对推动湖北省小麦生产全程机械化，促进鄂中南区域小麦面积恢复发展具有重要意义。

2. 加大扶持小麦产业发展力度

近年来，湖北省对小麦产业发展的支持力度在逐年增大，湖北省农业农村厅已将小麦纳入"515"院士专家科技服务农业产业链行动（协同推广）项目，2022年和2023年连续两年专项支持，取得了较好成效。建立小麦赤霉病全生育期综合防控示范区，启动小麦完全成本保险和农机应用补贴等政策。

3. 充分发挥农业科研和省市县各级农技人员的作用

围绕湖北省小麦产业发展的关键技术难题，湖北省从事小麦科研人员与省市县各级农技人员紧密结合，组织攻关试验研究，建立新品种和新技术示范基地，指导科学抗灾减灾，开展技术培训，对推动湖北省小麦产业技术进步、保障小麦产业的稳定发展起到了重要作用。

（三）存在问题

1. 生态条件不足，客观障碍因素较多

湖北地处南北过渡地带，小麦生产期间气象灾害发生频繁，对湖北省小麦生产造成了严重的不利影响。秋播期间，秋雨和秋旱交替发生，导致播种整地质量不高；春季雨水偏多，地下水位高，常出现渍涝害；成熟收获期间连阴雨，赤霉病发生流行严重，造成产量和品质降低，2012 年至 2022 年间湖北省小麦赤霉病年平均发生面积高达 814 万亩，其中，2021 年受小麦生产期间降水日数偏多的气象因素影响，全省赤霉病发生面积 825.4 万亩，同比增加 318.7 万亩，增幅 62.9%，直接导致全省小麦单产减少 5.9 公斤，国标三等达标率下降至近五年最低。湖北省是传统的小麦雨养区，灌溉条件不足，遇干旱年景难以保障小麦增产。同时，由于成熟期降雨也直接导致湖北小麦繁种风险大，良种供应量严重不足，新品种大面积推广没有繁种基础。

2. 小麦新品种推广速度缓慢，品种布局不够合理

近几年一批通过省级审定的如扶麦 368、鄂麦 006、华麦 1168、襄麦 35、鄂麦 590 等产量潜力大、抗赤霉病、耐穗发芽、品质指标达到或高于国家中强筋或弱筋品质标准的品种，尽管在生产中有一定的推广应用，但推广速度缓慢，尚未撼动郑麦 9023 在湖北省的小麦种植面积第一的位置。从生产安全角度考虑，目前湖北省生产中品种多、乱、杂现象十分普遍，存在品种抗病和抗逆能力不强等隐患。从品种布局看，区域间的品种布局不够合理，鄂北麦区缺少播期弹性较大的半冬性品种，鄂中南麦区抗赤霉病、耐渍、耐穗发芽的红粒品种比例偏少。

3. 小麦生产比较效益低，小麦生产积极性不高

尽管 2022 年夏收小麦价格超出历史，总体维持在 1.5 元/斤左右，同比提高 0.3～0.4 元/斤，小麦种植收益较常年增加，但肥料、农药、小麦种子等农资价格涨幅较大，小麦生产过程中人工费用、机械作业费、燃油动力费也有不同程度的上涨，小麦种植成本较常年增加明显，小麦生产比较效益仍较低，小麦生产积极性不高。

4. 政策扶持力度小

小麦作为湖北省第二大粮食作物和第三大规模作物，除了国家政策外，湖北省基本没有扶持小麦生产的优惠政策和技术推广专项资金，这与小麦在湖北省和全国的作用与地位极不相称。

二、湖北省小麦区域布局与定位

湖北省小麦单产还处于较低水平，2023 年全省小麦平均亩产 263.5 公斤，较全国小麦平均亩产低125公斤，较黄淮海麦区平均亩产低150公斤，单产挖掘潜力较大。从区域水平看，2023年鄂中北麦区平均亩产约301公斤，鄂南麦区平均亩产约204公斤，相差近100公斤；从种植类型看，湖北省水浇地小麦平均亩产比旱地麦高126.8公斤，旱地麦平均亩产比稻茬麦高98.6公斤，此外，不同地区因种植制度、栽培模式、技术到位率等因素，单产差异明显，产量提升潜力较大。

（一）鄂中北麦区

1. 基本情况

北纬31°为分界线的以北地区，包含襄阳市、随州、孝感市北部、荆门市北部、黄冈市北部、十堰市，为湖北省鄂中北优势麦区，常年小麦种植面积800万亩以上，占全省小麦面积50%左右，总产240万吨，占全省一半以上，平均单产水平也是全省较高区域，达301公斤/亩。该区域光温条件较好，年日照时数和4~5月日照时数高于鄂南片区，小麦单产水平较高，其中，襄阳市小麦面积533.9万亩，总产189.7万吨，单产全省最高达355.3公斤/亩。种植模式以稻麦、玉麦两熟制为主。由于该区域大部分岗地不能有效灌溉，经常受冬季和春季干旱影响，制约了生产潜力发挥。

2. 目标定位

鄂北地区小麦品种要求赤霉病抗性在中感以上，兼抗条锈病，红粒或白粒，较抗穗发芽，抗倒伏，分蘖成穗率高，产量潜力在550~600公斤/亩，品质达到国家中强筋和中筋小麦品种品质标准，加工品质符合企业和市场需求。推进药剂拌种或种子包衣，加强赤霉病、条锈病、蚜虫等病虫害防控，提升旱地灌溉设施建设覆盖率，保障小麦生产用水安全，强化"一喷三防"，做好干旱、后期高温等自然灾害防控，减轻危害损失，加快播种施肥镇压一体机、大型喂入式联合收割机、秸秆打捆机的普及推广。

（二）鄂南麦区

1. 基本情况

北纬31°以南地区，包含江汉平原地区、鄂东南地区为湖北省鄂南麦区，常年小麦种植面积600万亩左右，占全省小麦面积40%左右，总产120万吨左右，占全省总产的30%，单产水平不高，仅为204公斤/亩。该地区土壤条件较好，光温条件适宜，但春季雨水较多，地下水位高，小麦抽穗扬花期光照相对不足，春季常出现渍涝害，小麦赤霉病流行较严重，加之该区粮食生产以水稻为主，农户对小麦的物质投入及田间管理重视程度相比鄂中北麦区较低。

2. 目标定位

鄂中南地区小麦品种要求抗逆性强，赤霉病抗性在中抗以上，兼抗条锈病，耐（抗）穗发芽，抗倒伏，产量潜力在450~500公斤/亩。加强优质弱小麦品种的筛选、选育与生产布局，提升小麦加工品质。集成推广少免耕机条播、免耕带旋、半精量播种机械，做好小麦赤霉病、条锈病等病害防控，加强化学除草，推进实施春草秋治，强化"一喷三防"和统防统治，着力"倒春寒"、渍害、烂场雨等灾害防控。

三、湖北省小麦产量提升潜力与实现路径

（一）发展目标

——2025 年目标定位。到 2025 年，湖北省小麦面积稳定在 1 550 万亩以上，亩产达到 270 公斤，总产达到 420 万吨。

——2030 年目标定位。到 2030 年，湖北省小麦面积稳定在 1 600 万亩左右，亩产达到 300 公斤，总产达到 480 万吨。

——2035 年目标定位。到 2035 年，湖北省小麦面积稳定在 1 600 万亩左右，亩产达到 350 公斤，总产达到 560 万吨。

（二）发展潜力

1. 面积潜力

据统计记载，湖北省小麦历史最大种植面积达到 2 000 万亩，随着种植业结构调整、城镇化建设、农户种植效益等因素影响，目前，湖北省小麦面积稳定在 1 550 万亩左右，近年来，湖北省扩种油菜任务较重，存在冬季作物油菜与小麦争地问题，但考虑到小麦生产机械化程度高，政策支持稳定，在当前农村劳动力紧张的情况下，农户种植小麦的意愿明显增加，随着稻茬小麦机械播种问题逐步得到解决，带动了全省小麦种植面积的稳定增加。湖北省小麦种植面积具备增加 50 万～100 万亩的潜力。

2. 单产潜力

"十三五"以来，湖北省小麦育种取得了明显的进步，育种力量进一步加强，品种研发能力持续提升，新审定品种产量、品质和抗性水平取得了显著改善和提高。目前，湖北省小麦品种正处于新一轮更新换代阶段，新品种的利用将促进湖北小麦单产的进一步提升。此外全程生产机械化技术、绿色丰产高效栽培技术等新技术的推广应用，也为单产的增加提供了技术支撑。2022 年湖北省启动了粮油等主要作物大面积单产提升行动，进一步提出了行动目标和重点任务，到 2030 年，全省小麦平均亩产要达到 300 公斤，比 2022 年提高 38 公斤。同时，2023 年，湖北省进一步细化任务指标，提出湖北省小麦单产提升三年工作方案，依托中央和省级财政资金，分别重点打造整建制推进县国家队和省队 8 个，加快单产提升效率，巩固产能提升。

（三）实现路径

1. 改善品种布局

在湖北省主要小麦产区中，鄂南地区适宜春性小麦的生长，鄂中北地区适宜半冬性品种生长。但目前湖北省种植的小麦品种主要为春性品种，应注意在鄂中北地区适当加大半冬性品种的种植比例。

2. 以规范化播种技术为核心，示范推广轻简化和机械化绿色生产技术

提高机械化作业率是适应当前农村劳动力短缺、农业技术推广普及难的一条重要途径。加强小麦农机和农艺配套技术研究和轻简化栽培技术示范推广力度，重点是稻茬麦的机械少免耕播种技术和机械开沟技术，推广和应用农民强烈需求的机械化和轻简化绿色栽培技术。其中鄂北地区加强高产节本绿色栽培技术和优质中强筋小麦规模化和标准化生产技术的研发与示范推广，鄂南地区加强农机农艺配套技术、稻茬麦肥料运筹技术和抗灾应变技术的研发与示范推广。

3. 加强预测预报，防控小麦病虫草害和重大自然灾害

进一步建立完善气象灾害预测预报体系，增强防灾减灾能力，开展气候变化对小麦生产的影响分析，应对气候变化对湖北省小麦生产的不利影响。紧紧围绕"防灾就是增产，减损就是增收"目标，做到正常年增产增收、轻灾年稳产增效、重灾年保产减损。病虫草害防控上，突出抓好小麦条锈病、赤霉病、蚜虫等病虫害绿色防控和统防统治，推进实施药剂拌种或种子包衣处理，强化"一喷三防"和化学除草。自然灾害防控上，通过适选品种、中耕镇压、水肥运筹等措施，做好干旱、冻害、后期高温、"烂场雨"等防控，减轻危害损失。机收减损上，选择大型联合收割机械，做好农机手培训工作，执行小麦机收作业质量标准和操作规程，根据天气状况及时开展机收作业，提高作业效率，减少机收损失。建立大型烘干中心，确保收获小麦及时烘干、安全入仓。

四、湖北省可推广的小麦绿色高质高效技术模式

（一）湖北省小麦绿色提质增效全程机械化生产技术

1. 技术概述

小麦生产管理"七分种、三分管"。长期以来，小麦播种是湖北省小麦生产最薄弱的环节，并成为小麦生产重要瓶颈，主要表现为秸秆还田量大，小麦耕层浅，整地质量差；播种质量差，出苗不均匀；播量多，密度大，易发生倒伏等问题。通过规范播种关键环节，实现小麦一播全苗，力争构建合理群体结构，减少倒伏和病虫害发生风险，为提质、增产和增效奠定基础，配套全程机械作业，实现农机农艺深度融合，提高小麦机械化生产水平和质量。

2. 增产增效情况

2018 年以来，小麦绿色提质增效全程机械化生产技术已作为全省主推技术在襄阳市、随州市、荆门市、孝感市等小麦主产区推广应用。推广区每亩小麦增产 31 公斤，每亩节种 4.1 公斤，化肥施用减少 15%，亩平均节本增收 100 元左右。

3. 技术要点

一是耕整播要求。前茬作物收获后，适时灭茬，在土壤宜耕期内进行耕作。要求粉碎后 85% 以上的秸秆长度 ≤10 厘米，且抛撒均匀。如采用灭茬、旋耕、施肥、播种、覆土（镇压）联合复式机具作业，秸秆留茬高度应符合禁烧要求，水稻秸秆留茬高度 ≤20 厘米，玉米秸秆留茬高度 ≤25 厘米。整地前，按农艺要求施足底肥。适宜机械化作业的土壤含水率应控制在 15%～25%，旋耕深浅一致，旋耕深度 ≥8 厘米，耕深稳定性 ≥85%，耕后地表平整度 ≤5%，碎土率 ≥50%。为提高播种质量，提倡播后及时镇压。每隔 3～4 年应深松或深翻 1 次，打破犁底层。整地质量要求深浅一致，无漏耕，耕深及耕宽变异系数 ≤10%。犁沟平直，沟底平整，垡块翻转良好、扣实，以掩埋杂草、肥料和残茬。耕翻后应适墒进行整地作业，要求土壤散碎良好，地表平整，满足播种要求。采用机械条播，播种前对机械进行调整，确保播种深度为 3～5 厘米，播量精确、下种均匀，无漏（重）播，覆土均匀严密，播后镇压效果良好。提倡选用带有镇压装置的播种机具，一次性完成灭茬、旋耕、施肥、播种、覆土（镇压）等复式作业。其中，少（免）耕播种机应具有较强的秸秆防堵能力。二是收获要求。小麦联合收割机带有秸秆粉碎及抛撒装置，确保秸秆均匀分布地表。收获时间应掌握在小麦蜡熟末期，同时做到留茬高度 ≤15 厘米，收获损失率 ≤2%。作业后，收割机应及时清仓，防止病虫害跨地区传播。

（二）"小麦—玉米"全程机械化绿色高效吨半粮模式

1. 模式概述

在小麦、夏玉米的周年生产中，针对小麦播种质量不高，夏玉米高温热害、种植密度偏低等问题，通过选用优质高产抗逆品种，集成一体化播种、扩行缩株增密、减肥减药、绿色防控、机械收获、秸秆全量粉碎还田全程机械化等技术，实现小麦亩产 650 公斤以上，夏玉米亩产 850 公斤以上，周年粮食亩产量超 1 500 公斤以上。

2. 增产增效情况

2021 年，该模式在襄阳市夏玉米生长季开始探索示范，2022 年，襄阳市襄州区"小麦—玉米"全程机械化绿色高效吨半粮模式示范片小麦亩产 671 公斤，玉米亩产 867.1 公斤，合计亩产 1 538.1 公斤。

3. 技术要点

玉米选择耐旱、耐高温、耐密植型品种，每亩玉米播种密度提高至 5 000 株以上，并分析土壤营养，量身定制高氮低磷钾复合肥，抢抓喇叭口期进行追肥，壮秆攻穗。小麦选择耐密植、抗倒伏型高产品种，集成精准播种、种肥同播、肥水综合调控等，冬前管理促弱控旺、壮苗越冬；春季管理做好化学除草、追施拔节孕穗肥、清沟排渍，拔节前群体较大、长势较旺的麦田，注意控旺防倒。春季预防"倒春寒"，开展"一喷三防"，重点防控条锈病、纹枯病和赤霉病。条锈病防控应做到"带药侦查、打点保面"；赤霉病防控应抓住抽穗扬花期的关键防控时期，全面落实"主动出击、见花打药"的预防控制措施，第 1 次喷药后，5～7 天抢晴再喷药 1～2 次，确保防控效果。

五、拟研发和推广的重点工程与关键技术

1. 优质粮食工程

坚持优粮优产、优粮优购、优粮优储、优粮优加、优粮优销"五优联动"，重点支持一批综合实力较强的粮食加工龙头企业，加快技术改造、装备升级和商业模式创新，延伸粮食生产加工产业链、价值链和供应链。

2. 优质专用小麦生产基地建设

加快北纬 31°以北地区 1 000 万亩优质专用小麦生产基地建设，满足加工企业对优质专用小麦生产原料的需求，降低企业生产成本。

3. 组建省级小麦产业技术体系，支撑产业发展

目前，湖北省农业农村厅已将小麦纳入"515"院士专家科技服务农业产业链行动（协同推广）项目，2022 年和 2023 年连续两年专项支持，取得了较好成效。建议借鉴河南、山东、江苏、安徽、四川等小麦主产省已建立的省级小麦产业技术体系经验，联合科研院所、农技推广部门成立湖北省小麦产业技术体系，开展人才培养、品种及技术研发和推广应用，为研究和解决制约全省小麦生产和小麦产业发展的重大技术问题提供稳定和持续的支持。

4. 开展绿色高产高效行动

集中产粮大县奖励、绿色高产高效行动等项目资金，重点支持规模连片、基础条件好的 8 个小麦主产县，根据整建制规模安排项目资金开展小麦绿色高产高效行动，在每个县聚力打造 1 个万亩高产片，每个乡打造 1 个千亩示范方，每个村打造 1 个百亩攻关田，良种良法结合，分区创建一批集成化、区域化、标准化小麦高产栽培和防灾减灾技术模式。力争用 3 年时间，整建制推进县小麦亩产比 2023 年平均水平提高 7%以上，带动全省小麦平均亩产提高 14～21 公斤。分区域集成推广以下技术模式：中北部麦区，重点推广小麦宽幅精播高产栽培技术模式、病虫草害统防统治技术模式、小麦玉米"吨半粮"高产栽培技术模式等。南部麦区，重点推广稻茬麦免（少）耕机械化播种技术模式、免耕带旋高产高效技术模式、秸秆还田整地播种一体化技术模式、小麦水稻周年丰产高效抗逆栽培技术模式、赤霉病综合防控技术模式等。

六、保障措施

1. 加强对南方小麦研发平台建设的扶持，提高研发能力

当前我国小麦领域研究力量主要集中在北京以及河南、山东等小麦生产大省。南方小麦研究力量偏弱，研究平台建设不完备，如育种专用机械配置率较低，品种特性鉴定、品质实验室等平台建设落后。建议加强南方小麦研发平台建设，提高研发能力。

2. 加强区域合作，扶持建设省内外小麦种子繁育体系

湖北省阴雨天气多，种子质量易受穗发芽和赤霉病的影响。即使是在最北部的襄阳市，种子生产仍存在较大风险。仅靠省内繁种无法满足湖北省小麦用种需要，要加强区域合作，在湖北北部和河南中南部建立省内与省外两个小麦良种繁育基地。

3. 扶持农业产业化联合体发展，推进优质专用小麦规模化标准化生产和经营

一是鼓励农业龙头企业与农民合作社、家庭农场成立农业产业化联合体，通过自建、联建原料生产基地，统一品种，统一种植模式；推广按交易量、按股分红等多种利益联结机制，订单种植、合同收购，建立稳定的订单和契约关系，扩大生产规模化程度，提高产业链上下游协同水平和抗风险能力。二是围绕产业集群搭建产销对接平台，定期召开产销对接会，推进粮食收储企业、加工企业与产地的产销衔接。

4. 鼓励农业龙头企业引进国内外先进工艺技术和生产加工设备，加快对现有设备设施进行改造升级

利用现有资金渠道对符合政策的农业龙头企业技改项目予以支持，对农业龙头企业实施的技术改造、设备更新、农产品精深加工和副产品综合利用等项目给予重点倾斜支持。支持农业龙头企业优先申报高新技术企业、技术研发中心和博士后科研工作站，享受相关扶持政策。

5. 发挥政策性农业保险的作用

目前，湖北省已启动小麦完全生产成本保险，建议应加大对优质专用小麦良种基地建设的支持力度，将小麦繁种生产纳入保险，降低企业繁种风险，保障利益，为优质专用小麦原料生产提供良种保障。

6. 加强农田基础设施建设

坚持新建与改造提升相结合，推动小麦主产区大力建设高标准农田，针对制约小麦单产提升的主要障碍因素，因地制宜开展"田、土、水、路、林、电、技、管"等方面建设，完善农田基础设施，改善种植生产条件，增强小麦防灾抗灾减灾能力。分区分类改良土壤、农田排灌条件，完善灌排体系，尤其是针对旱地小麦要着力解决农田灌溉"最后一公里"问题。立足实际，推广喷灌、微灌、滴灌等节水灌溉，保障农业用水。此外，积极采取合理轮作、秸秆还田、增施有机肥、种植绿肥等有效措施，构建肥沃耕作层，夯实小麦单产提升基础。

陕

西

陕西省小麦单产提升实现路径与技术模式

陕西省是我国小麦主产区，也是我国优质小麦优势产区。陕西省小麦面积占全省粮食种植面积的1/3，小麦是全省主要口粮。近十年（2013—2022年）小麦平均种植面积1 466.9万亩，占全国同期小麦种植面积的4.1%；平均亩产275.2公斤，是全国同期平均亩产的75%；平均总产403.3万吨，是同期全国平均小麦总产的2.9%。2023年全省小麦收获面积1 411.6万亩，平均亩产295公斤，总产416.4万吨，面积较上年减少25.4万亩，亩产较上年减少4.1公斤，总产减少13.4万吨；与近十年平均值比较，面积减少55.3万亩，降幅3.8%，亩产提高19.8公斤，增幅7.2%，总产增加了13.1万吨，增幅3.2%。陕西小麦生产依然以确保种植面积稳定并有一定恢复，持续提高中低产田小麦单产水平为突破口，以稳定并持续提高小麦总产为目标。

一、陕西省小麦产业发展现状与存在问题

（一）发展现状

1. 面积与产量变化

近十年，陕西省小麦生产情况变化见表1。近十年来，小麦种植面积由2014年的1 500.9万亩减少到2023年的1 411.6万亩，减少了89.3万亩，年均减少8.9万亩，减幅6.3%；亩产由2014年的256.9公斤增加到2023年的295.2公斤，增加了38.3公斤，增加14.9%，年均亩产提高3.8公斤；总产由2014年的385.5万吨增加到2023年的416.6万吨，增加31.1万吨，增幅8.1%。总产基本稳定在420万吨左右。

近十年（2014—2023）与上个十年（2004—2013）平均值比较发现，近十年小麦面积比上个十年净减少229万亩，减幅13.6%，年均减少22.9万亩；平均亩产281公斤，较上个十年增加了50.1公斤，增幅21.7%；总产408.6万吨，增加了20.3万吨，增幅5.2%。

表 1　近年来陕西省小麦生产情况变化

年份	面积（万亩）	单产（公斤/亩）	总产（万吨）	粮食总产（万吨）	小麦占总产的比例（％）
2004—2013	1 683.8	230.9	388.8	1 154.3	33.7
2014	1 500.9	256.9	385.6	1 183.5	32.6
2015	1 503.9	281.3	423.0	1 204.7	35.1
2016	1 471.2	274.1	403.3	1 264.0	31.9
2017	1 444.7	281.3	406.4	1 194.2	34.0
2018	1 450.9	276.6	401.3	1 226.3	32.7
2019	1 448.9	263.7	382.1	1 231.13	31.0
2020	1 446.0	285.6	413.0	1 274.83	32.4
2021	1 432.6	296.4	424.6	1 270.43	33.4
2022	1 437.0	299.1	429.8	1 297.9	33.1
2023	1 411.6	295.2	416.7	1 323.7	31.5
近 10 年平均	1 454.8	281.0	408.8	1 247.1	32.8
较上个 10 年增量	−229.0	50.1	20.3	92.8	—
较上个 10 年增长率（％）	−13.6	21.7	5.2	8.0	—

2. 品种审定与推广

陕西省小麦生产中的主栽和主推品种以本省选育为主，占总种植面积的 80％以上。陕西省选育的小麦品种优良品质和综合抗病性尤为突出，在黄淮区小麦生产中表现突出，其中西农 511 等品种在黄淮区年推广面积排名前五位。近 6 年先后通过国审和省审品种 171 个（表 2），年均审定小麦品种 43.2 个。其中国审品种 37 个，占审定品种总数的 21.6％，省审品种 134 个，占审定品种总数的 78.4％。从国审品种的类型看，适宜水地种植的品种审定了 35 个，占同期国审品种的 94.6％，适宜旱地种植的品种仅审定了 2 个，占同期审定品种总数的 5.4％。从省审品种的类型看，适宜水地种植的品种 117 个，占同期省审品种的 87.3％，适宜旱地种植的品种仅审定了 17 个，占同期审定品种总数的 12.7％。审定的旱地小麦品种占总审定数量的 9.9％。旱地审定品种数量明显偏低，与生产所需极不匹配。

表 2　2018—2023 年陕西省审定的小麦品种数量

年份	省审				国审				总审定数
	水地	旱地	合计	占总审定数比例（％）	水地	旱地	合计	占总审定数比例（％）	
2018	13	4	17	94.4	1	0	1	5.6	18
2019	17	5	22	91.7	1	1	2	8.3	24
2020	20	3	23	76.7	7	0	7	23.3	30
2021	19	1	20	74.1	6	1	7	25.9	27
2022	25	1	26	74.3	9	0	9	25.7	35
2023	23	3	26	70.3	11	0	11	29.7	37
合计	117	17	134		35	2	37		171

3. 农机装备

陕西省 2022 年农机总动力 2 358 万千瓦。大中型拖拉机 11.56 万台，配套农具 455 万台（套），配套比 1∶1.08，耕种收综合机械化水平 70.31%。

4. 栽培与耕作技术

近十年，陕西在小麦生产中主要应用了适期适量播种技术、宽幅播种技术、平衡施肥技术、药剂拌种技术、化学除草技术、"一喷三防"技术、促粒增重技术、深翻或深松技术、减损机械收获技术、节水灌水技术、晚播小麦促弱转壮技术、小麦晚播玉米晚收增产技术等。

5. 品质状况

陕西小麦主产区的关中平原及渭北旱塬是我国小麦优势生产区，也是我国优质小麦的优势产区，商品小麦籽粒品质比较好。目前生产中主栽品种中伟隆 169、西农 511 等及主推品种西农 20、中麦 578、陕农 33、金麦 1 号等品种均为强筋品种，也是农业农村部在黄淮麦区主推的优质强筋品种。目前全省生产中，关中灌区主栽和主推的中筋品种有西农 226、西农 822、西农 805、西农 100、西农 99、西农 235、西农 3517 等，渭北旱地主栽和主推的品种有长航 1 号、长旱 58、铜麦 6 号、西农 226、中麦 36、长武 521、普冰 151 等品种。

6. 成本收益

近年来，通过对关中及渭北近 300 户新型经营主体小麦生产过程中土地流转费用、种子费用、化肥费用、农药费用、耕地费用和灌溉费用等 6 个方面成本调查分析发现，其在总投入中的占比依次为 54.3%、6.1%、13.8%、6.1%、13.3% 和 6.5%，土地流转费用占整个生产成本的一半。2023 年秋播前对 5 个地市 40 个大户小麦生产全程服务费用调查发现，小麦生产过程中秸秆还田、犁地、旋地、施肥、播种、灌水、化学除草、病虫害防治、收获等费用总计在 410～650 元/亩。就收益情况看，对新型经营主体的调查分析发现，平均每亩收益不足 100 元。

7. 市场发展

陕西省小麦生产不能完全满足本省的消费需求，部分需要从外省采购。从相关管理部门统计的数据看，陕西省小麦产量能满足消费需求的 80% 左右。

（二）主要经验

在小麦种植面积持续减少的压力下，陕西省小麦生产发展目前主要采取"高校＋科研院所"提供技术支撑、"科研院所＋农技推广部门＋新型经营主体"建设精品示范展示样板、"政府推动＋农户实施"的生产模式，将可大幅度提高单产的成熟技术如"吨粮田"生产集成技术、小麦宽幅播种集成技术、旱作节水集成技术、绿色病虫草害防控防治集成技术等与新品种、新产品集成，取得了显著成效。如小麦宽幅播种集成技术从 2009 年引进，经过 10 年的多点试验示范熟化，从 2019 年开始被省政府列为小麦生产能力提升的重大技术进行推广，连续 5 年采取"作业补贴＋政府推动"模式大面积进行推广，成为全省小麦生产的主要种植方式。2023 年秋播，省财政拨款 1 亿元作为作业补贴，计划秋播推广 500 万亩，占全省小麦种植面积的 1/3。又如在重大病虫害（特别是条锈病、赤霉病）的防治过程中，采取"作业补贴＋政府推动"模式取得了显著成效。

（三）存在问题

从全省小麦生产过程看，小麦生产的基本保障条件及生产主体的生产保障条件较差，是制约全省小麦稳产及生产能力提升的瓶颈因素。具体如下：

（1）良田的生产基本条件和保障条件不够完善；耕地地力参差不齐，有机质含量较低；灌溉设施不够健全或与生产条件及生产目标不配套。

（2）土地流转费用过高；农资价格季节性变化和上涨，影响了种粮主体的收益，使得种粮收益过低甚至无利。

（3）农机具适宜小麦生产作业的应变性能不够，农机作业质量与农艺要求还有较大的差距。

（4）以冻害（"倒春寒"）为代表的主要自然灾害，以条锈病、赤霉病、茎基腐病、纹枯病等为代表的主要病害大面积或区域常态化发生，以节节麦、多花黑麦草等为主的麦田杂草等对产量及品质的影响较大。

（5）生产者在生产中必要的肥料等基本农资投入与生产能力提升的要求差距较大，肥料等基本投入不足，对产量提升影响较大。

（6）社会化服务体系不够健全，特别是适应规模化生产的社会化服务组织或网络建设滞后，导致规模种植的新型经营主体采取粗放管理，其生产效益因生产社会化服务滞后而降低。

二、陕西省小麦区域布局与定位

陕西省小麦种植主要分布在渭南市、咸阳市、宝鸡市、西安市、汉中市、安康市、商洛市、铜川市、延安市 9 个地市（榆林市的小麦面积太小，没有进入统计）。其中渭南、咸阳、宝鸡和西安 4 市小麦面积约占全省小麦面积的 90％，产量占比90％以上。

（一）基本情况

1. 陕西小麦产区气象特点

陕西省属大陆季风性气候，陕西小麦生产受气候因素影响很大。主产区关中和渭北南部为暖温带半干旱或半湿润气候,属于黄淮麦区,关中为小麦生产适宜区,渭北旱塬为次适宜区,陕南盆地为北亚热带湿润气候、山地大部为暖温带湿润气候区,属于长江上游小麦产区,为小麦次适宜区。

陕西省气温的空间分布,基本上呈由南向北逐渐降低趋势,各地的年平均气温在7~16℃。其中陕北7~11℃,关中11~13℃;陕南的浅山河谷为全省最暖地区,多在14~15℃。由于受季风的影响,陕西省气候特点冬冷夏热、四季分明。最冷月1月平均气温,陕北-10~-4℃,关中-3~1℃,陕南0~3℃。最热月7月平均气温,陕北21~25℃,关中23~27℃,陕南24~27.5℃。春、秋温度升降快,夏季南北温差小,冬季南北温差大。

陕西省年降水量的分布呈南多北少,由南向北递减的趋势,受山地地形影响比较显著。年降水量陕北400~600毫米,关中500~700毫米,陕南700~900毫米。陕西省各地降水量的季节变化明显,夏季降水最多,占全年的39%~64%。秋季次之,占全年的20%~34%。春季少于秋季,春季降水量占全年的13%~24%。冬季降水稀少,只占全年的1%~4%。关中、陕南春季第一场透雨的降水过程一般出现在4月上旬末至中旬。初夏汛雨出现在6月下旬至7月上旬,暴雨相对集中,关中、陕南易出现洪涝。秋季关中、陕南又出现相对多雨时段,称为秋淋,一般出现在9月上旬末至中旬初。

2. 生产情况

陕西省小麦常年种植面积在1 450万亩左右,总产在420万吨左右,亩产不足300公斤。小麦种植面积主要集中在渭南、咸阳、宝鸡和西安4个地市,近十年(2013—2022年)这4个地市种植小麦的面积平均1 229.7万亩,占全省同期小麦种植面积平均值1 466.9万亩的83.8%,其年均总产370.8万吨,占全省同期平均总产403.3万吨的90.7%。各地市近8年小麦总产、面积和单产依次见表3、表4和表5。

表3 2016—2023年陕西省关中各地市小麦总产比较(万吨)

年份	西安市	铜川市	宝鸡市	咸阳市	渭南市	延安市	汉中市	安康市	商洛市
2016	68.5	6.4	85.3	99.6	111.1	0.2	10.0	7.9	12.7
2017	97.9	7.2	80.7	88.4	114.1	0.9	14.1	12.6	13.4
2018	73.8	6.4	80.3	82.4	113.2	0.1	9.9	8.3	13.2
2019	72.2	5.8	79.8	80.7	107.5	0.1	9.9	8.9	14.5
2020	72.2	6.6	84.8	85.9	119.7	0.1	9.8	8.6	13.8
2021	71.8	6.9	86.9	91.4	125.4	0.1	14.1	8.5	9.9
2022	72.0	7.1	88.7	93.1	125.9	0.1	16.4	8.5	9.9
2023	69.2	7.0	88.5	91.3	126.2	0.1	15.4	8.5	10.0

表4　2016—2023 陕西省各地市小麦面积比较（万亩）

年份	西安市	铜川市	宝鸡市	咸阳市	渭南市	延安市	汉中市	安康市	商洛市
2016	209.8	32.3	296.6	331.6	431.2	0.8	59.9	46.0	59.7
2017	201.2	32.3	294.4	327.0	427.3	0.7	54.5	45.3	59.0
2018	227.8	32.3	280.9	283.7	428.2	0.5	54.8	45.1	58.7
2019	228.6	33.0	282.5	287.0	432.5	0.3	59.8	60.5	62.6
2020	218.8	32.9	279.1	286.1	435.4	0.3	54.2	44.2	58.1
2021	210.4	32.7	279.2	294.2	427.2	0.4	57.8	43.7	54.0
2022	208.8	32.8	279.2	294.5	433.0	0.5	65.8	42.8	53.4
2023	208.2	32.9	280.0	295.4	437.6	0.3	60.4	42.3	53.4

表5　2016—2023 陕西省各地市小麦单产比较（公斤/亩）

年份	西安市	铜川市	宝鸡市	咸阳市	渭南市	延安市	汉中市	安康市	商洛市
2016	326.3	198.5	287.6	300.3	257.7	225.9	167.5	172.4	225.9
2017	329.4	200.1	286	302.5	266.2	216.2	175.7	176.8	216.2
2018	324.1	198.2	285.9	290.4	264.3	255.9	180.6	184.9	255.9
2019	315.9	174.3	282.5	281.1	248.5	235.3	165.6	146.6	235.3
2020	330.1	202.1	303.8	300.2	274.9	250.0	180.4	193.9	250.0
2021	341.4	210.3	311.1	310.6	293.5	—	244.2	195.1	265.8
2022	345.0	217.1	317.5	316.0	298.0	—	248.5	199.3	261.9
2023	332.3	214.1	315.3	309.2	288.5	—	255.1	200.3	265.3

3. 小麦主要病虫害发生情况

表6显示，陕西小麦生产中常见病虫害较多，发生面积大，是种植面积的2.4倍，对小麦生产有重要影响。其中病害以条锈病、赤霉病、白粉病、纹枯病为主，在2016—2023年的8年中，平均年发生面积依次为509.4万亩、344.0万亩、562.6万亩和64.0万亩，依次占小麦种植面积的35.8%、24.1%、39.5%和4.5%。近年来，茎基腐病发生面积有不断扩大趋势，全蚀病、黄化叶病毒病、黄叶病、孢囊线虫病等为区域性病害。常见虫害以蚜虫、吸浆虫、红蜘蛛等为主，每年常态化发生。2016—2023年蚜虫平均年发生面积1 128.8万亩，占小麦种植面积的79.2%；近年来吸浆虫发生面积逐步缩小，在155.3万亩左右，占小麦种植面积的10.9%。地下害虫常

年发生面积较大，以蛴螬和金针虫危害为主，2016—2023 年平均发生面积 669.9 万亩，占小麦种植面积的 47.0％，接近种植面积的一半。在这些病虫害中，赤霉病和茎基腐防治难度较大，而其他主要病害和虫害防治技术比较成熟。

表 6　2016—2023 陕西省小麦主要病虫害发生面积（万亩）

年份	条锈病	赤霉病	白粉病	纹枯病	蚜虫	吸浆虫	地下害虫
2016	241	259	615	31	1 234	228	748
2017	923	194	664	84	1 315	237	785
2018	613	513	637	69	1 180	193	636
2019	182	400	516	66	1 114	210	573
2020	1 072	245	481	48	1 063	141	734
2021	868	305	680	76	1 045	106	673
2022	87	281	274	77	1 141	74	609
2023	89	555	634	61	938	53	601

（二）目标定位

从全省小麦生产实际情况看，考虑到"粮食数量安全，口粮绝对安全"的目标，要保障小麦产能稳定并持续提高。关中灌区次适宜区果园逐步淘汰及渭北南部旱地果区品种更新换代等生产实际，为小麦种植面积增加奠定了基础，种植面积年有望增加 1.0％～1.5％，通过宽幅播种集成技术等应用及高产创建工程的实施，亩产年均有望提高 2～3 公斤，总产有望年均增加 40 万～60 万公斤。

（三）主攻方向

围绕总体目标，通过高标准农田等基础条件建设和耕地地力培肥等保障措施实施，配合良种良法集成技术推广应用，灌区耕地亩产水平年均提高 2 公斤，旱地小麦亩产提高 3 公斤。

（四）种植结构

陕西小麦种植结构比较单一，主产区的关中灌区以小麦和玉米周年两茬生产为主，渭北旱地以小麦一茬为主，陕南 3 个地市小麦生产种植结构以小麦与蔬菜两熟制或小麦一茬为主。

（五）品种结构

陕西小麦生产中，主产区的关中灌区种植面积的 60％以上为中筋品种，40％左右为强筋品种，陕南种植面积的 60％为中筋，30％为弱筋品种。

三、陕西省小麦产量提升潜力与实现路径

（一）发展目标

——2025 年目标定位。到 2025 年，陕西省小麦面积达到 1 460 万亩，亩产达到 300 公斤，总产达到 438 万吨。

——2030 年目标定位。到 2030 年，陕西省小麦面积稳定在 1 600 万亩，亩产达到 315 公斤，总产达到 504 万吨。

——2035 年目标定位。到 2035 年，陕西省小麦面积稳定在 1 600 万亩，亩产达到 350 公斤，总产达到 560 万吨。

（二）发展潜力

1. 面积潜力

陕西省小麦种植面积稳定并增加的主要潜力来源：一方面是关中灌区苹果次适宜区因苹果生产效益低下甚至没有效益耕地需要退出，大多将恢复为小麦种植面积，据不完全统计需要退出的果园面积中接近 150 万亩左右最为适宜种植小麦；另一方面由于果区北移，渭北南部旱源区耕地及良田内，20 世纪 80～90 年代建设的以秦冠为主的果园淘汰后，有近百万亩耕地可用于小麦种植；随着国家保护耕地政策实施清退出来的耕地资源、各地撂荒地整治复垦的耕地资源等，适宜首选种植的粮食作物就是小麦。因此，小麦种植面积稳定并持续增加是有潜力的。

2. 单产潜力

随着新品种及其配套丰产技术的应用，近年来生产中单产水平有了很大提高。近十年来小麦生产实践证明，关中灌区大面积小麦亩产达到 550～650 公斤，是目前全省小麦平均亩产的两倍，小面积亩产超过 800 公斤；渭北旱地正常年份亩产在 350～450 公斤，比全省平均亩产高 1/3，旱地最高亩产超过 650 公斤。高产田亩产水平比全省平均亩产高 50％以上。因此亩产潜力较大。

（三）实现路径

通过高标准农田建设来完善高产生产条件、通过耕地地力综合提升集成技术应用提高耕地地力水平、通过选用良种与良法结合的集成技术进行规模化生产可大幅度提高整体生产能力和水平。

四、陕西省可推广的小麦绿色高质高效技术模式

(一)关中灌区小麦亩产500～550公斤集成技术

近年来关中灌区主要应用"小麦单产（500～550公斤/亩）绿色高质高效技术生产模式"。该技术主要内容为在耕地有机质含量不低于1.3克/公斤并具备灌溉条件的基础上，选择高产品种，以种子包衣、深翻或深松、适期适量机械播种、化学除草、应用专用肥或平衡施肥、病虫害绿色防控、节水灌溉技术、秸秆还田技术等技术为核心的良种与良法结合的集成技术。经过在关中灌区28个小麦主产县连续12年的多点实践，稳定实现了4个地市连续5年千亩小麦亩产超过650公斤，万亩亩产超过550公斤，较全省小麦平均亩产提高200公斤，增产60%以上，先后27个点次刷新区域小麦大面积高产纪录。这一生产技术模式是该区域目前主推的主要生产技术模式。

(二)关中灌区小麦亩产650～750公斤集成技术

关中灌区小麦亩产650～750公斤技术是关中灌区耕地小麦-玉米周年"吨半田"生产模式的一部分。在农业农村部和陕西省2008年开始实施的粮食高产创建基础上，2015年在关中灌区中部的三原县和武功县、西部的岐山县进行了3年高产探索，耕地周年亩产稳定超过了1 400公斤。2019年开始，以选择具有亩产潜力在700公斤以上品种、采用宽幅播种、增施有机肥、适期适量适墒播种、绿色病虫草害综合防治、节水灌溉等为主要内容的超高产技术在三原县试验基地连续4年耕地周年平均亩产达到了1 509.1公斤。2021—2022年在关中的渭南市、咸阳市、宝鸡市和西安市等27个示范点示范2 182亩，耕地周年平均亩产达到1 425.6公斤，其中耕地周年亩产超过1 500公斤的示范样板占总示范样板的22.2%。2022—2023年在关中建设的13个示范样板1 042亩，耕地周年平均亩产1 427.2公斤，1/3示范点平均亩产超过1 500公斤。连续两年多点示范，耕地亩产超过1 400公斤，是目前全省平均亩产的两倍多。这一生产技术模式的示范推广，将有助于耕地粮食产能的大幅度提升。

(三)旱地小麦节水高效生产集成技术

渭北南部17个县区是陕西旱地小麦主产区，其面积占全省小麦面积的1/3左右，以小农户分散种植模式为主。近年来主要采用"选择丰产性抗旱性好的如铜麦6号、西农226、长航1号等品种，通过平衡施肥、适期适量宽幅播种、化学除草、绿色病虫害综合防治、镇压"等为主要技术内容的高产节水集成栽培技术，实现常态年份平均亩产400公斤左右。

五、拟研发和推广的重点工程与关键技术

依据陕西小麦生产情况，围绕单产能力提升，今后 5～10 年拟开展的关键生产技术研究如下：

1. 关中灌区耕地周年小麦-玉米"吨半田"生产机理及集成技术研发。
2. 不同生态环境条件下小麦宽幅播种机艺融合技术集成及示范。
3. 不同生态条件下适宜高效生产品种筛选及配套集成技术研发。
4. 适宜陕西麦区不同生态条件下水肥一体化集成技术研发与示范。
5. 陕西小麦主产区耕地地力提升关键技术研发。

六、保障措施

(一) 恢复及稳定面积方面

考虑目前国内外环境等综合因素及目前生产政策、装备及技术储备等因素影响，陕西省小麦种植面积有望保持稳定并增加。关中灌区主要受城镇建设用地、西咸一体化建设、关天经济带建设及其配套交通基础设施建设等重大工程建设及农业产业结构调整等多种因素影响，面积止跌不降；旱地小麦面积受苹果产区果园改造、品种更新换代淘汰、扩夏控秋等措施实施影响及在政府基础设施建设、耕地培育、种粮补贴积极政策刺激下，结合疫情后群众对小麦口粮生产的重视等因素共同影响，其面积有望稳定并小幅增加，年增加 1.5% 左右。

(二) 持续提高单产方面

从全省小麦产区实际情况看，制约单产提高的主要因素：

(1) 耕地质量较差，基础地力不高，中低产田面积比重较大，基本生产设施不完善，提高单产的基础不牢。通过增施有机肥或种植绿肥，可显著提高耕地生产能力。

(2) 生产规模小，生产成本高，生产整体投入水平不高。国家种粮、农资等多项鼓励粮食生产补贴政策补贴实效较差；提高单产缺乏持续稳定的财政投入保障。政府通过良种补贴和机械作业补贴等普惠政策，可在一定程度上提高生产者投入水平。

(3) 主推技术成熟，但面对目前粮食生产主体变化，后时代新农民缺乏生产经验和技术，主推技术高质量落地难度较大；大面积生产缺乏较高素质技术人员保障。通过"村集体组织进行土地整合＋新型经营主体托管或流转＋新型经营主体培训实训"模式，可大面积显著提高中低产田的生产能力。

(4) 尽管每年国审、省审品种较多（年均超过 30 个），但大面积生产中，缺乏综合性状突出，稳产性和适应性较好的主栽和主推品种。采取"种业企业＋农技推广部门＋

新型经营主体"联合建设新品种示范展示平台，政府推动加快新品种尽快成长为主推品种或主栽品种，缩短推广期，延长新品种的青春期，发挥新品种的经济和社会效益。

（5）粮食生产中植保成本持续提高，自然灾害及异常气候频发等不确定因素，增加了单产提升的不稳定性。通过"政府支持＋社会化服务组织参与＋生产主体实施"的模式，对大面积或区域大面积病虫草害进行科学防控，减轻病虫草害对小麦生产的不利影响。

（三）耕地地力提升方面

（1）经过多年测土配方施肥技术推广，农户传统施肥方式及依靠经验确定施肥数量现状依然没有较大改变。尽管平衡施肥技术比较成熟，但小麦施肥实践中仍然存在重施化肥、轻施有机肥、大中微量元素比例不协调，施肥数量、时期和方法不尽合理等问题。可通过对新型经营主体科学施肥技术培训及全社会的相关科普宣传逐步改善。

（2）以增施有机肥、生物菌肥、种植和翻压绿肥、秸秆覆盖和粉碎还田为主要内容的麦田土壤地力提升技术与以垄沟集雨和地膜秸秆覆盖为主要蓄水保墒措施下的合理施肥技术，虽然在提升麦田土壤地力方面具有显著的作用效果，但由于受到经济发展水平和农民传统观念的影响，加之研究者和技术推广部门缺乏有效沟通和紧密配合，这些技术大面积推广应用还需要进一步集成和示范。

（3）适宜机械施肥的肥料品种不多，肥料质量有待提高，与其配套机械作业质量需要在生产实践基础上进一步完善和熟化。

（4）目前单一种植模式改变难度较大，传统轮作倒茬对地力的恢复难以持续，间作套种可弥补轮作的不足，但受到大田作业成本高，机械化程度低、经济效益低等因素影响，大面积推广应用难度比较大。可通过政府补贴逐步实施。

（5）长期以来小面积生产中形成的耕地边沿与地中间生产能力差异，即使在土地流转后短时间也难以缩小。如果持续小规模生产，地力不均衡导致的生产能力差异将持续加大。可通过规模化种植逐步改善。

（四）水资源约束的问题

陕西省地跨黄河、长江两大流域，总面积 20.56 万千米^2。其中黄河流域 13.33 万千米^2，占全省总面积的 64.8%；长江流域 7.23 万千米^2，占全省总面积 35.2%。全省水资源总量为 390 亿米^3，拥有 66 座大中型水库。各类供水工程总供水量 88 亿米^3，其中地表水供水量为 54 亿米^3，占总供水量的 61.4%，地下水供水量 33 亿米^3，占全省总供水量的 37.5%，其他水源供水量为 0.61 亿米^3，占全省总供水量的 0.7%。年实际用水量 88 亿米^3，其中农灌用水量 49.59 亿米^3，占总用水量的 56.4%。

1. 水资源总量不足

水资源占有量人均 1 290 米^3、亩均 784 米^3，仅是全国平均水平的 48% 和 42%。

陕西粮仓的关中地区，人均占有水资源仅 285 米^3，亩耕地平均占有水资源量为 215 米^3，分别是全国平均水平的 1/6 和 1/8。通过建设节水生产设施，结合节水生产技术应用可解决水资源总量不足的问题。

2. 水资源时空分布失衡

陕西有限的水资源在时空、地域的分布上极不均衡，与耕地、农业布局极不匹配。秦岭以南的长江流域，土地面积占全省的 35%，而水资源量占全省 71%；而秦岭以北的黄河流域，土地面积占全省面积的 65%，而水资源量仅占全省的 29%。全省降水分布南多北少，多年平均降水量为 676 毫米，其中黄河流域 543 毫米，长江流域 923 毫米。70% 降雨集中在陕南地区，且 70% 集中在汛期。通过区域作物布局调整、耕作制度调整、水资源高效品种应用、节水产品及技术应用逐步改善。

3. 耕地有效灌溉面积小

陕西省有 2/3 左右的耕地是靠天吃饭，灌溉条件较差。在陕西省已发展的节水灌溉面积中，渠道衬砌和暗管输水比重较大，占总节水灌溉面积的 82%。喷、微灌等高效节水技术措施因建设投资大、运行费用高、管理难度大等因素，推广速度慢，发展面积小。灌溉水资源利用率为 30%～40%，灌溉水生产效率 0.3～0.5 公斤/米^3。通过政府借助高标准农田建设，建设水肥一体化技术应用的条件，推广水肥一体化技术。

（五）高标准农田建设方面

1. 农田灌排基础设施依然薄弱

现有灌溉面积中灌排设施配套差、标准低、效益衰减等问题依然突出，2021 年 8 月 30 日至 10 月 23 日持续 54 天连阴雨的灾害性天气条件下，表现尤为突出，关中中西部小麦产区大面积积水，部分地区排水持续到次年 6 月。陕西省 40% 的大型灌区骨干工程、49% 的中小型灌区及小型农田水利工程设施不配套和老化失修，大多灌排泵站带病运行、效率低下，农田水利"最后一公里"问题仍很突出，近半数的耕地没有灌溉水源或缺少基本灌排条件。可通过高标农田建设及其他投资主体参与逐步解决。

2. 耕地等级低、质量不高

水土流失严重，土壤有机质呈下降趋势，化肥增产效益下降，污染问题突出，土壤蓄水保墒能力低。耕地细碎化、一户多田块情况比较普遍。农田基础设施占地率偏高，现有耕地中，田坎、沟渠、田间道路等设施的占地面积的比例高达 9.8%。可通过"土地整理＋绿肥还田＋秸秆还田＋增施有机肥＋规模化生产"相结合实施逐步解决。

3. 配套设施不完备

机耕道"窄、差、无"、农机"下地难"，现有机耕道设计不规范、标准不高、养护落后、损毁严重，难以满足大型化、专业化现代农机作业的需要。1/2 以上农田机耕道需修缮或重建，部分地区需修建的比重在 2/3 以上。农田输配电设施建设滞后，灌溉排涝成本高、效率低。农田防护林网体系仍不完善，存在树种单一、林网残缺、结构简单等问题，整体防护效能不高，低质低效防护林带占 40% 以上。可通过政府实施的"高标准农田建设项目"逐步解决。

4. 资金渠道分散且建设标准不统一

农田建设由各部门分别编制规划，分头组织实施，缺乏统一的指导性规划和规范的建设标准，项目安排衔接困难，建设标准参差不齐。建设资金渠道分散，多数农田建设项目难以实现土壤改良、地力培肥、耕作节水技术等措施同步实施，工程建设效益不能得到充分发挥。需要采取"政府整合资源＋统筹规划＋统一标准化建设"措施逐步解决。

5. 建后管护长效机制未建立

农田建设中"重建设、轻管护"的现象较为普遍，田间工程设施产权不清晰，耕地质量监测和管理手段薄弱，建后管护责任和措施不到位，管护资金不落实等问题突出。项目竣工并移交后设备和设施损毁，得不到及时、有效的修复；项目建成后没有划入基本农田实行永久保护；对已建成农田的用途和效益统计监测工作不到位。

（六）农机装备及作业质量与高产目标生产技术不配套

1. 小麦播前整地作业技术落后，整地质量差

小麦规范化播种技术到位率较差，传统耕后播种方式为陕西小麦生产的主流方式。传统的耕后播种多为耕翻、旋耕作业后播种，传统耕整作业方式存在作业工序多、生产效率低、作业成本高等问题。

2. 小麦持续少免耕播种技术实施的后效及其次生效应研究及装备研究滞后

小麦播种技术正在从传统耕后播种向免耕播种方向发展，并成为未来发展趋势，但现有小麦免耕播种实际作业中存在易堵塞，通过性不好等问题；草土混杂、干湿土混杂，不利于种子萌发；排种排肥性能不稳定，播种深度不易调节，播种过深比较普遍，易出现断条现象，进而影响产量；作业后镇压不实、出苗率较差等作业质量问题突出；连续保护性作业形成的病虫害加重等次生效应缺乏有效解决技术；小麦免耕播种机尚需要进一步优化，可靠性需进一步验证，并且需要进一步增加保有量。

3. 田间全程生产过程管理装备及技术有待完善

目前小麦生产上车载式宽幅高地隙、高性能的施药机械数量有限，飞防技术效果参差不齐。随着农艺农技融合集成技术研发及其产品性能逐步完善，以及产品智能化水平逐步提高，机械装备问题有望逐步解决。

四

川

四川省小麦单产提升实现路径与技术模式

一、四川省小麦产业发展现状与存在问题

（一）发展现状

1. 面积与产量变化

图 1 显示，四川省小麦种植面积由 2016 年的 1 026.0 万亩缩减至 2021 年的 862.5 万亩，之后开始触底反弹，回升至 2023 年的 879.0 万亩。平均单产呈持续上升态势，2023 年平均亩产 300.3 公斤，较 2016 年增长 15.7%，年均增长 2.0%。受单产增长拉动，总产由 2020 年的 238.1 万吨回升至 2023 年的 264.0 万吨。

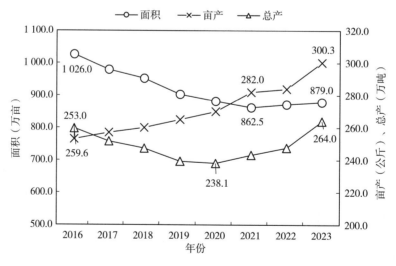

图 1　2016—2023 年四川省小麦生产变化

2. 品种审定与推广

（1）"十三五"以来品种审定情况　2016 以来四川省共审定小麦品种 74 个（不含凉山州区试及特殊用途区试），平均亩产 385.32 公斤，变幅 345.68～420.04 公斤，以川麦 1826 最低、川麦 1648 最高。审定品种的平均单产呈稳定上升趋势，2022 年平均亩产 403.85 公斤，较 2016 年的 368.91 公斤增长 9.47%，年均增长 1.58%。

四川省审定小麦品种总体以中筋、弱筋为主。平均容重 785 克/升、粗蛋白质含

量（干基）13.2%、湿面筋含量（14%水分基）26.3%、稳定时间 3.3 分钟。以《主要农作物品种审定标准（国家级）》（2017）衡量，达到弱筋标准的品种有 5 个，占审定总数 6.76%；达到中筋标准有 21 个，占审定总数 28.38%；达到中强筋标准有 4 个，占审定总数 5.41%；其余品种占 59.46%。

（2）"十三五"以来生产上主要品种及面积　据四川省种子站统计，2016 年以来生产上推广面积排前十位品种依次是川麦 104、绵麦 367、内麦 836、绵麦 51、川麦 42、川麦 58、南麦 618、川麦 50、川农 27、川麦 55。前九位的累计推广面积均超过 100 万亩。这十个品种中，以川麦 104 应用面积最大，连续 7 年居推广面积第 1 位，连续多年被列为四川省和全国主导品种，也是农民心目中的"标杆"品种，2012 年审定以来累计推广总面积超过 2 000 万亩。

3. 农机装备

四川小麦生产的机械化水平较高，2023 年综合农机化率为 85% 以上，位居各大作物之首。机械化率虽然较高，但机械化质量有待进一步提高。

四川以丘陵山区为主，地势地貌复杂、地块小而分散，主要农作物的全程机械化发展进程总体慢于平原地区。就小麦而言，生产"两头"即耕作、收获环节基本都实现了机械化作业，耕作一般通过自有耕作机械或社会化服务解决，收获环节除了种粮大户、家庭农场靠自有设备外，大部分由跨区作业服务完成。与北方主产麦区相比，比较薄弱的是播种环节，尽管最近几年免耕带旋播种技术得到快速推广，但总体占比较低。规模化种麦农户依然大量使用北方播种机械，但其适应性不强，小户则普遍采取"撒种 | 旋耕覆种"模式，导致播种质量不佳。

4. 栽培与耕作技术

20 世纪 80 年代之前都是翻耕、旋耕整地，自 80 年代中期之后免耕栽培迅速发展，到本世纪初稻茬小麦超过 50% 为免耕，旱地则 80% 依然为翻耕（旋耕）。近十年，种粮大户、家庭农场采取免耕带旋播种越来越普遍，因为该技术"湿时播得下、旱时能保墒"，成本低、产量高、效益好。即便是旱地，秋播时节土壤黏湿状态发生频率都在 70% 以上，所以免耕抗逆播种技术也适用于旱地小麦。

以免耕为基础的栽培技术已成为四川小麦获取高产的基础。以免耕为核心内涵，融合秸秆处理、药剂拌种、适期适量播种、科学施肥、病虫草高效防控、防灾减灾等内容的免耕带旋高产高效栽培技术体系，已连续 3 年被列为全国主推技术，广泛应用于生产。

5. 品质状况

近年审定品种总体以中筋、弱筋为主，外观品质有较大程度提升。据四川省粮食和物资储备局对生产原料抽查，2022 年全省小麦平均容重 756 克/升，显著低于审定品种均值（785 克/升）。种粮大户田间管理更加规范，种植水平不断提高，其不完善粒百分率持续降低，外观品质改善明显。

"十三五"期间开展多品种、多环境（地点×年份）品质特性研究发现，平均粗蛋白质含量和湿面筋含量分别为 12.8％和 29.0％，明显低于审定品种均值。从分类品质看，符合弱筋和中强筋标准的样本各占 10.0％左右，大部分依然属于"混合麦"标准。大面积生产原料依然不能满足专用小麦原料的急切需求。

6. 成本收益

单位面积的收益取决于单产、原粮价格和生产成本。基于部分农户调查数据，分析近 5 年（2019—2023 年）的成本收益情况。

小麦价格：每斤售价由 2019 年的 1.15～1.20 元上升到 2023 年的 1.35～1.45元，5 年均值 1.35 元。其中，2022 年价格最高，平均 1.55 元左右。

生产成本：包括化肥、农药、种子、农机等在内的物质成本和劳动成本。生产成本由 2019 年的 400～450 元上升至 2023 年的 500～550 元。生产成本呈持续上升态势。其中，以劳动成本的涨幅最大，平均达 30％左右，物质成本涨幅约 15％。

土地租金：土地流转价格也呈上升态势，2023 年较 2019 年上升约 10％。但区域价格差别很大，成都市、德阳市等较发达的平原地区每亩年租金 900～1 000 元，而绵阳市、广元市等丘陵地区每亩年租金 600～700 元。分摊到小麦季的亩租金在300～500 元。

小麦单产：近 5 年呈较快提升态势，2023 年平均亩产达到 300 公斤左右，较2019 年提高约 17％。由于单产和市价的共同提升，相应地单位面积产值提高了约 25％。

种植收益：基于产量、原粮价格、生产成本、土地租金等核算，每亩纯收益有所提高。2023 年受调查农户的亩收益普遍在 300 元左右，较 2019 年提高 15％。其中，2022 年因市场价格达到峰值，亩收益在 500 元左右。

7. 市场发展

小麦市场需求量持续攀升，主要集中在面粉（面条）加工、酿酒（曲麦＋酒麦）、饲料等方面。大型加工企业布局四川，面条年产量超过 200 万吨，辐射西南乃至南方市场。白酒是四川重要支柱产业，行业估计年消耗小麦原料 400 万吨。同时，四川也是养殖大省，玉米和小麦需求因市场价格变化而此消彼长，当玉米价格过高时就大量使用小麦替代。因此，四川对小麦的需求十分强劲，很少出现"卖麦难"现象，且价格往往高于北方。当前，高端白酒企业、膨化食品企业对高质量的软质弱筋小麦的需求强劲，也纷纷开展专用原料基地建设，为小麦产业发展带来强劲动力。

（二）主要经验

1. 注重质量，优质育种取得新进展

2016—2022 年，四川省育成审定专用品种 13 个。其中：优质中筋（面条）品种7 个（湿面筋≥28％，面团稳定时间≥4 分钟）；酿酒"曲麦"品种 5 个（粉质率≥

80%，淀粉含量约 70%）；优质膨化品种 1 个（湿面筋含量 18%～20%，面团稳定时间 1～2 分钟）。自 2019 年起，通过特殊用途区试审定糯小麦 11 份，彩色小麦 5 份，酿酒小麦 1 份。上述特殊用途小麦品种在食品工业和轻工业利用方面有着重要作用，可为开发新型食品提供优质添加原料，进而拓宽小麦用途。

2. 注重效益，种麦积极性显著提升

全省平均亩产由 2016 年的 253 公斤提高到 2023 年的 298.98 公斤，净作小麦平均亩产达到 400 公斤左右；百亩千亩规模的家庭农场（种粮大户）平均亩产普遍达到 350～450 公斤，部分已跃升到 450～500 公斤。随着机械化技术、病虫草简化高效防控技术、烘储技术的改进和实施，生产成本大幅度下降，纯收益普遍可达 300～400 元，明显高于水稻、油菜等作物。种粮大户常说，"我们全靠小麦挣钱"。

3. 注重创新，机械化水平显著提升

四川小麦综合农机化率已由"十二五"的 59.20% 提高到 2023 年的 85% 以上，位居主要农作物之首（四川省农机总站数据）。机械化水平的显著提升主要得益于 3 个方面：一是自主创新取得突破。"十三五"期间成功研发的稻茬小麦免耕带旋播种机受到种粮大户的广泛好评。二是技术推广部门大力开展全程机械化技术示范与推广工作，极大地促进了新机具新技术的转化应用。三是政府部门持续推进购机补贴政策，促进了农业机械化发展。

4. 注重市场，全产业链科技支撑体系初步建立

跨学科深度融合，介入小麦产业链的关键环节，如产前布局规划、品种选育、良种繁育，产中栽培技术、咨询服务，产后质量管理、品牌建设等，已初步构建起全产业链科技支撑体系。例如"麦通""曲麦"全产业链科技支撑体系，由加工企业提出原料质量要求，专家团队培育（筛选）专用品种，研究配套技术，参与基地建设、咨询服务、质量评价指标体系建设等，有力促进了龙头企业如四川米老头食品工业集团公司、五粮液有机原料公司的产品质量提升和相应的品牌建设。

5. 注重合作，构建技术示范推广网络体系

通过示范基地建设、人才培养、机制创新等途径，省部两级小麦产业体系和农技推广体系紧密衔接，使体系示范县成为新品种、新技术、新机具、新机制的展示窗口。"十三五"示范县平均亩产 320.6 公斤、新品种覆盖率 95%、综合农机化率 77.1%，均显著高于全省平均水平。构建的西南地区小麦品种筛选网络，筛选及大面积示范推广了新品种、新技术，为小麦生产提供了重要支撑。

（三）存在问题

1. 市场需求旺盛，但小麦生产未得到足够重视

四川小麦主要用于面条、白酒、膨化食品生产，每年缺口 50% 左右。四川小麦因在酿酒、膨化等方面具有独特优势，收获时节常被粮商抢购，从来不存在滞销问题。

2. 应对极端气候和重大灾害的技术研发力度不够

影响大面积高产稳产的因素包括："倒春寒"低温引发的粒数不稳；秋季雨水过多引发的播种质量不高；条锈病、赤霉病引发的粒重下降；穗发芽引发的质量下降。现有品种选育和审定标准对非生物胁迫的关注较少，赤霉病抗性育种进展缓慢，需要加强兼抗多种病害和多种非生物胁迫的遗传改良，以及抗逆播种技术研发转化工作。

3. 小麦利益攸关方各自发力，融合创新力度不够

小麦产业涉及不同利益攸关方，各自目标和关注重点不同：科技人员看重科技成果，农户看重经济收益，政府强调粮食和生态安全，企业注重市场和效益。如何将各方利益融合在一起，目标一致，凝聚合力，促进小麦产业健康稳定发展，虽然已有一些探索和成效，但仍需进一步努力。

4. 对栽培技术研发不够重视，生产潜力远未发挥

栽培技术是将遗传潜力、资源潜力、气候潜力融合并转化为现实生产力的关键桥梁。由于栽培技术不受重视，导致上述三种潜力得不到充分发挥。目前四川小麦实收高产典型亩产普遍在500～700公斤，远高于品种区域试验产量和全省平均产量。"品种"始终被农户或政府部门视为硬通货，错误认为品种能解决农业生产的一切。实际上，四川省小麦品种同质化极其严重，相当部分品种审定即寿终正寝，根本没有得到转化利用（本身也没有转化价值）。经测算，同样采用当前的主导品种，如果高产栽培技术贯彻到位率能达到50%以上，则平均单产可以轻松提高20%以上。

二、四川省小麦区域布局与定位

根据《四川小麦》（余遥，1995），四川省小麦分为川西平原麦区等6大麦区。鉴于部分区域已划归重庆、部分麦区小麦面积已经很少，仅简要介绍三大主要麦区的基本情况、目标定位、主攻方向等。

（一）川西平原麦区

1. 基本情况

包括成都平原全部和部分周边浅丘地区。生产条件优越，耕地质量较高，耕层土壤有机质含量普遍在3%以上，道路、灌溉渠系配套，是小麦稳产高产区。土地流转面积较大，规模化生产基础良好。以水稻-小麦两熟为主。

2. 目标定位

以发展软质弱筋小麦为主，生产优质膨化小麦、酿酒（制曲）小麦原料，着力提高单产和生产效益。

3. 主攻方向

当前大面积生产的产量结构为亩穗数 20 万～25 万、穗粒数 37～40 粒、千粒重 45～50 克。未来需要降低植株高度，提高穗数，达到 30 万左右，穗粒数稳步提升至 40～45 粒，千粒重达到 48 克以上。

4. 技术模式

选择抗倒抗逆抗病软质弱筋品种，全面施行免耕栽培，提高播种质量和群体质量，进而显著增加穗容量。

（二）川中浅丘麦区

1. 基本情况

涵盖四川盆地大部分丘陵区，包括旱地小麦和稻茬小麦两种类型，前者分布于不同台位，土壤相对瘠薄，易受干旱威胁；后者多分布于槽沟地带，易受渍害影响。区内生产条件不及成都平原麦区，但又稍好于山区、高原麦区。

2. 目标定位

中筋、弱筋小麦并举，旱地发展优质中筋面条小麦，稻麦轮作田发展优质弱筋小麦，并着力提升产量和种植效益。

3. 主攻方向

旱地麦田在培肥土壤基础上，布局耐旱品种，提高分蘖成穗能力；稻茬小麦借助排水降渍工程，提高抗湿播种质量。

4. 技术模式

旱地小麦推行秸秆覆盖保墒技术，秋季玉米收后实施秸秆就地覆盖；稻茬小麦推行免耕抗湿播种。

（三）川西南山地麦区

1. 基本情况

小麦主要分布于大渡河、安宁河、金沙江、雅砻江及白水河流域，不同海拔高程均有分布。光热资源丰富，冬季温度较高，小麦灌浆期易受干热风影响，生产条件较差。

2. 目标定位

主要生产优质弱筋小麦，发挥光热资源优势，突出超高产。

3. 主攻方向

充分发挥高粒重优势，河谷地带亩产 600 公斤以上、高海拔地区亩产 400 公斤以上。

4. 技术模式

本区经济作物面积较大，但连作障碍突出。实施粮经复合轮作，如小葱-小麦、烤烟-小麦等模式，并引入实施滴灌栽培技术。

三、四川省小麦产量提升潜力与实现路径

（一）发展目标

——到 2025 年，四川省小麦面积恢复到 900 万亩以上，亩产达到 310 公斤，总产达到 279 万吨。

——到 2030 年，四川省小麦面积稳定在 1 000 万亩以上，亩产达到 320 公斤，总产达到 320 万吨。

——到 2035 年，四川省小麦面积稳定在 1 000 万亩以上，亩产达到 350 公斤，总产达到 350 万吨。

（二）发展潜力

1. 面积潜力

2023 年统计上报小麦种植面积接近 900 万亩。分析各大麦区的生产条件和省政府的规划，有望到 2030 年恢复并稳定在 1 000 万亩左右。不同区域恢复增长潜力不同。川西平原麦区，各地复垦撂荒地和劣质林（果）园腾退后尽量种粮，小麦增长较多，同时，随着规模化种植小麦的效益较好，农户种植小麦的积极性也较高。本区域恢复 20 万～30 万亩的潜力较大。川中浅丘麦区，覆盖面较广，也是恢复增长潜力最大的区域。改善生产条件，特别是土地整理、宜机化改造之后，农户愿意种植小麦。川西南山地麦区，温光资源丰富，单产潜力较大，但生产条件和经济条件较差，通过果-粮间套和轮作方式恢复 5 万～10 万亩也是可行的。综合各方面因素，恢复 30 万～40万亩的潜力很大。

2. 单产潜力

川西平原：广汉市 2015、2022 年小麦亩产 687 公斤；江油市 2010—2023 年亩产 5 次超过 700 公斤；平均亩产 350 公斤。本区具备良好的生产条件，百亩规模能达到亩产 500 公斤以上、个别县已实现亩产 400 公斤，因此提升潜力较大。

川中浅丘：含稻茬小麦和旱地小麦两种类型。前者因稻麦轮作田地力较高，也有很多亩产超 500 公斤的高产典型；后者属于雨养农业，坡度大、耕层浅，易受干旱影响，目前验收最高亩产在 510 公斤左右。川中丘陵区平均亩产在 250 公斤左右，稻茬小麦单产潜力较大，而旱地小麦稳定性较差。

川西南山地：主要是山地小麦，也有少量的小麦分布在河谷地带。川西高原温光资源丰富，小麦粒重很高，常年可达 60 克左右，验收亩产在 600～700 公斤。区域内平均亩产 300 公斤。通过品种更换和栽培技术配套，亩产整体提升 50 公斤是可行的。

（三）实现路径

1. 政策引导

粮食生产是最大的公益性事业，必须发挥政策的引导作用。为了建设新时代更高水平的天府粮仓，四川省委省政府和相关部门都出台了强有力的政策措施和规划方案，特别强调加大小麦恢复力度，引导农民多产粮、产好粮。

2. 市场激发

四川小麦市场需求强劲。应充分利用市场激发机制，因势利导，提高农户种麦积极性。近两年即便种粮补贴较少，种麦大户扩大生产规模的积极性越来越高。

3. 科技支撑

在良好的政策引导和市场加持基础上，还必须有科技支撑，才能真正实现增产、提质、增效。在振兴种业的基础上，充分发挥栽培技术的作用，充分释放遗传潜力、资源潜力、气候潜力和劳动潜力。

四、小麦绿色高质高效技术模式

1. 模式概述

我国每年所用化肥、农药量分别占世界总用量的 31％ 和 42％（FAO，2015），而氮素利用率仅为 25％，显著低于世界平均水平（42％）和北美水平（65％），导致土体酸化、水土富营养化等一系列环境问题。四川同其他许多地区一样，小麦生产普遍存在盲目施肥、过度用药、过量用种等影响资源利用效率和生产效益的技术问题。因此，必须按照"一控两减三基本""乡村振兴"等战略部署，切实转变农业生产方式，持续提高产量的同时，着力提升资源利用效率、生产效益和农产品质量。

以绿色发展为理念，充分利用育种、栽培、农机、植保等先进技术成果，制定适宜四川生产实际、具有引领性的小麦绿色高质高效生产技术模式，全面指导小麦生产，促进实质性减肥减药、节能降耗和增产增效。核心技术内涵包括灌溉 0～1 次、亩施氮肥（N）9～10 公斤、拌种＋一喷多防、秸秆全量还田、免耕、全程机械化；绿色目标包括亩产 500 公斤以上；氮肥、农药、种子减量 15％；生产效率、纯收益提升 20％；容重 770 克/升以上，不完善粒低于 2％。

2. 应用效果

连续多年多地示范应用表明，"小麦绿色高质高效生产技术模式"能使小麦作业效率提高 50％、增产 10％～15％，节能 30％、节药 15％、节肥 15％，纯收益提高 30％以上，秸秆得到有效利用，"节水、节肥、节药、节种、节能"效果显著，深受种粮大户（合作社、家庭农场）欢迎。

3. 技术要点

（1）搞好秸秆处理　前作水稻于灌浆后期及时排水晾田，降低收稻期间土壤湿度，减少大型机械对田面的碾压、破坏；采取半喂入式收割机低留茬（10～20 厘米）、切碎收获，或全喂入式收割机高茬收获，待小麦播前再做进一步碎草处理。

（2）合理布局品种　选择抗病、抗逆（渍害、"倒春寒"、烂场雨）品种，同时考虑终端用途或加工企业要求，如优质中筋面条品种或低筋膨化品种，或软质"曲麦"品种；开展以预防锈病、地下害虫和蚜虫为核心的拌种工作。

（3）适时机械播种　对于半喂入式收割机收获时已将稻秆切碎、均匀抛撒的地块，可以直接进行免耕带旋播种；全喂入式收割机收获的地块应于播种前 3～5 天用灭茬机对稻茬进行粉碎作业，使稻茬均匀分布。于 10 月下旬至 11 月 5 日前后播种。选用一次性完成播种、施肥等工序的免耕带旋播种机播种，亩播种量 12～15 公斤（每亩基本苗 18 万～23 万）。带封闭除草功能的播种机，可边播种边喷施除草剂；未带此功能的可以在播种完成后 2 天内喷施除草剂实施封闭除草。

（4）减量高效施肥　全生育期每亩施氮肥（N）9～10 公斤，高产目标田或偏瘦地块可增加到 12 公斤，磷肥（P_2O_5）、钾肥（K_2O）各 5 公斤，其中氮肥 60% 作底肥、40% 作拔节追肥，底肥选择配方复合肥（20 - 10 - 10）随播种一次性完成。

（5）强化中期管理　稻茬小麦于拔节初期按计划追施拔节肥，根据冬季降水和土壤墒情决定是否灌拔节水，喷施生长延缓剂，控制株高，提升群体质量。

（6）简化病虫防控　在选择抗病品种和药剂拌种基础上，减量高效施药。于齐穗至初花期，将杀虫剂、杀菌剂和磷酸二氢钾混合喷施，即"一喷多防"。花前或灌浆阶段视实际情况增加 1 次蚜虫防治。

（7）适时机械收获　联合收割机收获，麦秸全量粉碎还田，或先行捡拾打捆，再行旋田，为下茬整地插秧创造良好条件。

（8）及时晾晒烘干　下场原粮若不能立即入库，视水分含量高低灵活选择脱水干燥方式，水分在 15%～20% 范围，采取"地笼式"简易干燥设施，结合自然晾晒即能完成干燥处理；若水分超过 20%，或天气持续阴雨，需要"塔式"烘干设施进行干燥处理。

（9）适时深松作业　连续免耕 3～4 年后，开展一次深翻或深松作业，破除犁底层，以加深耕层。

五、拟研发和推广的重点工程与关键技术

（一）重点工程

1. 良种工程

国家部委针对区域发展瓶颈问题，部署了重大育种专项，旨在提高四川乃至整个

西南小麦的种业基础，并每年投入科研专项经费主攻小麦赤霉病育种。

2. 产业集群建设

四川已首批启动两大小麦产业集群建设，即成都平原弱筋小麦产业集群和川东北小麦产业集群。集群建设区域内含 14 个县（市、区），3 年亩产提升 30 公斤以上。

3. 农机"四合一"项目

为了提高自主研发制造水平，全国 7 个省市从农机购置补贴资金中抽出部分资金开展"研发、制造、示范、推广"一体化工程，简称"四合一"工程。四川成为 7 个试点之一，小麦项目着重解决播种机研发、提高播种质量问题。

（二）关键技术

1. 化肥建设与养分高效利用技术

坚持秸秆还田培肥土壤，高肥力是化肥减施的基础。同时，坚持周年统筹，合理分配稻麦、玉麦两季作物的施肥量、分配方式，以最大限度减少流失浪费，提高化肥利用效率。

2. 抗逆高效播种技术

"七分种、三分管"，播种质量好则更加有利于后续管理。无论是稻茬小麦还是旱地小麦，播种质量成为产量高低和效益好坏的决定性因素。在土湿土黏和大量秸秆还田背景下，持续提高播种质量是重中之重。

3. 农药减施与病虫高效防控技术

随着气候变化和秸秆持续还田，病虫草害愈加复杂和难以有效控制。需要从品种抗性提升和施药技术革新两个方面突破，进而提升防控效果，逐渐减少药量。

4. 抗灾减灾技术

极端天气愈加频繁，灾害愈加不可预测和控制。如何有效防控低温冻害、冷害，高温、干旱，烂场雨等，成为能否稳产和持续高产的关键。需要研究推广旱地小麦抗旱技术、稻茬小麦抗湿技术、"倒春寒"冷害防控技术、穗发芽防控技术。

5. 节能高效烘储技术

四川夏粮和秋粮收获期间都易遭遇多雨天气，减损即是增产，必须建设节能、可靠、高效的烘储平台和技术，以支撑规模化粮食生产。

六、保障措施

1. 改善基础生产条件

小麦机械化程度高，丘陵山区不适宜人工作业，需要加大基础条件改造力度和持续推进土地流转或创新合作社模式。为了提高资金使用效率和更加符合农业生产的需要，在高标准农田建设和宜机化改造过程中，应充分征询用户意见，或者由用户主导进行。

2. 强化产业政策支持

四川小麦是夏粮生产的主体，同时也具有强大的市场需求。政府在提升粮食产能特别是新增千亿斤粮食产能和更高水平天府粮仓建设的过程中，需要加大对小麦产业的扶持，着力恢复面积、增加单产、改善品质、提升效益。

3. 强化栽培技术创新

种业受到广泛关注和各级部门支持，但机械研发、栽培技术创新、防灾减灾等领域得到支持较少，强度弱，创新不够，技术储备不足。遇到极端环境的时候往往显露短板。

4. 培育壮大生产主体

新型经营主体是当前和未来粮食安全的中坚力量。生产主体培育需要继续在三个方面发力：进一步扩大群体数量；着力改善生产条件和经验平台；持续提升生产、经营、创新三种能力。以此为基础，不断提高盈利能力，激发种粮热情。

5. 强化品牌建设

加工企业是小麦产业健康发展不可或缺的主角之一，培育小麦多元化产品品牌，提升市场竞争力，进而促进和带动小麦产业发展。四川在酿酒、膨化等多个方面具有独特优势，需要多方努力强化小麦产业品牌建设。

山西

山西省小麦单产提升实现路径与技术模式

小麦是山西省第二大粮食作物，主要分布在山西南部。2023年小麦面积803.8万亩，产量49.42亿斤，占全省粮食产量的16.72%。山西省是全国小麦主产省之一，种植面积位于全国第11位。2023年以来，山西省按照国家小麦大面积单产提升方案要求，针对性制定符合本省生产现状的技术路线、细化措施，以大面积单产提升为目标，切实提升全省小麦和粮食生产水平。

一、山西省小麦产业发展现状与存在问题

（一）发展现状

1. 面积与产量变化

2006—2017年山西省小麦面积稳定在1 000万亩左右，近5年面积约800万亩，其中旱地小麦面积约占全省小麦面积的45%，水地小麦约占55%（图1）。近年来，山西省小麦总产基本稳定在200万～250万吨，单产水平逐年提高，2006—2014年平均亩产为200～250公斤，近10年亩产均高于250公斤，2021年突破300公斤，达302.2公斤。可见，近年来山西省小麦面积虽然缩减，但总产水平保持稳定，主要原因在于单产水平的提高。

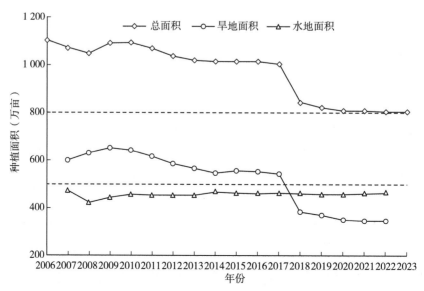

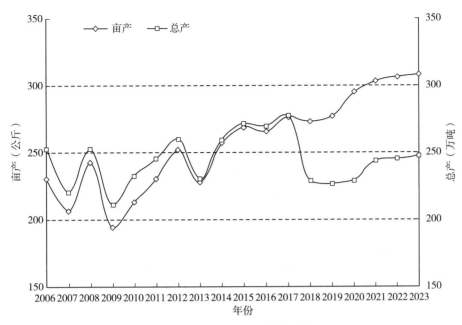

图 1　山西省小麦面积与产量情况

2. 品种审定与推广

近 5 年来，山西省选育了适宜山西南部中熟冬麦区和中部晚熟冬麦区的水地高产稳产品种、旱地丰产型品种，同时从山东、河北等地引进了水地优质中强筋品种，并示范推广。主推品种如下：

（1）南部中熟冬麦区

水地：品育 8012、晋麦 109、晋麦 109、晋麦 96、临麦 5311、翔麦 23、云麦 766、济麦 22、烟农 999、烟农 1212、鲁原 502、石 4366 等，强筋和中强筋品种有晋麦 95、济麦 23、济麦 44、中麦 578 等，示范推广云麦 766、烟农 1212、晋麦 110、沃麦 19 和马兰 1 号等。

旱地：临旱 8 号、临丰 3 号、晋麦 101、晋麦 102、品育 8161、品育 8155、运旱 1392、运旱 139－1 和运旱 805 等，强筋和中强筋品种有晋麦 92、晋麦 101、运旱 618 和运旱 115 等，示范推广品种有运旱 1392、金麦 919 和中麦 36 等。

（2）中部晚熟冬麦区

水地：晋太 146、晋太 1508、晋太 102、长麦 251、长 6794、长麦 251、太 412 和中麦 175 等。

旱地：长 6990、长麦 6197、长 6878、太 1305 和泽麦 3 号等。

3. 农机装备

为挖掘品种潜力，提高水分、养分利用效率和产量，山西省相关科研单位研制升级改造了小麦播种、镇压、喷药等机械，例如宽幅条播机械、宽窄行探墒沟播机械、小麦旋耕施肥播种镇压一体机械，通过有效利用光能，可促进小麦分蘖，达到显著增产的目的。此外，山西省为了实现小麦生产全程机械化，山西省农业机械发展中心制定了《小麦生产全程机械化技术解决方案示范实施方案》，不仅在购置新装备方面给予补助，而且设立项目给予经费支持，在播前准备、机械播种、田间管理、机械收获等方面开展了小麦生产全程机械化示范推广，通过项目的实施，补齐小麦全程机械化生产短板，提高薄弱环节服务水平，实现小麦生产全程、全面、高质、高效目标。

4. 栽培与耕作技术

近年来，针对旱地小麦干旱缺水、土壤贫瘠、产量低而不稳等问题，山西省研发并集成旱地小麦休闲期深翻蓄水保墒技术、旱地小麦深松蓄水保墒技术、小麦适水减肥探墒沟播抗旱栽培技术、旱地小麦一优四改探墒沟播绿色栽培技术，实现全年蓄水保墒、降水跨季节利用，以及增产增效目标。针对水地小麦品种高产潜力挖掘不足、耕地质量差、播种量大、水肥利用效率低等问题，山西省研发了冬小麦-夏玉米水肥一体化高产栽培技术、晚播小麦促弱转壮技术、灌区小麦耕播优化水肥精量绿色高产栽培技术，充分挖掘品种潜力、高效利用光热资源、节约水肥资源，实现高效高产目标。

5. 品质状况

近年来，山西小麦收获质量安全状况较好。2020年，一等至五等小麦比例分别为59.5%、26.2%、7.1%、4.8%、2.4%，无等外品，三等以上的占92.8%；与上年相比，一等比例增加7.1个百分点，三等以上比例增加4.8个百分点。2021年，扦样信息统计结果显示，49份样品包括晋麦47、济麦22、山农20、临旱6号等31个品种。从品种优质类型看，属于强筋品种的有2份，占比4.08%；属于中强筋品种的有5份，占比10.20%；属于中筋品种的有41份，占比83.67%；属于弱筋品种的有1份，占比2.04%。从全部指标达标情况看，该份样品不符合优质强筋和优质弱筋小麦品质指标要求。从单项指标看，容重、不完善粒和降落数值等3项指标均达到优质指标要求；粗蛋白含量（干基）、湿面筋含量（14%水分基）和面团稳定时间等3项指标均未达到优质指标要求；烘焙品质评分值达到优质强筋指标要求。2022年，山西省新收获小麦中，一等至五等比例分别为72.9%、16.5%、7.2%、2.1%、0.4%，等外品为0.9%；中等（三等）以上比例占96.6%，高于全国96.2%的水平。

6. 成本收益

小麦作为第二大粮食作物，其种植经济效益及未来发展趋势与麦农利益及全国粮食安全息息相关。近几年，小麦投入总成本小幅上涨，一是物质服务费微增，主要原因是大部分种植农户选择了价高质优的耐寒高产优良品种，价格较高的复合肥使用比例增加，病虫害的加剧促使农户选择使用药效更好的复合型农药，极端天气的发生促使农民积极投保；二是人工成本增加，人工成本约300元/亩。小麦亩产逐年增加，产值提高，总成本虽有所上涨，但土地租金有所降低，整体而言，农户收益仍然向好。

7. 市场发展

小麦生产在社会发展和农业经济发展中具有举足轻重的地位，关系到人们生活营养和健康，近年来生产成本高、效益低、市场竞争力弱制约着小麦生产，使山西省小麦种植面积减少，总产徘徊不前，已威胁到全省人民的"口粮安全"。但是，近几年随着国家鼓励土地流转和扶持家庭农场、种粮大户政策的相继出台，促进了山西省小麦生产由分散种植向规模化、集约化种植过渡，这对稳定山西省小麦种植面积，稳步提升单产和总产，提高山西省小麦自给率至关重要。

（二）主要经验

1. 品种方面

大力引进推广高产优质品种，加大品种筛选试验示范。同时，加强对供种企业和种子市场的监督检查，确保所供小麦种子质量高、数量足，坚决杜绝假冒伪劣种子坑农害农事件的发生。

2. 技术研发方面

技术方面，单项技术对产量的提升作用有限，集成多个单项技术的综合技术成为助推山西小麦近年来单产稳步提升的重要前提。

（1）冬小麦耕播优化水肥精量绿色高产栽培技术　本技术由山西农业大学农学院高志强教授团队研发，小麦品种选用烟台农科院姜鸿明研究员培育的分蘖强、超高产、多抗、优质中筋烟农 1212，同时引进山东省先进宽幅条播机械，根据小麦春季分蘖消长进程，研发出因蘖精确浇水施肥技术，集成了冬小麦耕播优化水肥精量绿色高产栽培技术。该技术将传统窄幅条播方式调整为宽幅条播，扩大行距，扩大播幅，深松、旋耕、施肥、播种一次完成，并在春季根据分蘖的消长动态调整追肥和灌水时间，能够针对性地解决小麦个体与群体生长矛盾，增加个体生长空间、提高光合作用效率，促进根系、叶片的生长；通过减少春季无效分蘖发生，促进分蘖两极分化，同时采用水肥一体化减少灌溉量和追肥量（尤其是氮肥），实现了籽粒产量与水肥利用效率的协同提高。2020 年、2021 年、2022 年和 2023 年农业农村部组织专家组进行实打验收，亩产分别为 790.2 公斤、830.84 公斤、855.13 公斤和 825.99 公斤，其中2020、2021、2022 年连续三年突破山西省小麦单产最高纪录，2023 年小麦百亩产量达 748.49 公斤/亩。

水肥一体化技术是山西省小麦进一步增产的主要措施，其一方面充分利用了土地面积，另一方面精准灌水施肥，不仅节约资源，而且提高了水肥利用效率，实现了增产。因此在农田基础设施较好、有灌溉条件的地区，以滴灌、微喷灌、垄膜沟灌、膜下滴灌为重点模式，推广水肥一体化技术。

（2）小麦适水减肥探墒沟播抗旱栽培技术　该技术是"三提前"蓄水保墒技术、探墒沟播技术与适水减肥技术的集成。近年来的经验证明，"三提前"蓄水保墒技术，根据播前土壤墒情应变地施用肥料，再与探墒沟播播种技术相结合，可促进周年蓄水保墒增产，协调旱地小麦土、肥、水、根、苗五大关系，实现降水资源的周年调控与土壤水分的跨季节利用、水肥资源高效利用。因此，应继续大力推广。

旱地加大有机培肥力度，走有机旱作之路。建立完善的小麦与其他作物轮作系统，增加有机肥投入或有机肥替代化肥，提高土壤肥力。近年来，山西省大力倡导发展"有机旱作"农业。山西小麦，尤其是旱地小麦应抓住机遇，在有机培肥、改善地力的基础上走有机旱作的绿色发展之路。

（3）注重植保技术和防灾减灾技术的推广与应用　病虫害仍是影响小麦生产的重要因素之一。针对小麦生育期赤霉病、条锈病、白粉病、叶锈病、麦蚜、吸浆虫等多种病虫多发的特点，采取小麦条锈病"带药侦察，早春预防"技术、小麦赤霉病预防技术、"一喷三防"等技术。此外，"十二五"期间发展起来的无人机喷药技术，近年来已得到大面积推广应用。该技术有效解决了防治病虫害关键时期农村劳动力不足的问题，而且有利于规模化种植、规模化管理，与小麦生产发展的方向一致。防灾减灾方面，"十三五"期间引进的免耕沟播机械探墒沟播，得到大面积推广应用，解决了山西省冬小麦干旱无法播种问题；近年来山西省极端天气频繁出现，例如2021年播种期秋汛，全省实施"双减双抢"行动，确保秋收秋种；2023年小麦生长中期"倒春寒"、生长后期梅雨天气等，全省小麦产业技术体系实施万名科技工作者进村入户行动，助力春耕保丰收。

3. 技术培训方面

为保障小麦生产顺利进行，山西省每年组织省、市、县相关专家到各小麦生产县开展"三队包联"或"进村入户"等技术服务，定期视察苗情，提出指导意见，通过田间及室内技术培训、明白纸发放等形式帮助农民科学合理地管理小麦，提高小麦产量和水肥利用效率，并取得了良好效果。同时，为了及时给农民提供技术指导，保障生产，采取多样的技术培训方式。例如，2020—2022年，由于疫情影响，现场技术培训工作受到影响，苗情状况亦无法像往常一样实地考察。为了小麦生产不受影响，尤其是为了保证春季田间管理的正常进行，疫情期间，山西省的小麦专家通过网络开展技术培训工作。如国家小麦产业技术体系岗位科学家、农业农村部小麦专家指导组成员、山西省政协委员、山西农科110专家高志强教授通过山西省两个小麦生产指导微信群（山西省小麦技术推广工作群、小麦人交流群）或电话访谈省、市、县技术人员了解当前小麦苗情、墒情与病虫草害情况。山西省小麦产业体系专家孙敏教授通过微信、QQ及邮件等网络渠道收集全省小麦生产中的情况，并通过乡村e站开展春季管理技术培训。

2023年疫情防控放开后，坚持"一线工作法"，组织全省农技人员包县包村包主体，到村到户到田头，送政策送技术送信息。聚焦稳粮保供、扩油扩豆和推动农业"特""优"发展，开展农业技术指导服务，帮助当地遴选适宜品种和主推技术，引导农户使用优良品种和先进适用技术；指导农民研判市场需求，合理调整种养结构，引导发展设施农业、规模化养殖等特色产业；分品种制定良田、良种、良法、良机、良制集成组装的综合性方案，依托现代农业科技示范基地开展技术示范培训；指导农户做好自然灾害预防、重要病虫害防治、畜禽重大动物疫病防控、农业生态环境保护，保障安全生产。

(三) 存在问题

1. 气象因素对小麦生产的不利影响

（1）降水量与时空分布引起的季节性干旱 山西省 45% 左右的旱地小麦生产主要受到降水量及其时空分布的影响。春季降雨的多少与迟早是影响小麦产量的主要因素，对于产量的形成起到关键性的作用。其次是底墒情况，休闲期降雨多，播前墒情好，利于培育冬前壮苗，为丰产的打下基础，但如果遭遇春季大旱，产量水平会很低甚至绝产。

（2）低温冻害和暖冬危害 低温冻害和暖冬危害也在一定程度上影响山西省小麦产量。近年来，全省范围内多年发生罕见的大风降温天气。同时，该时期冬季雨雪普遍偏少，气温偏高，暖冬现象明显，对小麦生长不利，主要表现为：一是冬小麦生长过旺；二是耕地失墒严重；三是病虫越冬率高导致开春病虫害加剧。

2. 小麦主要病虫害发生情况及对产量的影响

受气象条件等系列因素的影响，每年病虫害发生情况均有所变化。例如，2021年，小麦病虫总体中等发生。其中小麦红蜘蛛偏轻，局部中等发生；小麦穗蚜中等，局部偏重发生；小麦吸浆虫轻发生；地下害虫偏轻发生；白粉病中等，局部偏重发生；纹枯病在南部高水肥麦田偏轻发生；叶锈病中等，局部偏重发生；小麦条锈病在运城、临汾麦区偏轻发生。而2022年，小麦中后期病虫总体中等，局部偏重发生，病害轻于上年，虫害重于上年，总体接近于常年。其中，蚜虫在运城、临汾麦区偏重发生，麦蜘蛛中等发生，在部分旱地偏重发生，白粉病中等发生，在部分抗性差、群体密度大的麦田偏重发生。病虫害发生的差异给管理带来不确定性，从而影响产量。

二、山西省小麦区域布局与定位

(一) 山西南部中熟冬麦区

1. 基本情况

山西南部中熟冬麦区主要包括运城、临汾的平川县，晋城市的沁水、阳城、泽周等县的沁河流域和长治市的黎城、平顺沿太行山西侧的河谷地带。这一区域地势比较平坦，海拔 300～600 米，年平均气温 12～14℃，活动积温 3 700～4 400℃，无霜期 180～220 天，降水量 500～600 毫米。全区土壤肥沃，生育期长，可一年两熟，是山西省小麦主产区。

2. 目标定位

山西南部中熟冬麦区在全国小麦区划中属华北平原中熟冬麦区，小麦种植面积约占全省小麦面积的 75%，产量约占全省小麦总产的 90%，是山西省小麦商品粮生产基地。水地小麦产量目标要求 450～600 公斤/亩，产量构成仍以多穗为主，兼顾争取穗重，产量结构为每亩穗数 40 万～45 万穗，每穗粒数 30～35 粒，千粒重 40 克以上。超高产品种结构设计为每亩 40 万穗，每穗 40 粒，千粒重 40 克。育种对籽粒品质要求达到中筋，重点主攻强筋类型。旱地小麦产量目标，肥厚旱地为 300～400 公斤/亩，薄旱地为 150～250 公斤/亩。育种关键是协调丰产性和抗旱性，以保证年度间产量的稳定性。

3. 种植结构

山西南部中熟冬麦区水地种植结构主要是小麦-玉米轮作，旱地的种植结构主要是夏休闲-冬小麦。

4. 品种结构

山西南部中熟冬麦区水地小麦品种为冬性，南部沿黄沟谷地区为弱冬性。主要特点是高产稳产、抗倒性较好。旱地小麦品种为强冬性，越冬期要求比水地品种高一个档次，主要特点是抗旱、高产稳产。

5. 技术模式

近年来，技术模式主要采用山西省农业生产主推技术，如水地采用冬小麦-夏玉米水肥一体化高产栽培技术、晚播小麦促弱转壮技术、灌区小麦宽幅条播因蘖施肥节水减肥技术；旱地采用小麦探墒沟播适水减肥抗旱栽培技术、旱地小麦一优四改探墒沟播绿色栽培技术。

（二）山西中部晚熟冬麦区

1. 基本情况

山西中部晚熟冬麦区主要包括临汾市的东西山区各县，晋城市各县、市，长治市各县、市；阳泉市，晋中市各县、市，吕梁市平川县离石、中阳、柳林、临县、交口、石楼及兴县的沿黄河地带，忻州市的忻府、定襄、原平等县，太原市的清徐、小店和北郊。这一地区平均海拔 800 米，无霜期 150～180 天，年平均气温 9.4℃，年降水量 400～600 毫米。

2. 目标定位

山西中部晚熟冬麦区在全国小麦区划中属北部晚熟冬麦区，小麦总面积约 200 万亩，产量约占全省小麦总产的 10%。水地麦田产量目标 400～500 公斤/亩，结构以多穗为主，产量结构为每亩 45 万～50 万穗，每穗 25 粒，千粒重 45 克。育种关键是抗寒性，通过抵御低温冻害来实现增产。旱地麦田产量主要以多穗为主，高粒重能充分利用后期有利灌浆条件。

3. 种植结构

山西中部晚熟冬麦区水地种植结构是小麦（高粱或大豆或玉米）轮作，旱地种植结构是夏休闲期-冬小麦。

4. 品种结构

水地小麦品种要求为强冬性，产量高，稳产，优质，抗冬季严寒，越冬性好，耐晚播，较早熟，后期抗高温干热。旱地小麦品种要求抗旱抗寒耐瘠，抗寒越冬性比本区水地品种更高，中期抗旱能力要强，后期耐干旱、高温、干热风，灌浆快、早熟。

5. 技术模式

近年来，技术模式主要采用山西省农业生产主推技术，例如水地采用晚播小麦促弱转壮技术、灌区小麦宽幅条播因蘖施肥节水减肥技术；旱地采用小麦探墒沟播适水减肥抗旱栽培技术、旱地小麦一优四改探墒沟播绿色栽培技术。

（三）山西北部春麦区

1. 基本情况

山西北部春麦区主要包括大同市、朔州市的各县、区，忻州市的繁峙、五台、宁武、静乐、神池、五寨、岢岚、偏关和河曲、保德县的丘陵区，太原市古交、阳曲县。这一地区平均海拔 1 000 米，无霜期 110～140 天，年平均气温 7.4℃，年降水量 400 毫米。

2. 目标定位

山西北部春麦区在全国小麦区划中属北部春麦亚区，由于小麦效益低，种植面积较少。水地麦田产量目标 266～366 公斤/亩，结构以多穗为主，产量结构为每亩 35 万～40 万穗，每穗 30～35 粒，千粒重 32～38 克。旱地麦田产量目标 133～166 公斤/亩，产量结构为每亩 15 万～20 万穗，每穗 20～25 粒，千粒重 33～37 克。

3. 种植结构

山西北部春麦区为小麦一年一熟或春小麦-蔬菜一年两熟模式。

4. 品种结构

水地小麦品种要求为春性，春化光照反应为中等敏感。生育期前慢后快，苗期生长稳健，适应低温和干旱，后期耐高温，灌浆快。成熟期进入雨季，要求早熟。旱地要求耐旱、耐瘠，对光照中等敏感。

三、山西省小麦产量提升潜力与实现路径

（一）发展目标

——2025 年目标定位。到 2025 年，山西省小麦面积稳定在 800 万亩左右，亩产达到 310 公斤，总产达到 240 万～250 万吨。

——2030 年目标定位。到 2030 年，山西省小麦面积稳定在 800 万亩左右，亩产达到 330 公斤，总产达到 260 万～270 万吨。

——2035 年目标定位。到 2035 年，山西省小麦面积稳定在 800 万亩左右，亩产达到 340 公斤，总产达到 270 万～280 万吨。

（二）发展潜力

1. 面积潜力

在小麦种植区域布局上，要稳定运城和临汾两市半冬性麦区小麦面积，恢复扩大晋城市、长治市、晋中市、吕梁市和太原市等强冬性麦区的种植面积，适度发展忻州市以北地市的春小麦生产，推广小麦与其他作物立体种植等技术，多方位确保小麦面积稳定。

2. 单产潜力

重点加快推进高标准农田建设，挖掘旱地小麦增产潜力，稳步提升单产和总产，力求年度总产量稳定在 50 亿斤以上，努力提高山西省小麦自给水平。

（三）实现路径

山西省需要在供给侧结构性改革方面重点发展绿色、高效、营养、健康的小麦产业。引进、选育、示范推广一批高产、优质、抗病、抗倒、抗逆性强的品种，发挥优良品种的增产潜力。集成推广节本增效栽培技术，确保小麦面积稳定，生产水平稳步提升。

四、山西省可推广的小麦绿色高质高效技术模式

（一）灌区小麦宽幅条播因蘖施肥节水减肥技术

1. 技术概述

该技术改窄播幅为宽播幅，改窄行距为宽行距，且在春季根据苗情调整追肥和灌水时间，充分解决小麦个体与群体生长矛盾，促进根系、叶片的生长，提高光合作用效率，节省化肥尤其是氮肥投入。可增产 12%～25%，提高水分利用效率 8%～10%，提高氮肥偏生产力 20%～26%、磷肥偏生产力 18%～24%，减少氮肥投入12% 和磷肥投入 10%。

2. 技术要点

（1）选用高产稳产、抗逆性好，适宜该生态区域水地种植的小麦品种。中部晚熟冬麦区适宜播期为 9 月 25 日至 10 月 3 日，南部中熟冬麦区适宜播期为 10 月 5～10 日。

（2）选用小麦楼腿式或圆盘式宽幅条播播种机，一次完成深松、旋耕、施肥、播

种、镇压等作业。深松深度 30～40 厘米，播种深度 3～5 厘米、行距 22～25 厘米、苗带宽 5～8 厘米。

（3）氮（N）、磷（P_2O_5）和钾（K_2O）肥施用量分别为每亩 17.5 公斤、9.0 公斤和 2.0 公斤。在小麦春季分蘖消亡时，进行灌水和追肥（氮肥基追比为 6：4）。

（4）各生育期及时进行病虫草害防治。后期叶面喷施磷酸二氢钾，增强光合速率，延长叶片光合作用时间，促进灌浆，增加千粒重。

3. 适宜区域

全省水地冬小麦产区。

4. 注意事项

宽幅条播机需要 150 马力以上牵引，行走速度应小于 5 千米/小时；确保下种均匀、深浅一致、行距一致、不漏播、不重播。

（二）晚播小麦促弱转壮技术

1. 技术概述

晚播弱苗麦田冬前积温不足，分蘖和次生根少，采取以防冻、防旱、防早衰、促生长，即"三防一促"为中心的技术措施，培育健壮个体、合理群体，可实现促弱转壮，增穗增粒提粒重，为小麦丰产奠定基础。

2. 技术要点

（1）分类冬浇 抢时晚播、整地质量差、麦苗发育慢的弱苗田，应尽早冬浇；播种过晚、冬前"一根针"或"土里捂"的麦田，不宜冬浇或用微喷（滴）灌等少量浇水。

（2）镇压锄划 弱苗田应在开春雨后或浇水后墒情适宜时浅锄划，早春顶凌期浅锄划或轻耙。

（3）春浇施肥 冬前未浇水弱苗田，应在 2 月中下旬浇水。已冬浇墒情好弱苗田，应在起身中后期浇水，墒情差则应在起身前期和拔节中后期两次浇水。每次浇水每亩应追施硝酸磷或尿素 5～7.5 公斤。

（4）化学除草 返青至拔节前于日均气温 8.0℃以上的无风晴天进行化除，减少杂草争肥争光。

（5）防病虫害和"一喷三防" 做好麦蚜、麦蜘蛛和白粉病、根腐病、茎基腐病等监测防治。抽穗至灌浆中后期结合喷施叶面肥进行"一喷三防"2～3 次，防病防虫防早衰。

3. 适宜区域

全省弱苗麦田。

4. 注意事项

冬浇不宜过晚和灌水过多，应晴天中午浇水，水到地头立即停水，小水慢浇。

（三）小麦探墒沟播适水减肥抗旱栽培技术

1. 技术概述

针对黄土高原干旱半干旱地区冬小麦生产上存在的干旱缺水、土壤瘠薄、产量低而不稳、水肥利用效率低等问题，采用抗旱高产品种，集成研发了旱地小麦蓄水保墒技术、宽窄行探墒沟播技术、适水减肥技术，有效增加了播前底墒，减少了肥料过量施用问题，实现高产、优质、绿色生产。

2. 技术要点

（1）旱区小麦休闲期耕作蓄水保墒　前茬小麦收获时留高茬，入伏第一场雨后，每亩撒施腐熟农家肥 2～3 吨或精制有机肥 100 公斤，采用深翻机械深翻 25～30 厘米，或采用深松施肥一体机深松 30～35 厘米。立秋后旋耕整地，旋耕深度 12～15 厘米，耕后耙平地表。

（2）探墒沟播　选用带有锯齿圆盘开沟器的宽窄行探墒沟播播种机，一次完成灭茬、开沟、起垄、施肥、播种、覆土、镇压等作业。亩施复合肥（N - P$_2$O$_5$ - K$_2$O 为 10 - 8 - 3）60～80 公斤。开沟深度 7～8 厘米，起垄高度 3～4 厘米，秸秆残茬和表土分离于垄背上，化肥条施于沟底部中央，种子分别着床于沟底上方 3～4 厘米处、沟内两侧的湿土中，形成宽行 20～25 厘米、窄行 10～12 厘米的宽窄行种植方式。在常规播种基础上，播期提前 2～3 天，播量增加 0.5～1.0 公斤/亩。

（3）冬前管理　遇雨发生板结，墒情适宜时耧划破土。小麦 3～5 叶期，杂草 2～4 叶期化学除草。

（4）春季管理　早春耙糖、划锄、镇压。返青至抽穗开花期做好病虫害防治。提前喷施 30％腐植酸水溶肥 40 毫升/亩、植物生长调节剂羟基芸薹素甾醇 10 毫升/亩、氨基酸微量元素水溶肥 30 毫升/亩。

（5）后期管理　后期做好"一喷三防"，防病虫、防早衰、防干热风。

3. 适宜区域

全省旱地小麦区。

4. 注意事项

（1）休闲期蓄水保墒技术保水效果显著，一定要配合立秋后耙糖收墒才能发挥蓄水保墒的良好效果。

（2）采用宽窄行探墒沟播机，作业拖拉机不小于 120 马力，播种作业速度不大于 5 千米/小时。

（四）旱地小麦一优四改探墒沟播绿色栽培技术

1. 技术概述

该技术针对山西省旱地小麦生育期干旱少雨、降雨错位、土壤肥力低、耕作粗放、伏期蓄水少，产量低而年际波动大等问题，通过选用优质专用品种、休闲期适时深耕、磷肥耕种分施、增有机肥减化肥、探墒沟播方式播种等措施，达到品种提质节水、耕作蓄水保水、培肥涵养水分、氮磷互作高效，沟播抗旱探墒。年推广 100 余万亩，亩均增产 12.2%，年度产量波动减轻 15%，实现了旱地小麦稳产优质高效和土壤耕层保育用养结合。

2. 技术要点

（1）选用优种　选用稳产耐旱节水广适优质强筋、中强筋品种，如晋麦 92、运旱 618 和品育 8161 等。

（2）适时深耕　机械收获留茬 25 厘米以上，麦秸全量还田，覆盖保墒，改入伏早深耕为立秋至处暑适时深耕 25～30 厘米；或隔年 7 月上中旬深松 35～40 厘米，处暑前后深耕。

（3）分次施磷　改播种一次施磷为耕和种两次各施磷肥 50%；改单施化肥为亩增施 1 500 公斤优质有机肥，减施 25%～30% 氮磷肥，即亩施氮肥（N）8～9 公斤、磷肥（P_2O_5）3.5～4 公斤。

（4）适期播种　中部麦区适播期为 9 月底到 10 月初，南部麦区适播期为 10 月上旬，亩播量 10 公斤，播深 4～5 厘米。

（5）探墒沟播　采用专用沟播机播种，一次性完成灭茬、开沟、播种、施肥、覆土、镇压等，确保苗全苗匀，减少失墒跑墒。

3. 适宜区域

全省旱地冬小麦产区。

4. 注意事项

有机肥推荐腐熟猪粪，其次为羊粪。沟播机播种应注意播种深度，防止过深。

五、拟研发和推广的重点工程与关键技术

依据国务院《"十四五"推进农业农村现代化规划》、农业农村部《"十四五"全国种植业发展规划》和山西省人民政府《山西省"十四五"农业现代化三大省级战略、十大产业集群培育及巩固拓展脱贫成果规划》，山西省编制印发《山西省"十四五"种植业发展规划》（以下简称《规划》），提出"十四五"期间，粮食综合生产能力稳步提升，粮食和重要农产品供应保障更加有力，种植结构调配更加科学，推动种植业绿色高效高质健康快速发展，努力实现"稳粮保供、提质增效、转型升级"。

近年来，山西省围绕"特色牌"做文章，深入实施农业"特""优"战略，以有机旱作和功能农业为发展方向，逐步走出一条"特""优"农业高质量发展之路。此外，围绕 2027 年山西省 150 亿公斤粮食的产能目标，抓住种子和耕地两个要害，实施玉米、小麦等主要粮食作物良种联合攻关，加快高产优质品种更新。新建改造高标

准农田 1 200 万亩，新增恢复水浇地 300 万亩。实施单产提升行动，集成配套良田、良种、良法、良机、良制，在南部两作区创建吨半粮田，整建制开展高产创建，示范带动大面积均衡增产。具体如下：

1. 引导小麦优质生产

扩大优质小麦种植面积，提高麦农经济效益，开发优质功能性面粉产品。

2. 提高整地播种质量

一是大力推广隔年深翻或深松技术，打破犁底层，促进小麦扎根生长；二是高质量秸秆还田，要选用大马力秸秆还田机，粉碎秸秆，摊铺均匀，旋耕两遍还田，旋耕深度达到 12 厘米以上；三是播前播后镇压，压实土壤，防止土壤悬虚造成小麦吊根。

3. 采用规范化播种技术，发展绿色高效生产

大力推广配方施肥技术，合理施肥，化肥深施，提高肥料利用率。近年来，由于探墒沟播技术具有减少耕作次数、操作简单、减少成本、保护性耕作、绿色环保等优点，同时集成探墒抗旱播种技术，化肥深施提高肥效，播后镇压提高出苗率等多项先进实用技术，得到广大麦农的欢迎，应用面积迅速扩大。在探墒沟播技术的基础上，针对该技术单位面积穗数提升难度大等限制产量进一步提升的问题，开展了宽幅沟播机械的研发和配套技术的集成，以便进一步提高生产水平。

4. 采用水肥一体化技术

水地要大力推广水肥一体化技术。水肥同施，可提高水肥利用效率，减少农田面源污染。在此基础上，采用优良品种，结合先进实用的播前整地技术和规范化播种技术，集成耕播优化水肥精量技术并推广应用。

5. 采用抗倒伏技术

要因地制宜选用高产稳产抗逆性好的良种，适量播种，科学施肥，防止倒伏。

6. 做好抗旱抗灾准备

一要选用抗旱性强的品种，中部选择冬性强的冬性品种，南部选择半冬性品种，禁止跨区调种，严防冻害。二要采取抗旱措施，选用抗旱性好的品种，兼顾高产与稳产，推广休闲区蓄水保墒技术、探墒沟播技术、播后镇压等多项旱作技术。

六、保障措施

根据《国务院办公厅关于防止耕地"非粮化"稳定粮食生产的意见》（国办发〔2020〕44 号）精神，结合山西省实际，制定了《山西省防止耕地"非粮化"稳定粮食生产工作方案》。2023 年山西省委 1 号文件对"三农"工作、乡村振兴作出全面部署，提出了山西省将全面落实粮食安全党政同责，签订耕地保护和粮食安全责任状，逐级分解任务，压紧压实责任，确保面积稳定。全方位夯实粮食安全根基，强化藏粮于地、藏粮于技物质基础，健全辅之以利、辅之以义保障机制。

1. 加大政策支持力度

（1）用好新增耕地指标政策　严格落实高标准农田建设等新增耕地指标政策，将高标准农田建设产生的新增耕地指标调剂收益优先用于农田建设再投入和债券偿还、贴息等。

（2）落实耕地地力保护和农机购置补贴政策　按照国家耕地地力保护补贴政策要求，制定山西省实施方案，确定补贴依据，明确补贴标准，精准补贴范围，以"一卡（折）通"形式直接兑现到户，切实保护好种粮农民利益。落实国家农机购置补贴政策，将符合产业发展的小麦耕作、播种及收割机械按规定纳入补贴范围，做到应补尽补，着力改善农业装备结构，提高农机化水平，增强农业综合生产能力。

（3）支持粮食生产功能区建设　加大粮食生产功能区政策支持力度，小麦主产区相关农业资金向小麦生产功能区倾斜，优先支持粮食生产功能区内目标作物种植，加快将粮食生产功能区建成小麦-玉米"吨半粮"的高标准粮田。认真落实《关于扎实做好粮食生产功能区划建管护工作的通知》（晋政办发〔2018〕33号）要求，各地要督促粮食生产功能区经营主体按照"谁使用、谁受益、谁管护"的原则，严格履行管护协议，认真落实管护责任。

（4）加大财政投入力度　落实小麦生产大县奖励政策，对小麦生产大县进行奖补，加强对种麦主体的政策激励，保护和调动各地政府抓粮和农户种粮的积极性。推进政策性农业保险"提标、扩面、增品"，做好小麦完全成本保险、收入保险、产量保险和未转移就业收入损失保险试点，提高农业抵御风险能力。支持"优质粮食工程"，提升粮食产后干燥仓储、加工装备及设施水平，延长产业链条，提高粮食经营效益。

2. 加强耕地保护利用

（1）明确耕地利用优先序　永久基本农田作为依法划定的优质耕地，要重点用于发展粮食生产，特别是保障小麦、玉米、杂粮等种植面积。

（2）严禁违规占用永久基本农田种树挖塘　严格规范永久基本农田上农业生产经营活动，禁止占用永久基本农田从事林果业以及挖塘养鱼、非法取土等破坏耕作层的行为，禁止闲置、荒芜永久基本农田。

（3）加强粮食生产功能区监管　将国家下达山西省的2 120万亩粮食（玉米、小麦）生产功能区任务落实到地块，引导种植目标作物，保障种植面积。

（4）强化农村土地流转用途监管　加强对农村土地经营权流转的规范管理，建立健全工商资本流转土地资格审查和项目审核制度，引导流转土地优先用于粮食生产，规范工商企业等社会资本租赁农地行为，防止浪费农地资源、损害农民土地权益。

（5）开展耕地"非粮化"排查整改　坚决遏制住耕地"非粮化"增量，坚持实事求是，从实际出发，分类稳妥处置，不搞"一刀切"。

3. 提高粮食综合生产能力

（1）夯实粮食面积和产量任务　落实国家粮食产销平衡区有关要求，制定小麦、玉米等重要农产品区域布局及分品种生产供给方案。多措并举，务实高效推进撂荒地统筹利用，积极扩大粮食种植面积。将国家下达山西省的粮食生产目标任务逐级分解到市、县、乡、村。粮食生产大县要发挥主产优势，市、县要保持应有的粮食自给率，确保粮食种植面积不减少、产能有提升、产量不下降。

（2）加强高标准农田建设　高标准农田建设要优先布局粮食生产大县和粮食生产功能区，加强土地整治和田间配套设施建设，推广耕地质量提升技术，建成一批旱涝保收、高产稳产的口粮田。加快丘陵山区农田宜机化改造。加大应用市场化机制推进高标准农田建设力度，提高投入标准和建设质量。建立健全高标准农田管护机制。2021年，新建高标准农田280万亩，同步推进大中型灌区现代化改造和末级渠系配套。到"十四五"末，全省建成高标准农田2 400万亩以上。

（3）增强农业生产服务能力　组建农业科技服务团队，建立分组包市指导粮食生产工作机制。加大良种良法良机的推广，组织开展杂粮作物良种攻关，全力提升杂粮单产水平。积极推进主要农作物生产全程机械化，支持开展杂粮机收、玉米籽粒直收、节水灌溉（水肥一体化）、精准施肥施药和节能环保粮食干燥仓储等薄弱环节机械化技术试验示范推广。大力发展农业生产托管服务，开展农业生产托管示范县创建，建设山西省农业生产托管平台。

（4）大力发展有机旱作农业　落实《2021年有机旱作农业发展工作计划》（晋政办发〔2020〕97号）、《山西省"十四五"有机旱作农业发展规划》，创新完善技术体系、加快建设产业体系、探索建立经营体系，建设科研示范基地和生产基地，实施耕地地力提升、农水集约增效、旱作良种攻关、农技集成创新、农机配套融合、绿色循环发展、保护性耕作、品牌建设、新型经营主体培育培训、信息化等十大工程。到2025年，有机旱作农业发展全面推进，形成完善的有机旱作农业技术体系、产业体系和经营体系，主要农产品供给能力和农业生产质量效益实现较大提升，全省农业生产方式得到有效转变。

甘肃

甘肃省小麦单产提升实现路径与技术模式

甘肃省地处青藏高原、内蒙古高原、黄土高原三大高原交汇处，横跨温带、暖温带、亚热带三个气候带，分属长江、黄河、内陆河三大流域，全省面积 42.58 万平方公里，耕地面积 7 814.3 万亩，近几年甘肃粮食种植面积 4 050 万亩左右，总产保持在 1 250 万吨以上，小麦是甘肃省第二大粮食作物，是主要口粮作物，在全省粮食安全中占有十分重要的地位。

一、甘肃省小麦产业发展现状与存在问题

（一）发展现状

1. 面积与产量变化

在 2011—2021 年的 11 年中（表 1，图 1），甘肃省小麦种植面积逐年下降趋势，从 2011 年的 1 292.4 万亩下滑到 2021 年的 1 067.0 万亩，年均减少 20.5 万亩；但总产稳中有升，从 2011 年的 247.5 万吨上升到 2021 年的 279.7 万吨，年均约增加 2.9 万吨；其间，以 2013 年最低（235.9 万吨）、2019 年最高（281.1 万吨）；单产基本呈逐年提高趋势，在 2011—2021 年的 11 年中，以 2011 年最低（191.5 公斤/亩）、2021 年最高（262.1 公斤/亩），年均提高 6.4 公斤/亩。甘肃省 2022 年粮食种植面积 4 050 万亩，总产量 1 265 万吨，其中小麦种植面积约占粮食作物种植面积的 26%，小麦对粮食总产的贡献率约 22%。甘肃省小麦约 80% 分布在旱地，其中冬小麦约 95% 分布在旱地，不同年份间小麦单产的差异，主要与年际间降水波动和季节性分布有关，尤其与冬春夏初降水量的多少密切相关。

表 1 近 10 年甘肃省小麦生产情况统计

年份	种植面积（万亩）	总产（万吨）	单产（公斤/亩）
2005	1 442.1	264.8	183.7
2006	1 405.0	260.7	185.5
2007	1 386.2	237.4	171.3
2008	1 355.3	268.1	197.8
2009	1 376.1	261.1	189.7

（续）

年份	种植面积（万亩）	总产（万吨）	单产（公斤/亩）
2010	1 319.5	250.9	190.2
2011	1 292.4	247.5	191.5
2012	1 228.5	278.5	226.7
2013	1 202.4	235.9	196.2
2014	1 184.3	271.6	229.3
2015	1 192.2	281.0	235.7
2016	1 143.5	267.8	234.2
2017	1 131.3	265.4	234.6
2018	1 163.3	280.5	241.1
2019	1 109.9	281.1	253.3
2020	1 058.1	266.87	252.2
2021	1 067.0	279.7	262.1

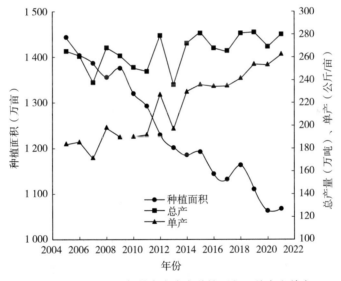

图 1　2005—2021 年甘肃省小麦种植面积、总产和单产

　　甘肃省不同区域生态气候及社会经济条件差异较大，是导致小麦单产水平相差悬殊的重要原因。产区间比较（表 2），两个小麦主产区（陇东和陇南）小麦种植面积合计占全省小麦总面积 60.9%、总产占全省小麦总产 52.0%，而中部和河西两个产区小麦种植面积、总产合计分别占全省 39.1%、48.1%。从单产水平来看，依次为河西区（429.9 公斤/亩）＞陇南区（227.9 公斤/亩）＞中部区（222.7 公斤/亩）＞陇东区（203.0 公斤/亩）。中部区和河西区虽然种植面积占全省 39.1%，但对小麦总产贡献率达到 48.1%，主要原因是中部区和河西区是全省灌区小麦集中分布，尤其河西麦区约 90% 的面积属绿洲灌区，历来是西北小麦高产地带，近些年 600 公斤/亩以

上的高产田也屡见不鲜。而中部麦区是甘肃省黄河灌区的集中分布区，中部麦区灌区小麦面积占该区小麦总面积的30％。中部区降水（年降水200～400毫米）明显少于陇东区（年降水450～550毫米）和陇南区（550～800毫米），中部区的旱地小麦单产（100～200公斤/亩）也远远低于陇东和陇南区，但由于中部灌区小麦高产拉动，平均单产与陇东和陇南接近。

表2　甘肃省不同小麦产区小麦种植面积、总产和单产（2021年）

产区	市	面积（万亩）	总产（万吨）	单产（公斤/亩）	占全省（％）		
					面积	总产	单产
陇东区	平凉市	141.7	32.02	226.0	13.4	12.0	89.6
	庆阳市	187.8	34.86	185.6	17.7	13.1	73.6
	合计	329.5	66.88	203.0	31.1	25.1	80.5
陇南区	天水市	191.3	41.92	219.1	18.1	15.7	86.9
	陇南市	124.0	29.95	241.5	11.7	11.2	95.7
	合计	315.3	71.87	227.9	29.8	26.9	90.4
中部区	兰州市	34.1	7.84	229.7	3.2	2.9	91.1
	白银市	60.2	13.94	231.8	5.7	5.2	91.9
	定西市	103.8	20.43	196.8	9.8	7.7	78.0
	临夏州	30.3	8.94	294.9	2.9	3.3	116.9
	甘南州	10.7	2.10	195.8	1.0	0.8	77.6
	合计	239.1	53.24	222.7	22.6	20.0	88.3
河西区	嘉峪关市	2.1	0.99	474.7	0.2	0.4	188.2
	金昌市	34.8	15.16	436.0	3.3	5.7	172.9
	武威市	50.3	20.53	408.0	4.8	7.7	161.8
	张掖市	57.0	24.33	426.8	5.4	9.1	169.2
	酒泉市	30.0	13.87	462.6	2.8	5.2	183.4
	合计	174.2	74.88	429.9	16.5	28.1	170.5
全省	合计	1 058.1	266.87	252.2			

2. 品种审定与推广

甘肃省每年通过省级审定品种10～20个，其中冬小麦品种占70％，冬小麦主要包括兰天、陇育、陇鉴、天选、中梁和外引系列，春小麦主要包括宁春、甘春、定丰、酒春、张春、西旱和外引系列。2022年全省审定小麦新品种24个，其中冬小麦16个，春小麦8个。近10年新审定旱地冬小麦品种平均产量一般在250～400公斤/亩，较对照增产5％左右。蛋白质含量普遍在13％以上，对条锈病和白粉病中抗以上，冬小麦以半冬性为主。

旱地冬小麦是全省品种类型最多、地域分布差异较大的类型，分陇中、陇东、陇南三大片区，其中陇中旱地冬麦区由于降水较少，当地选育和推广的新品种产量相对较低，平均产量一般在250公斤/亩，但较对照增产幅度最大，一般增产8%～10%；陇南麦区降水较多，旱地冬麦区新品种产量相对较高，平均产量一般在350～400公斤/亩，较对照增产幅度3%～5%；陇东麦区降水居中，旱地冬麦区新品种产量也较陇南麦区低，平均产量一般在350公斤/亩左右，较对照增产幅度5%～8%；旱地春小麦品种在150公斤/亩，较对照增产8%左右；灌区春小麦在550公斤/亩，较对照增产3%左右。灌区春小麦主栽品种仍然是宁春系列（宁夏选育），占全省灌区春小麦种植面积65%左右。全省小麦新品种虽然较多，但年推广面积超过100万亩的新品种不到10%，年推广面积10万亩的新品种占总品种数的比例不足30%。

3. 农机装备

近些年小麦生产机械化水平和普及率不断提高，机械化作业率达80%左右。虽然小麦已经成为甘肃作物生产中机械化作业普及率和全程机械化作业水平最高的作物，但仍然存在以下问题：一是适合山区作业的中小型农机具仍然比较缺乏、种类单一，牵引机械和配套机具不匹配现象较普遍；二是川源区仍然以40马力以下牵引机械为主，缺乏70马力以上可牵引深松耕、复合一体作业机械；三是山区小麦机械化收获普及率仍然较低；四是山区机耕道路和配套设施条件相对较差。

4. 栽培与耕作技术

主要研发和推广应用了以下技术：规范化高质量播种技术，多种覆盖保墒种植技术，宽幅播种集成技术，深耕和深松耕耕作纳雨技术，小垄沟灌和隔沟交替灌等节水灌溉技术，滴灌水肥一体化技术和精准施肥技术，绿色植保与防灾减灾技术，轮作倒茬和土壤培肥技术，监控配方施肥技术，缓释肥使用技术等。

针对条锈病、白粉病、蚜虫、吸浆虫、红蜘蛛、地下害虫、杂草等主要病虫草，开展了绿色防控技术的研发与推广应用。在农艺防控技术上，重点推广播前旱深耕、早灭茬、秸秆早还田、中耕除草、避免浮粪进田等农艺防控技术；在绿色化学防治技术上，主要推广农药科学安全使用技术、药剂拌种全覆盖和"一喷三防"技术、冬前封闭化学除草技术、统防统治专业化和机械化防控技术、"带药侦查、打点保面"苗期防控技术、无人机喷施技术等。

5. 品质状况

目前甘肃省优质小麦面积约489万亩，约占全省小麦面积的46%，其中优质强筋小麦170万亩、优质中筋小麦264万亩、优质弱筋小麦55万亩。优质小麦总产约134万吨，占小麦总产的44%。其中优质强筋小麦总产68万吨、优质中筋小麦总产57万吨、优质弱筋小麦总产9万吨。从优质小麦生产满足度来讲，优质中筋小麦基本可以满足市场需求，但优质强筋小麦和弱筋小麦缺乏，省内生产的强筋和弱筋小麦原料分别只占优质面粉加工企业原料份额的60%和70%左右。

甘肃省总体以中筋小麦生产为主。优质面粉加工企业以强筋面包粉生产为主，弱筋面粉加工企业少，原料需求不大。优质强筋原料主要来源于河西走廊绿洲灌区和沿黄灌区春小麦，种植品种以宁春系列品种为主（永良 4 号、永良 15、宁春 39 等）。弱筋优质原料主要来源于陇南湿润冬麦区和洮岷高寒冬春兼种区，陇南湿润冬麦区弱筋品种主要来自四川绵阳和当地选育，而洮岷高寒区弱筋品种主要是当地选育。优质小麦生产中存在的主要问题：甘肃省气候地理条件复杂多变，种植模式多样，原料基地的规模小，导致优质原料均匀度差，甚至同一品种和地域不同地块的原料品质差异较大，造成同品牌不同批次的面粉质量差异也大，影响品质稳定性，企业配粉和配料加工困难，部分专用粉加工企业更倾向于从省外或国外购买质量均一的优质原料。另外，甘肃省优质面粉主要销往区外市场，省内小麦消费主要以面条、馒头等大众主流食品为主，这些大众食品本身对品质的要求不严，中筋类的小麦基本可以满足市场需求。目前优质小麦生产还存在以下问题：一是优质小麦往往会降低单产水平；二是优质原料收购常不能优质优价，或者优价幅度不大，影响了农民种植积极性。甘肃省小麦自给率只有 60% 左右，居民消费以中筋类面粉为主，因此今后甘肃优质小麦发展方向：一是以生产优质中筋类小麦为主，要求在高产稳产基础上，生产面粉延展性好但有一定抗延阻力、面团稳定时间略长（3～5 分钟）、蛋白质含量在 14% 以上的原料；二是强化强筋和弱筋优质小麦原料的均匀度；三是进一步优化优质小麦的综合农艺特性。目前甘肃虽然已经引育了较多优质小麦品种资源，但高产、优质和综合抗性兼备的品种较少，优质品种多乱杂现象突出，尤其冬小麦缺乏优质主导品种。

6. 成本收益

按照 2013—2020 年小麦籽粒平均市场价 2.4 元/公斤计算，若不计算人力劳务成本，旱地冬小麦传统无覆盖种植平均产值 620 元/亩，投入成本 350 元/亩，纯收入 270 元/亩，产投比 1.77；旱地冬小麦地膜覆盖种植平均产值 735 元/亩，投入成本 515 元/亩，纯收入 220 元/亩，产投比 1.43；地膜覆盖种植购膜成本 130 元/亩，地膜覆盖较不覆盖可实现纯收入 ≥0 的临界增产量为 71 公斤/亩。灌区春小麦平均产值 1 200 元/亩，投入成本 650 元/亩，纯收入 550 元/亩，产投比 1.85。

7. 市场发展

甘肃省主要口粮小麦缺口很大，丰收年也只有 280 万吨左右，人均 106.5 公斤，只能满足每人每天 0.2 公斤的面粉供应，小麦自给率只有 55%。一旦北方普遭干旱或"倒春寒"等自然灾害，甘肃省将受到较大冲击，外销比例较大的玉米、马铃薯等优势作物利润将大幅度减损或收不抵支。甘肃省旱作区小麦主要满足农户自给需求，部分灌区春小麦可投放到商品市场，少部分以面粉形式输出到省外市场。目前，每年需要从河南、陕西等省份调进小麦，甘肃省小麦缺口主要是城市居民消费缺口和面粉加工企业原料缺口。

（二）主要经验

1. 党政领导高度重视，行政推动有力

甘肃省各级党委政府坚持从口粮安全、经济发展和社会稳定的高度出发，充分认识到了小麦产业发展对甘肃粮食安全的极端重要性，切实加强了对小麦生产的组织领导，靠实了工作责任，建立了粮食安全生产行政首长负责制和目标责任制，把小麦生产纳入了各级政府考核范畴，全省小麦种植面积逐年回升并于2022年再次超过1 100万亩，达到1 110.23万亩。

2. 深入落实藏粮于地、藏粮于技战略

大力推广抗旱节水栽培技术，在旱地主要推广了全膜覆土穴播技术、全膜双垄沟播二茬种植小麦技术和膜侧沟播技术；在工程抗旱方面，主要围绕全省已建成的1 819.87万亩高标准农田，通过蓄水、保水、用水等环节，形成了雨水拦蓄入渗、覆盖抑蒸、雨水富集叠加利用等一套比较完整的旱作技术路线，更加增强了应对干旱的主动性；在土肥植保方面，推广测土配方施肥、药剂拌种、病虫害综合防控技术，全面实施小麦"一喷三防"，有效控制了锈病、白粉病、蚜虫，防范了干热风等危害。

3. 建全产业体系，强化技术支撑

甘肃省小麦产业技术体系是甘肃省首次获批启动的9个现代农业产业技术体系之一，共有来自高校、科研院所、农技部门及企业的47名专家，设置了7个岗位和5个区域综合试验站，围绕全省小麦产业发展需求，进行了共性和关键技术的研究、集成、试验与示范；调研分析产业及其技术发展动态，为政府决策提供咨询，形成了健全的产前、产中、产后一体化技术服务体系，形成了一批有影响力的新技术示范基地，有力带动了新技术的辐射推广和科技成果转化，同时不同产区的特色、功能和优势更加凸显，为甘肃省小麦产业发展提供了强有力的技术支撑。

4. 完善良繁体系，升级小麦"芯片"

近年来，甘肃围绕确保粮食安全的目标，集中力量、集聚资源，开展了小麦良种攻关、关键核心技术攻关及抓点示范，形成了区域优化布局，集成组装推广了小麦优良品种、标准化高效种植技术，为完善良种繁育体系、优化品种布局、提升单产水平、保障粮食安全作出了积极贡献。建立了以省、市科研院校为基础、部分农技推广单位和企业积极参与的小麦新品种育种创新体系，培育了一大批优良品种，"十三五"以来，审定小麦品种133个，形成了以兰天、陇鉴、陇春系列为主导，陇育、灵选、中梁、酒春、武春等为补充的品种体系，为甘肃小麦生产和粮食安全提供了品种支撑。

5. 打造"甘味"品牌，发挥带动效应

因地制宜，发挥地方特色小麦产品优势，形成了更加健全的生产—加工—销售产业链。如，甘肃生产出的兰州拉面粉、饺子粉、面包粉、馒头粉等系列产品市场销售

良好，尤其是以硬红春小麦为原料、生产的"和尚头"优质面粉、兰州牛肉拉面粉、回族大饼粉等"甘味"品牌，特色优势明显、市场销售持续强劲，有力带动了灌区优质小麦和旱山区高蛋白、高面筋小麦生产。

（三）存在问题

1. 气象灾害多发重发

一是干旱与季节性干旱。甘肃小麦大部分种植在旱地，降水多寡是影响产量丰歉的主导因素，干旱占甘肃气象灾害的70%以上，以3～6月季节性干旱最为普遍，大旱之年常冬春夏三季连旱。

二是干热风。干热风以河西麦区和中部麦区毗邻沙漠戈壁地带最重，轻度干热风一般减产5%左右，重度减产10%以上。

三是气候暖干化。近20年间气候暖干化的趋势较其他省份更加明显。在暖干化总体趋势下，暖冬和暖湿、厄尔尼诺和拉尼娜现象交替发生。气候变暖致使甘肃省许多春麦区改种冬小麦，产量得到较大幅度提升，导致春小麦面积急剧下降和春播时间提早，同时也使得冬小麦适宜播种期推迟一周左右。气候变暖也使得条锈病、叶锈病、赤霉病等加重发生，且赤霉病扩延速度逐年加快。

四是低温危害。在甘肃麦区包括0℃以下的冻害和0℃以上的低温冷害皆有发生。尤其春季3～5月气温变化较剧烈，"倒春寒"危害损失逐渐超过干旱。甘肃"倒春寒"的结束时间一般要到5月中旬，甚至5月初至5月中旬成为"倒春寒"高发阶段。2015年以来，8年中有6年发生"倒春寒"，其中2017、2020和2023年春季连续多次发生"倒春寒"，导致局部地方小麦不拔节或穗部冻伤，造成大幅度减产50%左右，甚至连片绝收。冻害和"倒春寒"主要发生在冬小麦区域，对春小麦影响不大。但在拔节—开花期，高海拔二阴区的春小麦偶尔也遭遇0℃以上低温冷害，延缓生长、影响授粉灌浆。

五是其他灾害。甘肃省小麦生育后期冰雹发生频率较高。一般海拔高、气候冷湿的地方更容易发生；高寒二阴区播种和收获迟，常因连阴雨天气出现寡照危害，减产幅度3%～8%。

2. 技术短板多

一是单项技术较多，但技术体系不健全，仍然缺乏成熟度较高的高效集成技术模式，智能化生产技术尚处于起步阶段。

二是土壤有机质含量低，耕地质量不高，土壤抗逆缓冲能力差，水肥调控技术亟待提高。

三是各地尚未牢固树立"七分种、三分管"的理念，播前土壤耕整仍较粗糙，秸秆还田措施不到位；冬前苗情监控技术体系不健全，突出表现在每年出现早播旺苗和晚播弱苗，旱地群体生长冗余较普遍，超量下种和撒播面积较大。

四是品种抗性有待提高。赤霉病在甘肃陇南麦区开始发生，目前尚缺乏相应的抗性品种和农艺防控技术贮备。所有产区主推品种基本都对条锈病中抗或高抗，但全省赤霉病只限于陇南少数地区偶发，因此品种大多不抗赤霉病，目前也很少针对叶锈病、茎基腐病开展抗病育种。冬小麦冬性、强冬性品种结构比例不断下降，现有主推品种大部分属于半冬性，半冬性品种丰产性较好，但抗寒能力下降，经常造成冬季和春季冻害。

3. 产业化开发不足

一是产业化模式特色不明显，产品定位和服务目标不明确，生产规模小、专业化和标准化程度低、龙头企业的辐射带动效应有限。

二是区域发展不平衡。总体来讲，小麦产业化发展水平和速度表现为灌区大于旱作区、川塬区大于山区、经济发达区域大于不发达区域。

三是产业链条短、产业技术有待提高。突出表现为优质和绿色产业开发力度不够，优质专用粉产品种类单一、产品与省外同类产品雷同度较高、市场开拓范围有限。

四是产业技术研发单位与种植大户、专业合作社等新型农业经营主体深度融合不够，科技成果转化效率不高，电商等网络销售仍然处于起步阶段。目前小麦生产仍然以小农户分散经营模式为主，"家庭农场＋土地流转""新型经营主体＋托管"新型经营模式比例较小，尚处于培育发展阶段。

二、甘肃省小麦区域布局与定位

（一）陇东黄土高原冬麦区

1. 基本情况

该区域常称为泾河上游冬麦区，位于甘肃东部，属黄土高原的一部分，主要指平凉市和庆阳市冬麦产区，素有"甘肃粮仓"之称，大部地区海拔在 1 000～1 500 米，年降水量 400～650 毫米，日照时数 2 100～2 700 小时，≥10℃活动积温 2 600～3 300℃，年平均气温 7～10℃，无霜期约 150 天，最冷月（1 月）平均气温为 −8～−4℃，气候比较温暖湿润，一年一熟或两年三熟，常年种植小麦约 300 万亩，一般单产 100～300 公斤/亩。

2. 主要任务

该区域地块大、土地平整、适宜机械化作业，工作重点是培育崇信、崆峒、泾川、灵台、华亭、宁县、镇原、西峰、庆城、合水、环县 11 个小麦种植大县，推广大规模全程机械化技术，强化良种繁育，提升"陇东粮仓"对全省粮食生产的贡献率。

3. 主推品种

兰天、陇鉴、陇育、宁麦、晋太和长武等系列耐寒抗旱品种。

4. 主推技术

全膜覆土穴播、一膜两年用、规范化半精量机械条播、宽幅匀播技术。

（二）渭河上游黄土高原冬麦区

1. 基本情况

该区域位于甘肃南部，包括天水市和陇南市的礼县、西和以及平凉市的庄浪共10个县区，海拔在1 300～2 000米，年降水量470～650毫米，日照2 000小时，≥10℃活动积温1 600～3 200℃，年平均气温7～15℃，无霜期约200天，一年一熟或两年三熟，小麦面积280万亩左右，平均单产200～300公斤/亩。

2. 主要任务

该区域是冬小麦适生区，小麦种植面积相对稳定，农民群众保持传统种植小麦习惯，工作重点是培育甘谷、武山、秦安、秦州、麦积、张家川、清水、礼县、西和、庄浪10个小麦种植大县，挖掘增产潜力。

3. 主推品种

兰天、中梁、天选等系列耐寒抗病品种。

4. 主推技术

一膜两年用种植、全膜覆土穴播以及适度推广机械条播和宽幅匀播技术。

（三）嘉陵江上游冬麦区

1. 基本情况

嘉陵江上游冬麦区也称陇南嘉陵江上游冬麦区或岭南温润冬麦区，位于甘肃秦岭以南的嘉陵江上游和白龙江流域，属亚热带温暖湿润气候。包括陇南市的徽县、成县、两当、武都、文县、康县、西和、礼县和宕昌南部，迭部县东部，甘南州的舟曲县，地势西北高而东南低，区内山大沟深，水土流失严重。海拔550～3 600米，年降水量440～800毫米，日照小于2 000小时，≥10℃活动积温3 200～4 700℃，年平均温度大于10℃，无霜期180～280天，蒸发量小于1 500毫米，小麦主要分布在河谷川坝和浅山丘陵地带，区内种植面积约90万亩，平均单产200～300公斤/亩。

2. 主要任务

该区是冬小麦适生区，小麦种植面积相对稳定，农民群众保持传统小麦种植习惯，工作重点是培育徽县、成县、康县、武都4个小麦种植大县，加强病虫害防控，实施间套种复合种植制度，挖掘增产潜力。

3. 主推品种

示范推广临农、兰天、中梁、绵阳等系列抗锈品种。

4. 主推技术

机械化条播、宽幅匀播技术。

（四）河西灌溉春麦区

1. 基本情况

该区域包括酒泉、嘉峪关、张掖、武威和金昌 5 个市的 15 个县区，本区具有疏勒河、黑河、石羊河等河流和丰富的地下泉水，以灌溉农业为主，沿山地带有部分旱地小麦。区内小麦种植区海拔 1 200～2 600 米，年降水量 35～350 毫米，日照时数 2 600～3 300 小时，太阳年辐射总量 140～158 千卡/厘米^2，年平均温度 5.0～9.3℃，≥0℃活动积温 2 600～3 900℃，≥10℃活动积温 1 900～3 600℃，无霜期 90～180 天，年蒸发量 2 000～3 400 毫米，有灌溉条件春小麦面积 150 万亩左右，单产 350～550 公斤/亩，是甘肃著名小麦高产区和主要商品粮基地。

2. 主要任务

该区域地块大、土地平整、有灌溉条件、机械化和投入水平比较高，工作重点是培育民乐、山丹、高台、永昌、古浪、凉州 6 个小麦种植大县，优化耕作制度，辐射带动河西灌区，依托高标准农田，大力推广水肥一体化技术提升单产水平。

3. 主推品种

宁春、陇春、陇辐、酒春、武春、甘春等系列高产稳产品种。

4. 主推技术

规范化机械条播和宽幅匀播技术，搭配水肥一体化技术和抗盐碱栽培技术。

（五）中部春麦区

1. 基本情况

位于六盘山以西、乌鞘岭以东的 20 多个县（区），包括兰州市三县六区，白银市的靖远、会宁，定西市的临洮、安定，临夏州的永靖、广河、东乡等县。区内均为黄土丘陵，以干旱、半干旱气候为主。海拔一般在 1 400～2 500 米，年降水量 200～550 毫米，日照时数 2 400～2 800 小时，太阳年辐射总量为 125～140 千卡/厘米^2，≥0℃活动积温 2 500～3 800℃，≥10℃活动积温 1 500～3 200℃，年平均温度 5.0～10.4℃，无霜期 120～180 天，年蒸发量 1 400～2 000 毫米，该区旱地春小麦 80 万亩左右，单产 50～150 公斤/亩，灌区小麦 70 万亩左右，单产约 348 公斤/亩。

2. 主要任务

该区域沿黄河及洮河区域有灌溉条件、春小麦面积相对稳定。工作重点是培育靖远、景泰、会宁、永登、榆中、安定、临洮 7 个小麦种植大县。

3. 主推品种

旱地主要推广高原、定西、西旱、陇春和甘春等品种；灌区主要推广宁春、临

麦、陇春和银春等系列品种，

4. 主推技术

灌区推广规范化机械条播和宽幅匀播技术，搭配水肥一体化灌溉技术；旱作区推广春小麦规范化机械条播、一膜两年用、全膜覆土穴播、抗盐碱栽培等技术。

（六）中部冬春麦兼种区

1. 基本情况

该区也称陇西黄土高原冬春小麦兼种区，自西南的迭部县西部起，向东边延伸，经岷县、宕昌北部、漳县、陇西、通渭到静宁，呈一条西南至东北向的带状地带，位于全省冬麦和春麦两大片之间，气候也介于冬、春麦两大片之间，属于高寒向温热、湿润向干旱过渡的地带，区内小麦种植面积约 150 万亩左右，占作物种植面积的 20%～30%，平均单产 150～250 公斤/亩，春麦面积约占 40%，冬麦占 60%，近年冬小麦面积比例不断上升。

2. 主要任务

该区域小麦面积相对较大，农民群众保持传统种植小麦习惯。工作重点是培育静宁、通渭、陇西、临夏 4 个小麦种植大县，实施抗旱保墒栽培技术。

3. 主推品种

春小麦示范推广定西、西旱、临麦、临农、陇春、定丰等系列品种，冬小麦示范推广中梁、临农、咸农、静宁等系列品种。

4. 主推技术

规范化机械条播、一膜两年用和全膜覆土穴播技术。

三、甘肃省小麦产量提升潜力与实现路径

（一）发展目标

——2025 年目标定位。预计 2025 年，小麦面积上升到 1 120 万亩，亩产达到 270.0 公斤以上，总产达到 302 万吨。

——2030 年目标定位。到 2030 年，小麦面积上升到 1 145 万亩，亩产达到 278.0 公斤，总产达到 318 万吨。

——2035 年目标定位。到 2035 年，小麦面积上升到 1 170 万亩，亩产达到 285.0 公斤，总产达到 333 万吨。

（二）发展潜力

1. 面积潜力

甘肃省小麦种植面积在现有的基础上仍有增加 100 万亩以上的潜力。一是甘肃省

有部分撂荒地可以复耕种植小麦。甘肃现有实际耕地 7 814.3 万亩。2023 年全省共摸排出撂荒地面积 96.07 万亩，已整治撂荒地面积 88.3 万亩，种植小麦、玉米等作物 83.77 万亩，整治完成率 87.2%。耕地中山地多、平地少，旱地多、水浇地少，其中机械耕种条件差的山旱地约占一半以上，撂荒地也主要集中在山旱地。全省以中部地区撂荒比例较高，该区恢复撂荒地耕种优质小麦，应成为甘肃省提高粮食总产的首选措施。二是国家严格实施耕地保护，坚决遏制耕地"非农化""非粮化"。坚持良田粮用，优先用于粮食生产，果树苗木尽量上山上坡，蔬菜园艺更多依靠设施和工厂化种植，因此部分退还的耕地可以用于小麦种植。三是甘肃省几个大型水利工程实施改造项目，水利工程完成后，预计可增加灌溉小麦种植面积 30 多万亩。

2. 单产潜力

甘肃省不同区域气候生态及社会经济条件差异很大，使得小麦单产水平相差悬殊，同时也反映了单产提高的潜力空间，从甘肃自然禀赋和技术潜力分析，各小麦产区理论上都有至少 30% 的单产提升潜力。

根据 2008 以来全省 62 个高产创建田实测产量（表 3），较 2021 年各产区一般农田平均单产（也是平均单产最高年份）增产 17%～227%，亩增产 50～461 公斤。虽然灌区平均亩产水平（2021 年为 430 公斤）明显高于旱作区（2021 年为 203～228 公斤），但高产创建田增产幅度旱地明显高于灌区，增产潜力更大。灌区高产创建田平均亩增产 147～159 公斤，较一般农田平均增产率 35%～37%，旱地高产创建田平均亩增产 225～240 公斤，较一般农田平均增产率 99%～118%。具体来讲，陇南区高产创建田平均亩产 453 公斤（变幅 407～621 公斤），较 2021 年该区一般农田平均亩增产 225 公斤（变幅 179～235 公斤），平均增产率 88%（变幅 78%～103%）；陇东区高产创建田平均亩产 442 公斤（变幅 254～664 公斤），较 2021 年该区一般农田平均亩增产 240 公斤（变幅 51～461 公斤），增产率 118%（变幅 25%～227%）；陇中区灌区高产创建田平均亩产 562 公斤（513～666 公斤），较 2021 年该区一般农田平均亩增产 147 公斤（98～251 公斤），增产率 35%（24%～61%）；河西区灌区高产创建田平均亩产 589 公斤（502～666 公斤），较 2021 年该区一般农田平均亩增产 159 公斤（72～236 公斤），增产率 37%（17%～55%）。另外，陇中区的旱地小麦也创造了高产纪录。2021 年在陇中区通渭县（年降水 390 毫米）采用冬小麦新品种兰大 211，专家实产测定产量为 455.1 公斤/亩，高产田较当地多年平均亩产（174.8 公斤）增加 280.2 公斤。

高产途径为首先提高穗数，其次为穗粒数和千粒重。同一品种在不同环境变化下，千粒重最稳定，其次为穗粒数，而亩穗数是受环境影响变化最大的因素，但亩穗数也是通过栽培途径（如合理密植、分蘖促控）最易调控的因素。由于千粒重和穗粒数在多变环境下稳定性较好，因此增产主要通过选择适合的大粒大穗品种。

表3　2008年以来甘肃省各产区高产创建田产量和增产幅度

类型	产区	高产田平均单产（幅度）（公斤/亩）	2021年平均单产（公斤/亩）	较2021年平均增产（幅度）（公斤/亩）	较2021年平均增产率（幅度）（％）
灌区春小麦	河西区	588.5（502.1～666.3）（6点次）	429.9	158.6（72.2～236.4）	36.9（16.8～55.0）
	陇中区	561.5（513.0～666.0）（17点次）	415.0	146.5（98.0～251.0）	35.3（23.6～60.5）
旱地冬小麦	陇东区	442.9（253.8～664.2）（22点次）	203.0	239.9（50.8～461.2）	118.2（25.0～227.2）
	陇南区	453.0（406.5～620.9）（17点次）	227.9	225.1（178.6～235.1）	98.8（78.4～103.2）

（三）实现路径

1. 基础设施改善途径

一是高标准农田建设，截至2022年底，甘肃省已完成高标准农田建设2510万亩。经测产分析，高标准农田项目建成后，亩均增产9％、节水21％、省工38.8％，同时高标准农田建设中，配套蓄水池等设施的建成增强了抵御旱情的能力，奠定了稳产基础。二是灌溉面积增加。甘肃省4个大型水利工程的实施和改造，可增加小麦种植面积近33万亩，增产小麦1.3亿公斤。具体如下：甘肃引洮工程一期工程涉及6个县区39个乡镇，新增灌溉面积19万亩，其中约6万亩种植小麦；甘肃省白银市大型提灌泵站更新改造项目，将更新改造白银市7处大型提灌泵站，竣工后将新增灌溉面积11万亩，其中可有近4万亩种植小麦，另还可改善灌溉面积52万亩；甘肃省大型泵站更新改造工程，可新增灌溉面积55万亩，其中可有近20万亩种植小麦，另还要改善灌溉面积160万亩，助力小麦增产，预计可新增粮食生产能力1.9亿公斤；引大入秦工程可扩展灌溉面积10万多亩，可新增小麦种植面积3万亩。

2. 优良品种增产途径

因地制宜地选用优良品种并合理布局，可进一步挖掘增产潜力。保灌区小麦选育600公斤/亩以上的新品种难度不大，如果能大面积推广应用，可显著提升灌区春小麦产量；旱地冬春小麦在提高抗旱、抗寒、抗病基础上，新品种单产水平一般具有5％以上的增产潜力。旱作区要求品种群体农艺抗旱性强、高产基础上产量稳定性好、发育可塑性强、生长冗余少、抽穗前营养生长能力强、抗"倒春寒"、对当地主要病害（条锈病、白粉病、雪腐病）高抗。无论灌区还是旱作区，对当地主要病害都要求达到高抗。因为中抗品种对该品种可能减产损失不大，但在西北往往同区域有多个品种种植，容易造成其他品种交叉感染和较大幅度减产。

3. 高产栽培途径

根据多年多点品种区域试验和高产创建结果，通过品种技术和栽培技术，各产区旱地一般具有 30％的增产潜力，灌区有 20％以上的增产潜力。甘肃省中低产田比例占 70％左右，由低产变中产、中产变高产，其增产潜力和幅度大于由高产变超高产。目前，甘肃省已经储备一批可持续增产、成熟度较高的栽培技术体系，主要包括旱地蓄水保墒高效用水技术、培肥改土增产技术、水肥耦合技术、水肥一体化技术、抗盐碱栽培技术、丰产群体结构建控技术、良种良法结合技术、病虫草害高效绿色防控技术、高质量播种技术、智慧农业技术等。

四、甘肃省可推广的小麦绿色高质高效技术模式

（一）旱地小麦秸秆带状覆盖还田绿色生产技术模式

1. 技术模式概述

甘肃省是冬、春小麦兼种区，旱地小麦是甘肃小麦的主体，其中冬小麦 90％分布在旱地。覆盖种植是旱地小麦高产稳产、抗旱保墒的主要种植栽培方式。秸秆覆盖是较地膜覆盖更加节本环保的绿色生产方式，但若采取全生育期全地面覆盖方式，在西北寒旱区会因地温过低影响小麦出苗和延迟生育，造成增产不明显甚至减产。为了解决秸秆覆盖保墒和降温的矛盾，研发提出了《旱地小麦秸秆带状覆盖还田绿色生产技术》。该技术利用玉米整秆作为覆盖材料，采取"种的地方不覆、覆的地方不种"的局部带状覆盖方法，不降低单位面积播种量，但增加行播量、局部密植，收获后可将覆盖秸秆通过旋耕、粉碎还田，实现保墒与培肥改土相结合。该技术适宜在北方年降水量 300～550 毫米、海拔 2 300 米以下的旱作区推广种植。

2. 拟解决的关键问题

针对当地生态生产条件和轮作制度，将核心技术与配套技术相结合，农机与农艺相结合，形成"覆盖—局部耕种与施肥—秸秆旋耕还田"有机衔接的技术体系。

3. 增产增效情况

该技术抗旱增产增效显著，技术效果稳定。经多年多点试验和示范应用证明，该技术较无覆盖种植一般可增产 13％、增收 45 元/亩以上，较全膜覆盖增收 80 元/亩以上。

4. 技术先进性

（1）生态环保、节本养地　该技术可实现保墒与培肥养地相结合。秸秆覆盖不仅可避免由地膜覆盖造成的土壤污染和秸秆焚烧引起的雾霾污染，而且秸秆覆盖后还田，可培肥改土、减少化肥用量，为甘肃省大量剩余玉米秸秆资源实现高效循环利用提供了方案。用秸秆替代地膜，每亩可节约地膜成本 130 元。一亩玉米秸秆还田，可释放的氮、磷和钾养分量相当于投入 75 元/亩的化肥。覆秆在地表缓慢腐解时，还可

向冠层释放光合原料 CO_2 利于作物生长。

（2）保墒增渗、降温抑蒸　土壤水分高低取决于保墒、入渗、蒸散三个方面。秸秆带状覆盖的覆盖率只有 40%～50%，其保墒抑蒸效果虽然低于全地面覆膜，但对生育期降水入渗率远高于全地面覆膜，同时秸秆覆盖在降低地温的同时，也减少了地表蒸发和植株蒸腾强度。因此，无论耕层还是 0～2 米土层土壤的墒情，秸秆带状覆盖与全生育全膜覆盖相近，且显著高于无覆盖种植。秸秆带状覆盖还可通过降温将小麦生育期推迟 7～10 天，有利于将旺盛生长期和耗水高峰期推移到降水集中季节，实现前控后促、水温耦合。秸秆带状覆盖在越冬期可提高土壤温度，便于安全越冬。玉米整秆覆盖不仅较碎秆覆盖节省能耗、便于运输，而且可减小水分扩散边缘效应，因而在相同覆盖度下，整秆覆盖保墒效果好于碎秆覆盖。

（3）省工简单　该技术秸秆用量少，可就地或就近利用玉米整秆，方便省工。若一次覆秆连续多茬使用，更加省工节能。

（4）解决了当地玉米秸秆还田困难的技术和机械限制　甘肃大部分旱作区地块小而不规则，很难采用大型秸秆还田机械。采取秸秆先覆盖、收获后再旋耕还田的方式，秸秆经过在地表 1 年以上的日晒雨淋，初步腐解，发脆易烂，收获后用中小型机械就很容易将秸秆旋耕打碎还田。尤其甘肃省玉米大部分采取地膜双垄沟种植模式，若结合玉米收获进行秸秆粉碎还田，必然造成秆下压膜，残膜难以清除。

5. 技术要点

（1）带幅比例及制作　覆盖带 50 厘米、种植带 70 厘米，覆盖度 42%，两带相间排列。每种植带播种 4～5 行。覆盖带既可平作覆秆，也可浅沟覆秆。浅沟覆秆有利于防风固秆，适宜沟深为 5 厘米，可结合耕作整地，用拖拉机轮胎碾压成沟。

（2）覆盖模式和材料选择　推荐选用玉米整秆。针对取材来源不同，有搬迁式和双垄沟式两种模式，二者保墒和增产效果相近。搬迁式：玉米秸秆从异地搬运而来。秋播时玉米尚未成熟和收获的地区，小麦播种时可先预留覆盖带，越冬前再从玉米田块搬运秸秆完成覆秆。双垄沟式：利用前茬双垄沟地膜玉米整秆和双垄结构，就地覆秆，更省工方便，该模式适合小麦秋播前玉米已成熟地区采用。结合玉米收获，将整秆就地镶嵌于小垄两行留茬之间（留茬高度 5 厘米），并形成 50 厘米覆盖带，对 70 厘米大垄进行局部旋耕和施肥后，条播 4～5 行小麦。覆秆和小麦播前需揭去前茬玉米的聚乙烯残膜。

（3）覆秆方法及覆盖量　以玉米整秆单层盖严覆盖带为原则。风干秸秆覆盖量为 600～900 公斤/亩（约相当于 1 亩旱地玉米产秆量）。采用搬迁式时，覆盖带每隔 1 米少量堆状压土，以防大风揭秆。采用双垄沟式时，覆盖带两侧高留茬固定，无需压土。

（4）精准施肥　在年降水 350～550 毫米，0～20 厘米耕层有机质为（1.0±0.2）%、速效氮（65±10）毫克/公斤、速效磷（7.5±2.5）毫克/公斤的基础肥力条件下，总施肥量参考如下：目标产量 300～400 公斤/亩的麦田，亩施氮肥（N）6.0～8.0 公斤，磷肥（P_2O_5）5.0～6.0 公斤；目标产量 150～250 公斤/亩的麦田，亩施氮肥（N）4.0～6.0 公斤，磷肥（P_2O_5）3.0～5.0 公斤。甘肃为富钾地区，可不考虑施钾素化肥。

搬迁式结合播前整地全地面均匀施肥、一次性施足所有肥料；双垄沟式结合局部旋耕将基肥集中施于种植带。为防止双垄沟式前期化肥局部浓度过高引起烧苗，可将 30%～40% 氮素化肥在拔节后作追肥施入。

（5）局部密植播种　目标产量 300～400 公斤/亩麦田，按保证 25 万～30 万/亩基本苗下种；产量 150～250 公斤/亩麦田，按保证 15 万～20 万/亩基本苗下种。由于覆盖带不种植，为保证单位面积穗数不减，在按上述播量下种前提下（覆盖带面积计算在内），需增大行播量 42% 左右。播种深度 3～5 厘米，播种期与露地栽培相同。春小麦需适期早播，0～5 厘米土层土壤化冻即可播种。

（6）品种选择　选用抗旱、抗倒伏、抗寒、抗病能力较强，优质节水省肥品种。

（7）田间管理　拔节前中耕划锄和除草。若遭遇冬季冻害或"倒春寒"，可及时追施氮素化肥予以挽救（纯 N 2.0～3.0 公斤/亩）；有倒伏倾向麦田，拔节初可喷施"壮丰安"等预防；开花后进行 1～2 次"一喷三防"。

（8）多茬利用　一次覆秆可多茬利用。二茬利用时，保留原覆盖带和种植带不变，前茬麦秆可叠加覆盖，继续对原种植带局部旋耕灭茬和施肥后，接茬种植。第二茬适合接种马铃薯或青贮玉米。多茬利用结束后，将所有秸秆旋耕粉碎还田，进入新的轮作周期。

（二）小麦宽幅匀播栽培技术

1. 技术概述

小麦宽幅匀播技术是在精量、半精量播种技术的基础上，以扩播幅、增行距、促匀播为核心，改一条线式条播为宽播幅均匀播种的小麦高产栽培技术；播幅 10 厘米，灌溉地小麦行距（播幅＋空行距）为 20 厘米，旱地小麦行距为 22 厘米。

2. 增产增效情况

宽幅匀播小麦平均产量 350.0 公斤/亩左右，较常规条播小麦亩增产 40.0 公斤左右，增产率 10.0% 左右；亩新增产值 120 元左右，亩新增纯收益 100 元左右。

3. 技术要点

（1）选择优良品种　选择抗病、抗逆性强，大穗、中矮秆、丰产性强的品种。灌溉地春小麦区：宁春 4 号、宁春 39、陇春 30、陇春 34、陇辐 2 号、武春 10 号等；旱地冬小麦区：中麦 175、兰天 21、兰天 23、兰天 28、运旱 115、京冬 17、百旱 207、西峰 28、陇育 4 号、陇鉴 101、陇塬 031 等。

（2）播后镇压，确保苗全苗壮　播后镇压是提高小麦出苗质量、培育壮苗、提高抗旱抗寒能力和越冬率的重要技术措施。宽幅精播机装配镇压轮，能较好地压实播种沟，实现播种镇压一次完成。

（3）氮肥后移，分次追肥，保蘖、增穗、攻粒　在施足基肥的基础上，重施拔节肥，推广氮肥后移技术。旱地小麦追肥量要达到氮肥总量 1/3～1/2，重施返青—拔节肥，一般冬小麦返青—拔节期，采取耧播、穴播或遇雨撒施等方式每亩追施尿素8～10公斤；小麦抽穗—扬花期，遇雨每亩追施尿素 3～5 公斤；灌浆期喷施磷酸二氢钾和尿素。灌溉地小麦追肥量要达到氮肥总量 1/2～2/3，将总施氮量的 50％于分蘖—拔节期结合灌头水追施，10％～20％氮肥于抽穗—扬花期结合灌水追肥。灌溉地一般于小麦分蘖—拔节初期，结合头水每亩追施尿素 10～15 公斤；小麦抽穗—扬花期，结合第二次或第三次灌水适当追施氮肥（尿素 3～5 公斤/亩）；灌浆期喷施磷酸二氢钾和尿素，巧施攻粒肥，提高千粒重。

（4）全程化促化控技术　小麦越冬前 15～20 天亩用吨田宝 50 毫升，兑水 15 公斤进行叶面喷洒，以壮苗、促根、促分蘖、抗旱、防冻。小麦拔节初期，亩用矮壮素或壮丰安 50～100 克，兑水 30 公斤进行叶面喷洒，或亩用吨田宝 50 毫升，兑水 15 公斤进行叶面喷洒，促弱转壮、保分蘖、促亩穗数、防止倒伏。小麦扬花—灌浆期亩用 0.3％的磷酸二氢钾溶液，兑水 30 公斤喷洒，或亩用吨田宝 50 毫升，兑水 15 公斤进行叶面喷洒，提高穗粒数、增加粒重。结合"一喷三防"一次性亩用磷酸二氢钾100 克＋20％粉锈宁乳油 50 毫升＋抗蚜威或 30％丰保乳油 40 毫升＋吨田宝 30 毫升，混配兑水 30 公斤叶面喷雾。一般冬小麦喷 3 次，春小麦喷 2 次。

4. 适宜区域

该技术适宜在甘肃省半干旱区、半干旱半湿润区、半湿润偏（易）旱地区、河谷川台灌区的冬小麦种植区、河西内陆河灌区及沿黄灌区的灌溉地和不保灌地春小麦种植区推广。

（三）小麦全膜覆土穴播技术

1. 技术概述

该技术集成覆盖抑蒸、膜面播种集雨等技术于一体，有效解决了旱地小麦等密植作物生长期缺水和产量低而不稳的问题，彻底解决了地膜穴播小麦苗穴错位、出苗率低、人工放苗劳动强度大的问题。其核心是全地面覆盖地膜＋膜上覆土＋穴播。

2. 增产增效情况

全膜覆土穴播小麦平均亩产 300 公斤左右，较露地条播亩增产 50～100 公斤，亩新增产值 140～280 元，亩新增纯收益 60～200 元。

3. 技术要点

（1）播前准备　①选地整地。选择条田、塬地、川旱地、梯田等平整土地。深耕细耙，耕深 25～30 厘米，做到深、细、平、净，无明暗坷垃，达到上松下实。②科学施肥。要做到深施肥、施足底肥。一般每亩施优质腐熟农家肥 3 000～5 000 公斤、尿素 12～20 公斤、过磷酸钙 60～80 公斤（或磷酸二铵 12～20 公斤）、硫酸钾 8～12 公斤。③品种选择。重点选择抗旱、抗倒伏、抗条锈病等抗逆性强的高产、矮秆优良小麦品种。

（2）覆膜覆土　①人工覆膜覆土。全地面平铺地膜，膜与膜之间不留空隙、不重叠，膜上覆土厚度 1 厘米左右。②机械覆膜覆土。机引覆膜覆土一体机以小四轮拖拉机作牵引动力，实行旋耕、镇压、覆膜、覆土一体化作业，具有作业速度快、覆土均匀、覆膜平整、镇压提墒、苗床平实、减轻劳动强度、有效防止地膜风化损伤和苗孔错位等优点。

（3）播种　①播种时期。比露地小麦推迟 5～10 天播种，适宜播期为 9 月 15～25 日。②播种密度。早播密度应稍稀些，晚播密度应稍密些。一般行距 15～16 厘米，穴距 12 厘米。每穴播 8～12 粒，每亩播量一般 10～15 公斤。300～400 毫米降水区域，每穴播种 8～9 粒；400～500 毫米降水区域，每穴播种 9～10 粒；500～600 毫米降水区域，每穴播种 10～12 粒。

（4）田间管理　①前期管理。播种后遇雨，要及时破除板结，一般采用手工耙耱器或专用破除板结器趁地表湿润时破除板结。若发现苗孔错位膜下压苗，应及时放苗封口。②预防倒伏。对群体大、长势旺的麦田，在返青—拔节初期，亩用矮壮素或壮丰安 50～100 克，兑水 30 公斤进行叶面喷洒，或用"吨田宝"50 毫升兑水 15 公斤进行叶面喷洒，可有效预防倒伏。③追肥。冬小麦返青后，遇雨及时撒施（或用穴播机穴施）尿素进行追肥，每亩追施尿素 8～12 公斤。当小麦进入扬花灌浆期，用磷酸二氢钾或尿素进行叶面追肥。④"一喷三防"，统防统治。在小麦灌浆期进行 1～2 次，每次相隔 7～10 天。

4. 适宜区域

该技术适宜在年降水量 300～600 毫米的半干旱区、半湿润偏旱区推广应用。

（四）小麦膜侧沟播技术

1. 技术概述

该技术是地膜覆盖栽培与传统垄沟种植有机结合的一项小麦抗旱增产技术，采用垄面覆膜保墒，垄侧集流增墒，垄沟种植小麦，具有增温、保墒和集水作用，可将 5 毫米左右的无效降水集中到小麦根部有效利用，并充分发挥边行优势，与露地条播相比，抗旱增产作用显著，生育期土壤耕层含水量提高 1.2%～6.6%，亩增产一般在 30% 左右。

2. 技术要点

（1）播前准备　选土层深厚，土质疏松，耕性良好，肥力中等以上的平地或者缓坡地种植。膜侧沟播冬小麦比常规种植适当增施有机肥及氮磷化肥，亩施优质农家肥 1 500 公斤以上，过磷酸钙 20～25 公斤，氮磷比 1∶0.8，并配施适量钾肥和微肥。选择中矮秆、抗旱、抗冻、综合性状好、品质优良的强冬性品种。目前，适宜品种有长武 521、西农 928、陇麦 032、兰天 22、陇麦 898、西农 143 等，播种前拌种。

（2）起垄、覆膜　垄及垄间距以 45～50 厘米为一带，垄面宽 20～25 厘米，垄高 10 厘米，垄面呈圆弧形，垄间距为 25 厘米，种植沟内种 2 行小麦，宽行距 25～30 厘米，窄行距 20 厘米。地膜选用幅宽 40 厘米、厚 0.008 毫米强力超薄膜，每亩用量 4.0～5.0 公斤。一般用机械或畜力牵引的膜侧沟播机，开沟、化肥深施、起垄、铺膜、播种、镇压同时进行。起步时将膜头压紧压实，起垄要直，行走速度要均匀，深浅一致，机械作业状态良好，防止缺苗断垄，一般播种深度为 5 厘米，播后将垄沟耙糖平整，以利收墒和出苗。对机具不配套的地方，可人工或畜力先起垄铺膜后播种，在小麦播前 15 天遇雨趁墒起垄覆膜保墒，到适播期用小型条播机，调整行距，骑垄播种或顺种植沟播种，确保一播全苗。播后在膜上每隔 3～4 米打"土腰带"，以防大风揭膜。

3. 田间管理

（1）破除板结，查苗补苗　播后遇雨，适墒及时用钉耙破除板结、松土，幼苗出土后及早查苗，缺苗断垄 20 厘米以上的及时用同一品种浸种催芽补种，确保抓全苗。

（2）地膜保护　播种出苗后，及时对破损地膜压土封口，防风揭膜。冬季严防人畜践踏，确保地膜完好，以免影响其保墒增温作用。

（3）清除残膜　小麦收获后，及时清除埋在土里和地表的残碎地膜，防止农田污染，并随之进行土壤耕作，熟化土壤，蓄墒保墒，为下茬作物适时播种创造条件。

4. 适宜区域

该技术适宜在年降水量 300～600 毫米的半干旱区、半湿润偏旱区推广应用。

（五）小麦浅埋滴灌微垄沟播水肥一体化技术

该技术增产潜力大、增收效益高、推广前景好，亩省种 10%、增产 20%、节肥 30%、节水 50%、省工 60%，较常规种植小麦亩节本增效 150 元，后茬种菜每亩可增收 2 000 元，可实现"一地两茬三保"的目标，即一块地种两茬，前茬种粮后茬种菜，保基本农田种粮、保倒茬作物增收、保种植农户增效，为确保一般耕地多粮化、永久农田主粮化、高标准农田全粮化和保障全省粮食安全提供了技术支撑。

1. 播前准备

（1）种子

品种选择　选择适应性强、耐旱、抗病、早熟、抗倒伏、丰产性好、株型紧凑、资源利用效率高的品种，如陇春 34、宁春 4 号、宁春 39 等或适宜当地的节水抗旱品种。

种子处理　小麦种子一般采用含有药剂、营养元素的种衣剂包衣，病害发生严重地块用代森锰锌拌种防治根腐病。

种子质量　小麦种子达到纯度≥99%、净度≥98%、发芽率≥90%、水分≤

13.5%的要求。

（2）农田及茬口选择　选择耕层深厚、土质疏松、有机质丰富、养分充足和保水保肥性良好的地块，前茬以油菜、绿肥、玉米、马铃薯、豆类等作物为宜，避免甜菜茬，有条件可轮作1～2年。

（3）耕作整地

前茬耕作　前茬作物收获后深耕25厘米以上，熟化土壤，接纳雨水。玉米、向日葵及绿肥茬口采用秸秆粉碎机及时粉碎秸秆还田，也可用旋耕机破碎玉米、向日葵等的根茬还田，以改良土壤结构，提高耕地质量，创建高产田。

春耕细耙　早春及时耙耱镇压，收墒整地。形成"上虚下实、底墒充足"的地块，为播种和全苗、壮苗创造良好条件。

（4）水肥一体化滴灌机作业　小麦浅埋滴灌微垄沟播水肥一体化机械　水肥一体化滴灌机械一次作业，可完成小麦开沟、播种、滴灌带铺设、覆土、镇压"五位一体"等多项农艺的集成机械化作业。

田间毛管（滴灌带）与小麦播种方向平行铺设，与支管垂直。滴灌带铺设间距43厘米、深度2厘米，略浅于种子深度。采用内镶贴片式滴灌带，贴片间距为20厘米，流量1.38～2.0升/小时为宜，适当偏小，滴水均匀，滴孔滴水半径20厘米，滴灌时间以滴孔周围垄沟水量渗接到一起即可。

农机操作人员必须经过相关技术培训，熟练掌握牵引机械及小麦浅埋微垄沟播滴灌机的结构原理、操作规范、维修养护等技能。

（5）科学施肥　根据耕地质量状况及肥料品种特性合理施肥，提倡种植绿肥。氮肥用量不宜过多，防止春小麦徒长、晚熟、倒伏等情况发生，造成减产。一般每亩化肥施用量：氮肥（N）10～14公斤，磷肥（P_2O_5）8～10公斤，钾肥（K_2O）2～3公斤，根据土壤肥力、小麦长势、目标产量可作适当调整。

2. 播种

（1）播种机具调试　播种前应做好播种量和机械调试工作，采用13行、19行小麦浅埋滴灌微垄沟播播种机播种，配套的牵引机械为40马力以上四轮拖拉机。

（2）适宜播期　一般在3月中旬，气温稳定在0～2℃以上、表土白天解冻8厘米以上时即可播种。适期早播有利于延长小麦苗期生长时间，可增加穗粒数，提高产量。

（3）播种规格　播种深度3～5厘米，播种幅宽10厘米，空行距10厘米。滴灌机播种深浅、间距调整一致，达到籽粒均匀、种子深度、行距相同，滴灌带铺设均匀。

（4）播种量　一般亩播种量30～35公斤，每基本苗以45万～55万为宜。

3. 田间管理

（1）除草　在出苗至拔节前对小麦进行除草。化学除草可用精喹禾灵（禾本科杂草）、二甲四氯钠（阔叶类杂草）等除草剂；也可采用轮作倒茬等多种措施，减少田间杂草危害。

（2）灌溉 视土壤墒情确定灌水量和次数，一般应以 20 厘米土壤湿润，无地表径流为宜，以渗为主，沟底见湿，水量不要漫过微垄，渗透到垄的根部即可，以防影响土壤透气性。勤浇少滴，每隔 7～10 天滴灌 1 次，全生育期灌水 4～8 次，每次滴灌水量 10～25 米³/亩，全生育期灌水量为 180 米³/亩左右。干播湿出的地块，滴灌头水时，视墒情而定，滴水 2～3 小时为宜，沟内避免形成大面积径流，更不要漫垄，以渗为主，滴水渗灌半径达到 20 厘米，即时停止滴水，以防滴水过量，造成土壤板结，影响出苗。一旦造成土壤板结，再次勤滴水，保持表层一定湿度，易于出苗。板结严重影响出苗的，随水滴入土壤调理剂或黄腐酸钾，使土壤表层疏松，利于出苗。

（3）施肥 在机械一体作业的时候，亩施磷酸二铵 15 公斤，配方肥（17－16－12）15 公斤。在拔节期和开花期每亩分别追施水溶肥（30－10－10）10 公斤，在灌浆期每亩追施磷酸二氢钾 1 公斤。每次施肥前先用清水滴灌 20 分钟，施肥结束后继续用清水滴灌 20 分钟，防止滴孔堵塞。施肥时将水溶肥放入施肥罐内，每次加肥时要控制好肥液浓度。

（4）病虫害防治

防治原则 小麦病虫草害防治按照"预防为主，综合防治"的原则，坚持全程绿色安全生产，以农业、物理、生物防治为主，化学防治为辅。采用轮作倒茬、深耕晒垡、冬灌等农艺措施减少病虫草害发生。病虫草害达到防治指标时，可将水溶性农药配制成适宜的浓度，通过施肥设施滴灌到小麦根部，提高防治效果。

病害防治 根腐病发生较重的地块，用 2.5% 适乐时 0.2 公斤，兑水 2 公斤，拌种 100 公斤进行处理。田间发现有锈病、白粉病等的发病中心时，可用 25% 粉锈宁 35 克/亩及时防治。

虫害防治 地下害虫严重的地块，按每 100 公斤小麦种子用 40% 的甲基异柳磷 200 毫升，兑水 2 公斤拌种进行防治。蚜虫用抗蚜威 10 克/亩，兑水 30 公斤进行喷雾防治。吸浆虫在抽穗至扬花期用 40% 氧化乐果乳油 2 000 倍液叶面喷雾防治。

4. 收获与贮藏

（1）收获 小麦蜡熟后，秆黄、节绿、叶黄亮、籽粒饱满、含水量在 16%～18% 时机械收获，防止连阴雨天气造成穗发芽。收获后要清选晾晒，以防霉变。提倡小麦秸秆还田，将秸秆粉碎抛撒到田间，并添加秸秆腐熟剂后结合耕作翻入土壤，提高耕地质量。

（2）贮藏 小麦籽粒含水量达到 13% 以下时进行仓储。

五、拟研发和推广的重点工程与关键技术

针对区域生态生产条件，为进一步较大幅度提高小麦生产力，需重点研发和推广

应用以下工程与技术：

1. 发展灌溉和高标准农田建设

新增灌溉面积和灌区改造提升相结合，是以水制旱、大幅度提高单产的最有效途径；高标准农田建设工程是实现高产稳产、提高耕地产能的可靠保障。

2. 耕地质量提升和耕层优化技术

以深耕或深松耕、秸秆还田、增施有机肥、监控施肥和微肥应用、生物菌肥和土壤改良剂应用为主要手段，提高耕地质量和生产力。根据近 10 多年高产创建经验，播前深耕 30 厘米左右，不仅增加土壤蓄水能力，而且可提高水肥气热协调能力和水肥利用效率。目前旋耕比例过大、耕层板结严重、容易出现弱苗和僵苗，难以建立丰产群体架子。最好播前及时深耕晒垡 1 次，或至少隔年深耕作 1 次，打破犁底层。秸秆还田是目前国内外提高土壤有机质含量、改良土壤结构、提升耕地质量的最主要途径，但西北地区秸秆还田比例低，甘肃省秸秆还田尚处于起步阶段。旱作区和节水灌区可实行秸秆先覆盖保墒种植、再入土还田培肥地力措施。西北土壤有机质含量低，平均只有 1% 左右，土壤质地较差、容易板结。

3. 旱地小麦生产技术

以提高旱地蓄水保墒、提高水肥利用效率、增产增效为主要目标，主推地膜覆盖栽培技术，因地制宜加大秸秆覆盖还田和耕层优化技术的推广力度。

4. 灌区小麦生产技术

重点推广灌区小麦水肥一体化技术和精准施肥技术、高产高效优质同步技术、宽幅匀播技术、滴灌水肥一体化技术。滴灌水肥一体化技术要重点改进小麦滴灌自动控制系统，建立施肥、墒情与田间小气候信息的综合专家决策系统与远程控制平台。滴灌具有节水、高效、水肥耦合好等特点，滴灌比漫灌或畦灌省水 90~110 米³/亩，增产 15% 以上，提高水分生产效率 17% 以上，提高化肥利用率 6.5% 以上，病虫害防效提高 8% 以上。今后该技术将朝着低成本、低能耗、高性能、规范化、集约化、自动化、智能化方向继续改进发展，减少或杜绝在滴灌技术操作上粗放性、经验性和随意性倾向。精准施肥重点做到测土配方、动态营养监控和科学施用。

5. 绿色植保与防灾减灾技术

针对西北小麦主要病虫害特点，采取预防为主，化学与农艺综合防治技术，最大限度减轻农药危害和残留，尤其推广应用无人机喷药等先进植保技术；研发和应用机械收获掉穗落粒减损技术。

6. 智慧农业技术

小麦播种阶段利用精准导航和激光平地技术实现对土地精准规范化作业，利用空间插值技术和变量施肥技术实现精准化播种与施肥；小麦生育期间利用物联网和图像处理技术开展营养诊断、田间苗情墒情监测、病虫害测报等服务。

六、保障措施

1. 组织措施

政府应树立粮食安全观，将长期利益和短期利益相结合，从可持续发展和整个农业系统的角度，安排各产区种植结构。尤其政府要加强督促检查，确保小麦种植面积，提高甘肃省小麦自给水平。落实保障国家粮食安全党政同责制度，建立小麦生产目标责任制；完善考核机制，制定科学的考评办法，将小麦生产纳入各级政府考核范畴，调动地方各级政府抓好小麦生产的积极性；各级政府要从口粮安全、经济发展、社会稳定的高度，充分认识小麦产业发展的重要性，切实加强对小麦生产的组织领导，同时，积极协调发改、财政、农牧、水利、国土、扶贫等有关部门，进一步整合项目资金、协作配合，形成齐抓共建的良好工作机制。

2. 政策措施

落实国家和省发展粮食生产的强农惠农政策，将各种补贴惠农政策落实到确实进行种植生产的土地使用者手里。确保各项政策不折不扣宣传到户、落实到位，使有限的资金发挥聚集效应，调动和保护农民种粮的积极性。实行严格的耕地保护政策，确保基本农田数量不减少、质量不下降、用途不改变。以稳定和增加小麦生产面积为基础，对撂荒地出台惩罚措施，鼓励种植大户流转闲置土地用于小麦等作物生产，实现规模化经营，提高规模化节本降耗种植效益。

3. 宣传指导

小麦主产区要围绕小麦核心技术，切实加大宣传、指导和技术培训力度，积极开展全程技术指导。建设覆盖全程、综合配套、便捷高效的社会化服务体系。积极引导、培育和扶持小麦种植大户和家庭农场等新型主体，探索构建围绕新型主体的社会化服务体系。省、市、县、乡技术部门要积极开展不同层次、不同重点、不同形式的技术培训，确保先进实用技术进入千家万户，深入田间地头，为小麦产业发展提供技术保障。

4. 精准发力

"十四五"规划要落实到县乡，要严格按照全省小麦产业发展意见，制定各县（区）小麦发展规划，发挥各地优势，优化布局，明确主推技术模式，建立小麦产业发展的综合技术体系。特别要把节水省肥减药、绿色安全生产、覆盖栽培、秸秆还田、氮肥后移、机械化作业、良种繁育、统防统治等技术组装配套集成应用。同时，要尊重自然规律和供求需求，调结构，转方式。

新

疆

新疆小麦单产提升实现路径与技术模式

小麦是新疆重要的粮食作物，在平原、河谷、丘陵等均有种植，根据气候、纬度等差异，形成了以冬、春小麦为主的冬、春小麦兼种区。近年来，新疆强化科学技术引领，全面提高种植技术和单产水平，粮食工作方针由"区内平衡、略有结余"向"区内结余、供给国家"转变，努力为国家粮食安全做出新疆贡献。

一、新疆小麦产业发展现状与存在问题

（一）发展现状

1. 面积与产量变化

新疆属于冬、春小麦兼种区，2012—2023 年小麦种植面积 1 661.1 万亩，平均单产 375.1 公斤/亩，总产 623.1 万吨。其中冬小麦种植面积 1 113.4 万亩，平均单产 380.9 公斤/亩，总产 424.1 万吨；春小麦种植面积 547.7 万亩，平均单产 361.0 公斤/亩，总产 197.7 万吨。新疆小麦种植面积基本稳定在 1 600 万亩左右，年均增长率为 1.1%。2016 年种植面积最高为 1 823.8 万亩，2018 年最低为 1 547.2 万亩。2017 年和 2018 年，受去库存、退地减水等政策以及种植比较效益降低、投入成本增加等综合因素影响，小麦种植面积有所减少。

2. 品种审定与推广

2012—2022 年新疆共审定冬、春小麦品种 99 个，其中冬小麦 63 个，春小麦 36 个。近 10 年通过审定品种较多，但大面积推广的品种较少。南疆冬麦区仍以新冬 20、新冬 22 为主栽品种，近年来开始示范推广新冬 55、新冬 60、中麦 578 等品种；北疆冬麦区大面积推广新冬 52 等丰产性较好的品种；春麦区新春 37 和新春 44 等强筋品种推广迅速，成为主导品种。

3. 农机装备

新疆小麦耕、种、管、收综合机械化水平超过 99%，位居全国前列。截至 2023 年，新疆共获得中央农机装备购置补贴资金 143 亿元，共补贴农机具 132 万台（套），农机受益户 85 万户，累计拉动农民和农业生产经营服务组织自筹购机资金 320 亿元。近年来，随着新疆农机化发展"六大行动"的深入实施，卫星导航农机自动驾驶设备和基站电台成本进一步降低、农机作业数据共享化、平台化和专业化服务水平进一步

提高。北斗导航农机自动驾驶系统发展迅速，整地、播种、施肥、施药、收获等环节的作业精准化减少了种子、农药和肥料等农资浪费，极大提高了作业水平和质量。同时，由于对地形适应能力强，作业效率明显提高。

4. 栽培与耕作技术

（1）整地、播种技术 前茬作物收获后及时伏耕晒垡，深耕 25～28 厘米，每隔 3～5 年深松一次，深度 40～50 厘米，打破犁底层。以铧式犁翻耕技术为主，示范推广保护性耕作技术，深松、旋耕、动力耙等新技术。深松机械类型有凿铲式深松机、翼铲式深松机和全方位深松机，常用机型有 IMC‐185 灭茬深松机、ISN‐70 型深松机等。犁地耙磨后使用平土框等整地机械对角平整土地，做到土壤平整、松碎、紧实度好，确保播种深度一致，出苗整齐。

（2）适期播种技术 冬小麦播种至越冬＞0℃积温以 350～550℃为宜；春小麦在播种期根据积雪消融情况尽早播种，具备条件的地区推广顶凌播种。超出适播期后，每晚播 1 天，播种量需增加 0.5 公斤/亩，冬小麦最高播种量不宜超过 30 公斤/亩、春小麦最高播种量不宜超过 35 公斤/亩。

（3）水肥一体化技术 小麦节水滴灌全生育期需灌水 8～9 次，亩灌水量 350～450 米³，亩施氮肥（N）18～22 公斤、磷肥（P_2O_5）10～12 公斤、钾肥（K_2O）3～5 公斤。一是浇好返青水。冬小麦要浇好返青水，南疆在 3 月上旬，每亩滴水 30 米³，结合滴水，每亩滴施尿素 10 公斤。北疆在 4 月上旬，每亩滴水 20 米³，结合滴水，每亩滴施尿素 10 公斤。二是浇好拔节水。南疆在 4 月上中旬，北疆在 5 月上中旬，每亩滴水 40 米³。结合滴水，每一次每亩滴施尿素 10 公斤。三是浇好扬花‐灌浆水。滴水 2～3 次，每隔 7～10 天滴 1 次水，每次每亩滴水 30 米³，结合滴水，第一次每亩滴施尿素 5 公斤、磷酸二氢钾 2 公斤，以后每次随水滴施磷酸二氢钾 1 公斤。

（4）化控技术 化控是控制麦苗徒长、有效防止后期倒伏的重要措施。小麦起身时，喷施矮壮素等植物生长调节剂，将第一节间长度控制在 2～4 厘米；在小麦拔节初期，再喷施一次，将第二节间长度控制在 5～8 厘米。对植物生长调节剂不敏感的小麦品种需加大矮壮素使用剂量。

（5）病虫害防治技术 贯彻"预防为主、综合防治"的植保方针，坚持"减量与保产并举、数量与质量并重、生产与生态统筹、节本与增效兼顾"的原则做好病虫害防治。在播种前，采取种子包衣或药剂拌种措施，防止黑穗病、全蚀病、根腐病等种传、土传病害和蚜虫等虫害危害。结合"一喷三防"，在小麦扬花期至灌浆期，采用杀虫剂、杀菌剂、微肥等混合喷施，达到防病虫（锈病、白粉病、蚜虫等）和干热风的目的，将重大病虫害总体危害损失控制在 5% 以内。

（6）防灾减灾减损技术 树立减损就是增收的理念，加强气象灾害精准监测预警，全力提高机械化作业水平，降低机械损失。

一是冻害防御技术。合理品种布局，南疆喀什、和田冬麦区选用半冬性品种；北疆冬麦区选用冬性、抗寒性强的品种。坚持适期播种，提高播种质量，培育冬前壮苗。加强田间管理，及时控旺苗促弱苗，培育壮苗，保苗安全越冬；及时划锄、提高地温，促进麦苗返青，破雪追肥，促进麦苗迅速生长。

二是高温防御技术。新疆是干热风（高温）多发区，冬、春小麦选用抗干旱、抗干热风、早熟、丰产的品种，避开灌浆期干热风（高温）的危害。合理水肥调控，小水勤浇，增加土壤湿度，降低田间温度，使小麦健壮生长，增强抗逆能力。开展"一喷三防"，每隔 7～10 天每亩喷施磷酸二氢钾 100～200 克延长小麦旗叶功能期，防早衰，延长灌浆时间，防范灌浆期"干热风"危害，提升小麦粒重。

三是机械作业减损技术。在小麦生产中应用推广无人机飞防技术，减少植保过程对小麦的机械损伤。收获农机加装智能导航系统，制定机械合理作业路线；严格落实小麦机收减损技术指导规范，收获过程中损失率不得超过 2%，籽粒破碎率在 1.5% 以下，籽粒含杂率在 2% 以下。收获后及时晒干扬净，水分低于 13% 时及时入库仓储。

5. 品质状况

小麦在新疆分布范围较广，麦区地貌类型多样，生态条件复杂，品质因区域、品种和栽培管理条件不同而有很大差异。

新疆小麦品种的主流发展定位为馒头、拉面、面条等专用粉品质档次。冬小麦品种以中筋、中强筋为主，且多属于中筋类型，处于"强筋不强、弱筋不弱"的状态，缺少优质强筋和弱筋品种。新疆优质麦新冬 22（中强筋）、新冬 18（强筋）作为主导品种，对新疆制粉业面粉质量稳定发展发挥了重要作用。新疆南疆（喀什、和田、克州）大面积种植新冬 20（中筋），当地面粉加工企业每年需从阿克苏地区或北疆地区调运一定比例的中强筋原粮作为配麦，以生产符合市场需要的面粉等产品。近年来大面积推广种植的强筋春小麦品种新春 26、新春 37、新春 44 等对优化品质结构起到了积极作用，尤其是改善了冷凉高海拔地区的春麦品种品质。

2015—2020 年新疆小麦容重、水分、不完全粒总量、降落数值、粗蛋白质（干基）含量、湿面筋（14% 水分基）含量、面筋指数、沉淀值检测结果无明显变化，小麦粉流变学特性指标有所增长。2020 年新疆冬小麦主要品质指标：降落数值 303～338 秒，粗蛋白质含量 12%～22.6%，湿面筋含量 24.9%～38.0%，沉淀值 25～36.8 毫升，面筋指数 53～95，稳定时间 2.1～12.6 分钟，最大拉伸阻力 132～544 E. U.。比较各地州（市）品质指标情况发现，塔城地区、昌吉州、巴州小麦品质优于其他州（市），和田地区、喀什地区小麦品质较低。

推动新疆冬小麦品质结构多样化、专用化发展，以满足市场的需求。近几年，新疆审定推广了金石农 1 号（强筋）、新粮 169（中强筋）、垦冬 161（中强筋）、伊农 22（中强筋），以及春小麦优质品种新春 26、新春 37、新春 44、核春 115 等优质品种，将进一步提高北疆优质小麦占有率。南疆正稳步推广中麦 578、鲁丰 128 等优质品种，有利于改善小麦的品质结构，满足当地面粉加工企业的需求。

6. 成本收益

2018—2022年新疆小麦产值呈逐年增加的趋势，平均产值1 143.18元/亩（主产品产值1 023.31元/亩，副产品产值119.87元/亩），平均增幅4.97%，2022年的增幅较大，为11.0%，主要与2022年小麦价格上涨有关。总成本也呈逐年增加的趋势，平均成本1 184.0元/亩，平均增幅6.77%，成本的增加主要与农资价格的上涨等有关。净利润平均为－20.82元/亩（不包括230元/亩小麦补贴）。

7. 市场发展

科研单位、种业公司和面粉企业联合开展小麦育、繁、推、加一体化产业化模式。面粉加工企业选用优质麦作为增强面粉筋力、提升面粉质量的原料配粉配麦进行面粉生产，使产品的搭配更灵活，产品质量更稳定。同时衍生出更多的产品品种，生产出一等小麦粉、馒头粉、饺子粉、麦芯多用途粉、切面专用粉、打馕粉等一系列多样化的产品，满足了市场的多元化需求。

（二）主要经验

1. 强化责任担当，为单产提升提供政策保障

一是健全党政同责和齐抓共管粮食生产工作体制机制。新疆各级党委、政府高度重视粮食生产工作，坚持粮食安全党政同责，把粮食产能提升作为重中之重，建立健全"党委、政府主要领导统领全面抓、分管领导系统抓、分工统筹抓、分片重点抓""工作专班"等粮食生产工作机制。

二是充分发挥政策支持引领作用。积极争取国家政策支持，进一步加大耕地地力保护补贴资金投入力度，支持调整优化补贴政策，优先保障小麦种植补贴。强化补贴政策宣传，释放政府重农抓粮有利信号，确保补贴政策家喻户晓、资金足额到户。争取适当增加粮食灌溉用水国家特殊政策，制定种麦用水补贴优惠政策，优先保障小麦等主要粮食作物生产基本需求，切实提振农民种麦积极性。

三是建立新型科技服务模式。加大与科研院所、高校等合作力度，建立创新研究院、科技小院等新型研发机构和科研平台，吸引农业产业体系、专家指导组等技术力量加入，形成适合独特区情的政产学研合作模式。

2. 加大硬件投入，为单产提升提供基础保障

一是加强节水农业推广应用。落实最严格的水资源保护制度，突出水肥精准调控，持续推进精准施肥、测土配方施肥。重点推进精准灌溉、智慧灌溉，广泛推广使用智能控制水阀、内镶贴片式滴灌带等新产品，以保障不同作物差异化灌溉用水定额的执行和落实，实现亩均节水10米^{3}左右。

二是加快推进高标准农田建设。深入实施"藏粮于地、藏粮于技"战略，依托高标准农田建设、耕地质量监测、化肥减量增效项目，加快推进高标准农田和高效节水建设，新建高标准农田种粮面积不低于50％，为粮食产能提升奠定了"地力"基础。推广应用秸秆还田、增施有机肥、深松（深耕）、种植绿肥整地等耕地土壤培肥改良措施，切实提升了粮食适度规模经营和水肥一体化生产水平，增加了粮食种植收益。2023年新疆高标准农田小麦平均亩产达到517.03公斤，较上年提高了23.94公斤。

三是强化农机科技服务保障。坚持增产、减损两头发力，各地通过精准确定小麦机收时间、加强农机手培训、开展小麦机收减损技能大比武等措施，提升小麦收获规范化、标准化作业能力。2023年全区小麦收获环节平均机收损失率降至0.65％左右，低于2％的国家作业质量标准。

四是推进社会化服务保障。鼓励新型农业经营主体拓宽服务领域，引导不同经营主体之间合作，实现资源要素的共享共通，土地流转、集中种植不断增加，种植规模化、专业化、耕种管收社会化服务水平不断提高。

3. 依靠技术进步，为单产提升提供强力支撑

良种、良法、良田的有机结合，为小麦增产赋予了新动能。新疆坚持将科技作为提高粮食综合生产能力的重要支撑，立足全区粮食安全和产业发展需求，强化技术创新引领，组建现代农业产业技术体系，设立小麦首席科学家、岗位科学家和综合试验站，以点带面为小麦增产提供技术支撑。一批品质优、产量高、适应性强的小麦优良品种在全区得到大面积推广应用。同时，围绕粮食产能提升行动，开展百亩、千亩、万亩连片高产攻关活动，通过小麦优质高产标准化栽培技术推广应用，促进全区小麦单产水平大幅提升。

（三）存在问题

1. 关键栽培技术需要进一步落实

小麦生产过程中还存在整地质量粗放、土地不平整、镇压不实等问题，造成播种基础差，存在缺苗断垄现象；节水滴灌尚未全覆盖，存在灌溉不精准、水分利用效率低、水肥耦合度小等问题；盲目加大播种量，造成群体过大、个体小、抗性较差等苗弱现象；小麦化控剂使用不合理，存在后期倒伏等问题。

2. 农田基础设施制约单产水平

近年来，新疆农田基础设施建设取得了长足发展，但是水利设施建设、农田防护体系建设、农田培肥建设等仍然比较薄弱，还不能完全满足小麦生产的需要。

3. 品种成为制约单产提升的关键

种子是农业的"芯片"，国家、自治区相继出台促进种业振兴政策和措施，但新疆冬小麦品种尚未取得实质进展，生产中主栽品种仍然为90年代培育的品种。南疆麦区40％以上冬小麦与果树间作，果树遮阴影响小麦的正常生长发育，制约了单产水平提高。

4. 极端天气频发不利于稳产增产

随着全球气候变化，极端天气多发频发，对小麦优质高产稳产造成了极大威胁。主要表现在秋季冷空气活动频繁，造成北疆麦区播种期偏晚，冬前生长积温不足，晚弱苗比例大；冬季冻害影响小麦生长越冬；夏季高温不利于形成大穗、降低粒重；成熟期偶尔遭遇连阴雨天气降低小麦品质等。

5. 农业机械智能化水平需要进一步加强

新疆小麦连片种植面积大，具有规模化、机械化生产优势，但区域发展不平衡，南疆综合机械化水平还需要进一步提高。全区小麦农机装备需要更新换代，智能化、信息化、精准化新型农机具装备结构及装备水平有待进一步提高。

二、小麦区域布局与定位

新疆地域辽阔，小麦种植区域分布纬度跨度大、垂直分布变化明显、生态类型复杂，尤其"三山夹两盆"地理特点，形成了不同小麦种植生态区。根据积温、海拔和无霜期，小麦主要布局在准噶尔盆地南缘绿洲，塔额盆地、准噶尔盆地北缘，伊犁河谷，南疆焉耆盆地，塔里木盆地，高海拔山间盆地，分为五个区域，即南疆一年两熟（小麦＋复播作物）麦区、南疆一年一熟麦区、北疆冬小麦麦区、伊犁河谷冬小麦麦区、新疆春小麦麦区。

（一）南疆一年两熟（小麦＋复播作物）麦区

1. 基本情况

主要分布在阿克苏地区、克州、喀什地区、和田地区等 4 个地州的 26 个县市，年降水量 47～120 毫米。小麦种植面积约占新疆小麦种植面积的 46.8％，以冬小麦为主，是南疆小麦主产区，亦是新疆粮食作物主产区，该区为一年两熟麦区，小麦收获后复播玉米、大豆、谷子等作物。冬小麦 9 月下旬至 10 月上旬播种。2022 年小麦种植面积 762.54 万亩，占新疆小麦种植面积的 50.96％；亩产 370.51 公斤，比全疆平均亩产高 5.81 公斤；产量 282.53 万吨，占全疆总产量的 51.77％。影响小麦生产的主要因素是土壤瘠薄、盐碱重、高温干旱、水资源极度短缺等。

2. 目标定位

本区日常饮食以面食为主。小麦生产应充分利用土地和光热资源，发展"两早配套"，提高小麦产量和复播作物产量。按照谷物基本自给和口粮绝对安全的发展定位，小麦主要加工拉面、馕等主食。

3. 主攻方向

一是选育、繁育和推广高产优质、抗旱节水、抗逆，适合果麦间作模式的中强筋、中筋小麦品种，加强优质专用小麦良种繁育体系建设，推进统一供种，提高单产，改善品质。二是优化小麦品种和品质结构，推广规模化种植、标准化生产，推进小麦生产由数量增长向数量和质量共同提升转变。三是大力发展高标准农田建设和节水农业，加强中低产田改造，培肥地力，改善灌溉条件，提高土壤抗旱保墒能力。四是加快推广果麦间作模式全程机械化作业技术，推进农机农艺结合。

4. 种植结构

以一年两熟为主，小麦收获后复播玉米、大豆、谷子、蔬菜等作物。

5. 品种结构

种植早熟高产中筋品种新冬60、新冬57等，搭配中强筋品种中麦578等；阿克苏麦区种植中强筋品种新冬22，搭配种植中筋品种新冬55、新冬59等；收获青贮玉米的复播玉米区域，种植新冬60、中麦578、新冬55、新冬59、新冬22等品种。

6. 技术模式

集成组装中强筋、中筋、中弱筋小麦优质高产栽培技术，重点推广干播湿出保苗技术、规范化播种技术、缩行保密技术、水肥药一体化技术、病虫害综合防控技术。

（二）南疆一年一熟麦区

1. 基本情况

包括巴州、阿克苏地区的4个县（市）。该区域不具备一年两熟热量条件，以中早熟冬小麦品种为主，可复种或套种青贮玉米。冬小麦9月下旬后期至10月上旬播种，6月下旬收获。2022年小麦种植面积88.39万亩，占新疆种植面积的5.91%；亩产393.19公斤，比全疆平均亩产高28.49公斤；产量34.75万吨，占全疆总产量的6.37%。影响小麦生产的主要因素是土壤瘠薄、盐碱重、高温干旱、水资源短缺等。

2. 目标定位

小麦均产相对较高，提高水资源利用效率，进一步提高小麦产量和品质。

3. 主攻方向

一是选育、繁育和推广高产优质、抗旱节水、抗逆，适合果麦间作模式的中强筋、中筋小麦品种，加强优质专用小麦良种繁育体系建设，提高单产，改善品质。二是优化区域内的品种和品质结构，实行规模化种植，加快标准化生产。三是加强中低产田改造，培肥地力，改善灌溉条件，提高抗旱保墒能力，大力发展高标准农田建设和节水农业。

4. 种植结构

以一年一熟为主。

5. 品种结构

种植中强筋品种新冬22等品种，搭配中筋品种新冬55等品种。

6. 技术模式

规范化播种技术、水肥药一体化技术、病虫害综合防控技术、"一喷三防"技术。

（三）北疆冬小麦麦区

1. 基本情况

位于天山以北、阿尔泰山以南，主要分布在准噶尔盆地边缘、塔额盆地的塔城地区、昌吉回族州、博尔塔拉蒙古自治州等 3 个地州的 16 个县市，以早熟、强筋、中强筋冬小麦品种为主，兼顾中筋品种。冬小麦 9 月中旬播种，6 月下旬至 7 月初收获。2022 年小麦种植面积 217.09 万亩，占新疆种植面积的 14.51%；亩产 327.29 公斤，比全疆平均亩产低 37.41 公斤；产量 71.04 万吨，占全疆总产量的 13.02%。影响小麦生产的主要因素是耕地瘠薄、盐碱，干热风、锈病和白粉病，干旱少雨，水资源缺乏等。

2. 目标定位

该区是优质高产的强筋和中强筋小麦优势产区，市场区位优势明显，商品量大，加工能力强。小麦籽粒中蛋白质含量达 14.0%～16.0%，湿面筋含量 26.0%～33.7%，均高于全疆其他麦区，烘烤品质好，适合发展加工优质面包、面条、饺子粉等优质专用小麦。

3. 主攻方向

一是稳定种植小麦面积，提高小麦产量和品质，形成稳定的商品生产能力。二是选育、繁育和推广高产、节水、抗逆、优质强筋小麦品种，以及广适、节水、高产中强筋小麦品种，加强优质专用小麦良种繁育体系建设。三是集成组装强筋、中强筋小麦优质高效栽培技术。四是加强农田基本建设，培肥地力，优化区域内的品种和品质结构，实行规模化种植，标准化生产。五是提升小麦产业水平，增强市场竞争力。

4. 种植结构

一年一熟种植结构。

5. 品种结构

充分发挥该区得天独厚的资源优势，抓好"粮头食尾、农头工尾"，大力推广强筋、中强筋小麦品种，提升优质强筋、中强筋小麦供给能力，满足日益增长的小麦产业经济发展实际需求。种植新冬 18、石冬 0358、新粮 169 等，搭配中筋品种新冬 52、九圣禾 D1508，强筋品种金石农 1 号等。

6. 技术模式

集成组装强筋、中强筋小麦优质高效栽培技术，重点推广干播湿出、规范化播种技术、水肥药一体化技术、病虫害综合防控技术、全程化控技术、"一喷三防"技术、防灾减灾技术。

（四）伊犁河谷冬小麦区

1. 基本情况

位于伊犁河河谷及其上游巩乃斯河和喀什河河谷绿洲以及部分洪积平原绿洲，主要包括伊犁州直辖的 7 个冬小麦主产县市，以中强筋、中筋小麦为主。年均降水量 140～470 毫米。小麦 10 月上中旬播种，6 月下旬收获。2022 年小麦种植面积 137.33 万亩，占新疆种植面积的 9.18%；亩产 380.46 公斤，比全疆平均亩产高 15.76 公斤；产量 52.25 万吨，占全疆总产量的 9.5%。影响小麦生产的主要因素是锈病、白粉病、雪腐雪霉病，耕地瘠薄等等。

2. 目标定位

伊犁河谷是新疆小麦主要商品粮生产基地。适合发展用于加工面条、馒头等中筋、中强筋的优质小麦。种植抗锈病、白粉病、雪腐雪霉病品种，提高病虫害综合防控能力，提高小麦产量和品质。

3. 主攻方向

一是选育、繁育和推广高产、优质、抗条锈病强的中筋、中强筋小麦品种，加强优质专用小麦良种繁育体系建设，推进统一供种，提高单产，改善品质。二是加快小麦条锈病综合防治技术的集成创新与推广应用，集成组装中筋、中强筋小麦优质高产栽培技术。三是优化区域内的品种和品质结构，实行规模化种植、标准化生产。四是推进农机农艺结合。五是加强中低产田改造，培肥地力。六是提高小麦产业化水平。

4. 种植结构

一年一熟或一年两熟种植。

5. 品种结构

该区小麦越冬期雪层较厚，夏季灌浆期阴雨天气频繁，病虫害多发，宜选适合当地生态气候特点的中早熟品种，发展高产的中强筋、中筋小麦生产。种植中筋品种新冬 52、新冬 53、九圣禾 D1508，中强筋品种石冬 0358、伊农 22 等；搭配中筋品种新冬 41，强筋品种金石农 1 号等。

6. 技术模式

集成组装中筋、中强筋小麦优质高产栽培技术，重点示范推广干播湿出、规范化播种技术、水肥药一体化技术、病虫害综合防控技术、全程化控技术、"一喷三防"技术、防灾减灾技术。

（五）新疆春小麦麦区

1. 基本情况

主要分布于沿天山北坡近山地带，同时分布于天山、阿勒泰山高海拔山间河谷和山间小型盆地。包括伊犁州直、塔城地区、阿勒泰地区、昌吉州、哈密市、巴州等 6

个地州的 28 个县市。焉耆盆地春小麦 2 月底至 3 月初播种，伊犁州大部分地区在 3 月中旬末至下旬、昌吉州东三县（即吉尔萨尔县、奇台县、木垒哈萨克自治县）在 3 月下旬末至 4 月上旬、阿勒泰地区春麦区和各地山区在 4 月中旬至下旬初播种。7 月上旬至 8 月下旬收获。2022 年小麦种植面积 290.98 万亩，占新疆种植面积的 19.45％；亩产 361.28 公斤，比全疆平均亩产低 3.42 公斤；产量 105.13 万吨，占全疆总产量的 19.26％。影响小麦生产的主要因素是耕地瘠薄、盐碱、干热风等。

2. 目标定位

由于春小麦区多为高海拔冷凉区，农田生态环境较好，适合发展加工饼干、馕等糕点的专用小麦和绿色有机小麦。一方面需要提升品质，另一方面还需要高产保证农民种植效益，种植高产优质的春小麦品种。

3. 主攻方向

一是选育、繁育和推广高产、优质、强筋、中强筋、弱筋品种小麦品种，加强优质专用小麦良种繁育体系建设，推进统一供种，提高单产，改善品质。二是集成组装中筋、中强筋小麦优质高产栽培技术。三是优化区域内的品种和品质结构，实行规模化种植、标准化生产。四是推进农机农艺结合。五是加强中低产田改造，培肥地力；六是提升产业化开发水平。

4. 种植结构

一年一熟种植。

5. 品种结构

种植早熟、中早熟强筋、中强筋高产品种为主，兼顾中筋超高产品种，种植强筋品种新春 26、新春 37、新春 44、核春 115 等，搭配中强筋、中筋品种核春 137、粮春 1242、粮春 1354、新春 48 等。

6. 技术模式

集成组装中筋、中强筋小麦优质高产栽培技术，重点示范推广顶凌播种技术、干播湿出保苗技术、规范化播种技术、水肥药一体化技术、病虫害综合防控技术、全程化控技术、"一喷三防"技术。

三、小麦产量提升潜力与实现路径

（一）发展目标

——2025 年目标定位。到 2025 年，新疆小麦面积稳定在 1 650 万亩以上，亩产达到 400 公斤，总产达到 660 万吨以上。

——2030 年目标定位。到 2030 年，新疆小麦平均亩产达到 420 公斤，比 2022 年提高 56 公斤，增幅 15％。

——2035 年目标定位。到 2035 年，新疆小麦面积稳定在 1 650 万亩以上，亩产达到 430 公斤，总产达到 710 万吨以上。

（二）发展潜力

1. 面积潜力

受水资源制约和种植小麦比较效益较低等因素影响，新疆小麦面积扩大潜力较小。但是，随着国家向盐碱地要粮等战略实施和盐碱地改良技术的发展，小麦面积将有一定的增加潜力。

2. 单产潜力

新疆光热资源丰富、昼夜温差大的自然条件有利于小麦光合物质积累，小麦病虫害发生相对较轻，有利于合理密植，为小麦单产提升创造了独特优势条件。近年来，新疆小麦单产不断提升，冬小麦最高亩产达 898.19 公斤，百亩方亩产 818.7 公斤，千亩方亩产 787.74 公斤，万亩方亩产 738.0 公斤；春小麦最高亩产 848.42 公斤，而小麦平均亩产仅为 386.12 公斤，单产提升潜力大。随着高产品种的选育和推广、高标准农田建设面积的扩大、干播湿出、科学化控、滴灌水肥一体化、防灾抗灾减灾减损等技术的推广应用，新疆小麦单产有望实现更大提升。

（三）实现路径

1. 品种潜力

种子技术的进步对粮食增产的贡献率在 40% 以上。新疆冬小麦品种选育由高产、多抗向高产、优质、多抗、广适方向发展，总的变化趋势是产量水平提高，穗粒数增多，千粒重增大，品质由中筋转向中强筋和强筋，抗病（锈病、白粉病）性提高，株高降低，茎秆变粗，抗倒伏能力提高。新疆大面积种植的冬小麦品种及新育成品种，都具有 600 公斤/亩以上的产量潜力，部分品种更是达到了 700 公斤/亩以上，甚至超过 850 公斤/亩，因此需要充分挖掘现有品种潜力。依据近几年新疆主要麦区的气候变化特点及国家发展生态农业的要求，既要保持小麦产量和品质的稳定提高，又要减少水、肥、农药用量，实现高产、优质、节本增效的生产目标。北疆麦区以冬性或半冬性、中熟或中早熟、抗（耐）锈病、白粉病、中强筋，后期耐热耐高温，灌浆较快，抗倒性较好的品种为主导。南疆麦区为配套小麦—玉米一年两熟种植制度，以早熟、高产优质中筋，弱冬性、分蘖成穗多，抗倒性较好的品种为主。

2. 装备潜力

随着农机转型升级的加快，卫星导航农机自动驾驶设备、基站电台成本的进一步降低、农机作业数据共享化、平台化和专业化服务队伍的建立，小麦产量、整体效益等方面将取得进一步提升。随着新疆高标准农田建设、高效节水灌溉（滴灌）面积的扩大，特别是南疆喀什、和田等地，广泛应用高效节水设备，新疆水资源紧张问题得以缓解，水资源利用效率和小麦产量提升潜力巨大。

3. 技术潜力

（1）滴灌水肥一体化技术　滴灌具有节水、高效、水肥耦合好等特点，相比漫灌或畦灌减少用水 90～110 米^3/亩，增产 15% 以上，还具有提高土地利用率，减轻劳动强度等优点，近年来应用面积不断扩大。同时，滴灌小麦创造了一批高产、超高产典型，显示了节水丰产潜力。未来将提高灌溉水利用率、作物水分生产效率和单方水农业生产效益作为主要目标，朝着低成本、低能耗、高性能、规范化、集约化、自动化、智能化方向发展，从高效节水向高效用水转变，实现提质增效。一是加快小麦滴灌技术普及与培训。对基层技术人员和生产人员加强技术培训，普及滴灌知识，掌握滴灌技术，减少或杜绝在滴灌技术操作上粗放性、经验性和随意性倾向。二是根据不同生态区、品种和地力条件，加快滴灌小麦相关技术配套。如滴灌麦田肥水一体化耦合技术、化学调控、病虫害防治技术、滴灌小麦专用肥的开发与施用技术、适应随水滴施农药的研发与应用技术等。三是小麦滴灌自动控制系统。形成施肥、农田墒情与田间小气候信息的综合管理专家决策支持与远程控制一体化服务平台，将极大地促进滴灌技术高产高效潜力的发挥，并为发展精准农业打下基础。

（2）防灾减灾减损技术　进一步完善灾害性天气精细（中尺度）监测网和专用监测网，完善综合监测系统；针对土壤、大气和小麦冻害、生理干旱，结合土壤—作物—大气等方面，开展防灾减灾防御技术研究；开展品种区划、灾害种类识别、等级确定、精准监测、农业物理化学综合防控等研究，并将在种植结构科学布局、灾害统防统治等方面提供决策咨询，减少灾害危害和损失，为冬小麦正常年份丰产、灾害年份稳产提供技术支撑。

（3）全程化控抗逆防倒增产技术　通过种子包衣根部调控与叶面喷施化控相结合，有助于提高种子、幼苗抗寒耐旱能力，或者及时修复胁迫伤害减少受影响程度。喷施调节剂化控具有防倒伏，防干热风，提高结实率、增加粒重等作用。通过化控，能促进小麦根系生长、提高茎秆强度、降低小麦株高，提高小麦抗倒伏能力，有助于小麦合理密植，提高群体数量，进而提高小麦产量。

四、可推广的小麦绿色高产高效技术模式

（一）滴灌节水高产高效栽培技术模式

针对小麦灌溉区水肥利用效率低，节水、节肥高产的技术需求，集成下技术以实现水、肥、药一体化和可控化，提高水肥的利用率：①播种、滴灌带铺设、固定一次性作业技术。②水肥一体化技术，改漫灌为滴灌，改撒施和条施化肥为随水滴施追肥。冬小麦返青期至灌浆期滴水 6～7 次，滴水量 35～40 米^3/次。每次滴水追施尿素 3～5 公斤/亩，拔节期重施。拔节、灌浆期滴施钾肥。亩节水 100 米^3，化肥料利用率提高到 50%～60%，增产 15% 以上。③化控防倒伏、病虫草害综合防治技术。

（二）冬小麦果麦间作高产栽培技术模式

针对塔里木盆地西南缘绿洲果麦复合种植模式。集成以下技术：①小冠形、高干果树树形优化技术。②冬小麦缩行适密种植技术，即改小麦播种行距15厘米为11～13厘米。枣麦间作田中冬小麦播种密度达到平播的密度，核麦、杏麦间作田中根据果树定植时间和栽植密度适当降低播种密度。弥补果树占地和遮阴对小麦穗数和穗粒数的不利影响。③化控防倒伏耐阴技术，拔节前喷施矮壮素等控高产品，全程喷施油菜素内酯、冠菌素等产品，提高小麦耐阴能力，促进光合作用。④病虫草害综合防治技术。

（三）麦后免耕复播技术模式

在冬小麦收获后，不进行浇水、犁地、整地等环节，直接采用免耕精量播种机播种，同时铺设滴灌带。充分利用夏季积温促苗早发，有效减少土地翻耕造成的跑墒、降低成本、提前播期、延长生育期、减少环境污染，有效提高单产。①选用抗病、抗逆、株型紧凑、耐密的早熟优良品种；②选用专用、具有复式作业功能的免耕播种机；③根据土壤疏松程度，3～5年进行一次深松作业；④小麦机收留茬高度应不低于15厘米；⑤加强田间杂草和病虫害防治。

（四）病虫害绿色防控技术模式

坚持"预防为主，综合防治"的植保方针，全面实施种子包衣或药剂拌种，从源头降低病虫害发生率，将土壤深松、抗病品种、精准灌溉等农业措施、物理措施、化学措施有机结合，有效防治根腐病、全蚀病、黑穗病等种传病害、土传病害，提高田间保苗率。构建小麦病虫监测预警体系，加强自动化、智能化田间监测网点建设，提高监测预警的时效性和准确性，减少盲目用药。结合各麦区主要发生的虫害，积极探索天敌、信息素和食诱剂等生物防控新技术，实现农药减量使用。推进专业化统防统治与绿色防控相互融合，大力扶持发展植保专业服务组织，提高防控组织化程度，强化示范引领和技术培训，加快绿色防控技术模式集成创新。

（五）信息技术与农机农艺融合的小麦生产模式

小麦播种阶段利用精准导航和激光平地技术实现对土地精准规范化作业，利用空间插值技术和变量施肥技术实现精准化播种与施肥；小麦生育期间利用物联网和图像处理技术开展营养诊断，田间土壤墒情、病虫害测报等服务，实现小麦产前品种播期、播量选择和施肥推荐，以及产中苗情营养、水分诊断、病虫实时测报、精准减损收获等相关系统试验、示范。

五、拟研发和推广的重点工程与关键技术

（一）高产密植技术

在具备节水滴灌设施条件的种植地块，通过选用耐密品种，合理增加种植密度，挖掘光热资源潜力，发挥作物群体优势，提高亩穗数，实现产量提升。推广 15 厘米等行距种植模式，冬小麦亩收获穗数达到 40 万～45 万，春小麦亩收获穗数达到 35 万～40 万。

（二）干播湿出技术

在具备节水滴灌设施条件的种植地块，整地后直接播种，播种后通过滴水出苗，达到节水，苗全、苗齐、苗匀，促苗早发，规避自然灾害的效果。小麦滴水 25～30 米^3/亩保证种子同时吸胀萌发，提高出苗整齐度。5～7 天后视顶土情况进行第二次滴水。

（三）高效水肥一体化技术

通过建设沉沙池、泵房、过滤器、施肥罐等高效节水设施，在地下安装管道、地上铺设滴灌带等方式，实现水源（杂质少、含盐量低）、管网（压力均衡）、作物之间相互配套，将水肥适时、适量、高效供给到小麦根系附近，实现精准水肥滴施高效利用，达到节水、节肥、增产效果。

（四）化调防倒抗逆增产技术

该技术集成：①种子包衣技术，有效消灭种子表面病菌，提高种子发芽率和田间出苗率，促进根系生长，防止苗期害虫危害，提高田间保苗率，为丰产奠定群体基础。②化控防倒技术，播前采用调环酸钙处理种子，冬麦返青期、小麦拔节期喷施矮壮素等药剂，缩短基部节间，防止后期倒伏。③抗逆增产技术，采用冠菌素、芸薹素内酯播前处理种子或苗期喷施，提高小麦抗寒能力。灌浆期喷施磷酸二氢钾和聚天冬氨酸或胺鲜酯，提高小麦耐高温和干热风能力，延长灌浆时间，增加粒重。④种子包衣与水肥药调控耦合技术，将种子包衣技术与作物化控技术有机结合，形成"种子包衣＋随水滴施＋叶面喷施"模式。

（五）"水肥一体化＋测一配一施"技术集成与示范

新疆属于荒漠绿洲灌溉农业生态区，小麦生产用水主要来源于漫灌、滴灌，追肥也是通过随灌水施入，但传统漫灌下水肥利用效率低、成本高、效益低。通过测定土壤大量元素、微量元素，并根据小麦不同生育时期对各元素需求不同、各元素间协同

实际，确定专用肥料配方，形成专用施肥技术，提高水肥资源利用效率，助力全疆小麦种植者增产增收，为保障粮食安全持续发力。

（六）农业机械智能化技术

发挥北斗导航农机自动驾驶系统对整地、播种、施肥、施药、收获等精准化作业的优势，利用植保无人机精准施药设备农药利用率、作业效率高，地形适应能力强、作业安全、高效环保等优点，为小麦丰产丰收提供机械和技术支撑。

六、保障措施

（一）做好组织保障

各级农业农村部门要切实提高对抓好小麦单产提升重要性和紧迫性的认识，坚持自治区、地（州、市）、县（市）三级联创、以县为主的工作原则，强化统筹协调，树立重实干重实绩的责任意识，主要负责同志要亲自抓、负总责，在政策制定、工作部署、资金投入上动真格、出实招，推进关键生产技术落实落地。

（二）强化政策保障

用好中央财政产粮大县奖补、农业生产发展等资金，全力推进高标准农田建设、农机深松作业、绿色高产高效行动等项目，创新项目实施方式，将促单产提升的主要技术、任务作为资金重点支持内容，夯实小麦高质高效生产发展基础，为稳定提升小麦生产能力提供政策保障。

（三）加强技术支撑

充分发挥自治区小麦产业技术体系、科研院所、农技推广网络和社会化服务组织等专家服务优势，深入田间地头，用好现代网络媒体平台，加大新技术、新品种推广力度，开展技术培训和服务指导，及时解决生产和技术难题。特别要围绕关键农时季节，及时开展现场观摩、集中培训、巡回指导、测产验收等，强化小麦高产优质栽培技术推广应用，提高小麦种植管理技术水平，推动小麦增产增收。

（四）强化宣传引导

充分发挥主流媒体、新媒体作用，加强对小麦"百亩攻关、千亩创建、万亩示范"创建行动重要意义宣传，充分调动政府部门、市场主体、农民群众等各方面积极性。挖掘一批先进典型、高产案例，宣传成功经验、推广典型模式，辐射带动全区粮食大面积均衡增产。

（五）加强品牌创建

发挥新疆小麦生产资源优势。实施农业生产"三品一优"提升行动，充分利用好新疆日照时间长、昼夜温差大、雪水灌溉、污染少的生长优势，生产出数量和质量（高筋、中筋和中弱筋、富硒等）双优的小麦，创建品牌，提高产品附加值，将新疆小麦资源优势转化为经济优势。

内蒙古

内蒙古小麦单产提升实现路径与技术模式

内蒙古是全国 13 个粮食主产区和 8 个粮食规模调出省区之一。小麦是内蒙古的主要粮食作物和口粮作物，种植面积仅次于玉米和大豆，常年种植面积 600 万亩以上。同时内蒙古也是我国北方重要的春麦区，种植面积居全国首位，产量居全国第二位，分别占春小麦总种植面积和总产量的约 1/3 和 1/4。充分发挥内蒙古春小麦生产的资源优势、生态优势和技术优势，突出重点区域，围绕关键技术，抓好"良田、良种、良技、良机、良制"的"五良"措施落实，提高和扩大主推技术到位率和覆盖面，推动内蒙古小麦实现大面积均衡增产，有效保障国家粮食安全。

一、内蒙古小麦产业发展现状与存在问题

内蒙古自治区位于祖国北疆，横跨东北、华北和西北三大区，属典型的中温带大陆性季风气候。在发展春小麦生产方面优势明显：①光热资源充足，春小麦增产潜力大。春季低温，适宜小麦出苗和穗分化，夏季昼夜温差大，光热条件好，有利于小麦的干物质积累和产量提高；②籽粒品质好，是我国北方重要的中、强筋小麦生产区域之一；③春小麦生育期较短，可与其他作物间、套、复种，增加全年粮食总产量。在北方春小麦产区，内蒙古小麦生产占有重要地位。春小麦作为重要的口粮作物，不仅满足人们日常生活需求，在保障粮食安全、调整种植业结构、增加农民收入、维护边疆稳定等方面都具有重要的作用。

（一）发展现状

1. 面积与产量变化

内蒙古自治区是我国最大的春小麦主产区，种植面积占全国春小麦总种植面积的 32.8%，总产占全国春小麦总产的 23.9%，单产仅为全国春小麦平均单产的 72.8%。小麦是内蒙古的主要粮食作物和口粮作物，种植面积仅次于玉米和大豆，居省内第 3 位。"十二五"期间（2011—2015），内蒙古小麦种植面积、单产及总产量相对稳定，年平均种植面积 951.76 万亩，平均总产量 182.46 万吨，平均单产 191.7 公斤/亩。进入"十三五"后（2016—2020），春小麦年种植面积和总产量逐年下降，至 2022年，种植面积降至 579.2 万亩，总产量 126.5 万吨，单产 218.4 公斤/亩，仅为全国

平均水平的 55.9%。与"十二五"相比，小麦种植面积、总产量大幅减少，单产水平稳步提升，其中种植面积减少 372.6 万亩，减幅 39.1%；总产减少 56.0 万吨，减幅 30.7%；单产增加 26.6 公斤/亩，增幅 13.9%。如果按人均年消费小麦 90 公斤计算，内蒙古自治区 2 400 万人口每年需要消费小麦 216 万吨，若以 2017—2022 年平均总产量 171.4 万吨来看，内蒙古小麦生产自给率只有 79.4%，每年需要从外调入至少 45 万吨小麦以满足内蒙古的口粮需求。目前，内蒙古小麦生产总体趋势是种植面积下降、单产偏低、总产量不足。今后一段时间小麦生产的主要任务是恢复面积、提升单产、保障总产，力争做到口粮绝对安全自给（图 1）。

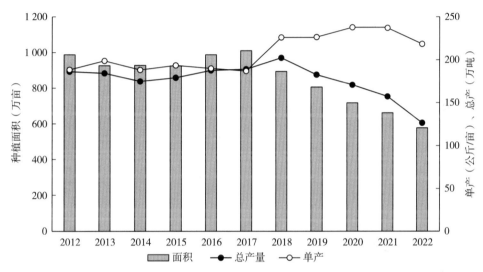

图 1　近 10 年内蒙古小麦生产变化趋势

注：数据来源：内蒙古统计年鉴

2. 品种审定与推广

常规育种是内蒙古自治区小麦品种选育应用最为普遍、成熟和有成效的方法。2000 年以来，各小麦育种单位以常规杂交育种为基础，结合花药培养、太谷核不育及矮败轮回群体选择、分子标记、航天育种和辐射诱变等技术，形成了常规育种与现代技术相结合的育种技术体系，提高了育种效率和水平。自 2000 年以来，通过内蒙古审定的小麦品种 63 个，通过国家审定的小麦品种 8 个，小麦育种呈现良好的发展态势。但与国内发达省区相比，内蒙古小麦育种无论从育种方法、材料以及数量等方面均存在较大差距，制约着小麦产业发展。

迄今为止，内蒙古通过的审（认）定品种种植面积最大、分布区域最广的仍是推广时间已达 40 年的永良 4 号（宁春 4 号）。引进品种的育种单位主要是黑龙江省的科研院所，适宜推广区域主要为大兴安岭沿麓的小麦种植区。自治区年均推广面积 50 万亩以上的小麦品种依次为永良 4 号、垦九 10 号、龙麦 30、克旱 16、龙麦 33、龙麦 35 等。上述品种的共同特点是高产、抗逆性强、适应范围广。对苗期低温、干旱和成熟期间高温、多雨等不良环境有较强的适应能力，同时对土壤和水肥条件要求较低，在高水肥条件下增产潜力较大，在中水肥条件下，也可稳产高产。

3. 农机装备

近年来，内蒙古农业生产机械化水平和普及率不断提高。2019—2022年，农作物综合机械化率由85.8%提高到87.9%，增长2.1%，其中小麦机械化率达99%以上，已经成为内蒙古作物生产中机械化作业普及率和全程机械化作业水平最高的作物。但总体来看，内蒙古农机企业少，尤其没有专门针对小麦生产进行研发的农机企业，致使一些好的技术由于没有配套农机而无法应用到生产中。例如，适合阴山北部及燕山丘陵区小面积作业的中小型农机具仍然比较缺乏、种类单一，牵引机械和配套机具不匹配现象较普遍；适宜河套平原灌区小麦间套作模式、水肥药一体化模式专用机械的研制欠缺，限制了该地区小麦立体种植及水肥一体化技术模式的大面积推广应用。

4. 栽培与耕作技术

内蒙古小麦栽培与耕作技术落后，管理粗放，良种良法不配套，标准化生产程度低，不能够有效地支撑产业发展。从东到西随着光热资源、无霜期、降水量的差异，内蒙古小麦生产形成了涵盖强筋、中筋小麦生产的不同优势区域，因此推广小麦高产优质高效栽培与耕作技术，既需要在实践中不断完善、提高和创新，又需要不断推广、普及和应用。"十三五"期间，春小麦单产水平较"十二五"期间提高11%以上，主要源于以下几项技术成果的推广应用，如东部旱作春麦区针对强筋小麦生产的技术要求，采取"良种良法"配套推广模式，大力推广旱地小麦免耕高产栽培技术、强筋小麦机械化高产栽培技术、小麦缩垄增行机械化栽培技术等，以确保强筋品种的产量与品质潜力得以充分发挥及原粮品质的稳定性。河套灌区为提高水分利用效率、减少生产成本，进一步提高生产效益，大力推广了春小麦减肥减药增效增产栽培技术、春小麦滴灌高产高效栽培技术、小麦"一喷三防"高产栽培技术、小麦套种玉米吨粮栽培技术、小麦套种晚播向日葵高效栽培技术、麦后复种饲用作物高效栽培技术等。

5. 品质状况

目前，内蒙古基本以中筋和强筋小麦生产为主，审定的弱筋小麦品种只有2个，尚未大面积推广。内蒙古小麦消费主要以面条、馒头等大众主流食品为主，由于对品质的要求不高，优质中筋小麦基本可以满足市场需求，但优质强筋小麦和弱筋小麦相对缺乏。近20年来，通过自治区品种审定的小麦品种共有45个，从品质状况来看，其中强筋品种8个，占比17.8%；中强筋品种11个，占比24.4%；中筋品种24个，占比53.3%；弱筋品种2个，占比4.4%。以呼伦贝尔市为主的大兴安岭沿麓优质小麦产业带已逐步形成了以强筋小麦生产为主的产业格局，据不完全统计，该麦区强筋小麦品种种植面积比例已达到80%以上，且实现了主栽品种（龙麦33、龙麦35、龙麦36）全部强筋化。以巴彦淖尔市为主的沿黄灌区，种植中强筋、中筋和弱筋等不同类型，可以满足人们对主食多样化的需求，但是缺少强筋类型小麦品种。河套小麦品质优良，籽粒容重、沉降值、面团稳定时间、降落数值、湿面筋含量等品质指标均优于全国平均水平，加工制成的面粉面筋质量好。因此，河套小麦收购价格和河套雪花粉销售价格在全国范围内都较高。

6. 成本收益

近年来，由于国家连续几年调低小麦最低收购价格，而化肥等农资价格上涨，增加了小麦生产成本，小麦种植的纯收益减少。内蒙古各麦区小麦成本收益具体如下。

（1）西部河套灌区　每亩投入：种子4元/公斤，用种量25公斤/亩，用种成本100元；机械播种30元，耕翻30元，收获50元，共110元；浇水110元；化肥100元，除草剂、农药10元。合计每亩总投入430元。每亩产出：小麦410公斤，价格3.2元/公斤，销售1 312元。每亩纯收益：882元。

（2）东部大兴安岭沿麓地区　每亩投入：种子2.5元/公斤，用种量22公斤/亩，用种成本55元；机械播种15元，耕翻20元，收获22元，共57元；化肥50元，除草剂、农药10元。合计每亩总投入172元。每亩产出：小麦250公斤，价格2.8元/公斤，销售700元。每亩纯收益：528元。

（3）阴山北部和燕山丘陵区　每亩投入：种子4元/公斤，用种量15公斤/亩，用种成本60元；机械播种30元，耕翻30元，收获40元，共100元；化肥30元，除草剂、农药10元。合计每亩总投入200元。每亩产出：小麦130公斤，价格2.8元/公斤，销售364元。每亩纯收益：164元。

7. 市场发展

内蒙古小麦产业尚未形成完整的产业链，以小麦生产销售为主，小麦加工业发展较慢，地区间发展不平衡。西部巴彦淖尔市小麦产业链较完整，面粉加工企业较多，生产能力较大的企业有恒丰、兆丰、中粮等公司，年生产能力在10万吨以上。河套雪花粉知名度高，本地区生产的小麦价格高且供不应求，提高了小麦种植效益。中部和东部地区虽然也有面粉加工企业，但是多数加工能力和规模小，知名品牌少，对本地区小麦产业的带动能力弱，种植户多简单加工成面粉进行自食或销售，甚至直接销售原粮，无品牌、无包装，无附加值，产业链条短，缺乏竞争力。总体来看，内蒙古小麦面粉加工企业生产工艺落后，产品结构单一，缺乏对面粉深加工和副产品的综合利用。为此，应重点培育一批起点高、技术含量高、规模大的面粉和食品加工企业，创新小麦面粉制品食品加工新技术、新方法，积极开发附加值高、技术含量高的小麦新产品，拓宽增值途径。

（二）主要经验

"十三五"期间，内蒙古春小麦平均单产为213.4公斤/亩，较"十二五"期间提高 11% 以上，主要源于以下几项技术成果的推广应用。

1. 优质高产新品种推广应用，为单产水平提高奠定了良好基础

东部大兴安岭沿麓地区小麦优良品种覆盖率为 85%，龙麦 35、龙麦 36、龙麦 33 等优质高产强筋小麦新品种的推广面积已经占据该区小麦种植面积的前 3 位；西部河套灌区小麦优良品种覆盖率达 100%，主要在永良 4 号的基础上，陆续推出了产量水平更高的农麦 2 号、农麦 4 号、农麦 5 号、巴麦 13 等新品种。

2. 高产高效栽培技术优化与普及推广，为新品种产量潜力发挥提供了可靠的技术保证

东部大兴安岭沿麓地区小麦生产中采用的新技术主要有免耕耙茬播种、免耕直接播种、测土配方平衡施肥技术、秸秆还田技术等；西部河套灌区积极推广了小麦全程机械化高产栽培技术、"一喷三防"高产栽培技术、春小麦滴灌高产高效栽培技术、小麦套种晚播向日葵高效栽培技术、小麦套种玉米高效栽培技术及麦后复种技术等。

3. 基础设施的不断完善，为春小麦增产提供了良好条件保证

"十三五"期间，各麦区农田水利设施逐渐改善，陆续增加喷灌、滴灌设施，提高灌溉能力，小麦灌溉面积较"十二五"大幅增加，在一定程度上解决了小麦春旱及夏旱问题，为确保春小麦高产稳产提供了至关重要的保障设施。

（三）存在问题

1. 资源约束大

随着经济发展和种植结构调整，稳定小麦种植面积难度加大。内蒙古现有的小麦田约有 2/3 为中低产田，受干旱、盐碱等不利条件制约，产量低而不稳。小麦是耗水相对较多的作物，主要种植在资源性缺水或季节性干旱地区，水资源缺乏和降水时空分布不均已成为单产进一步提升的重要限制因素。

2. 比较效益低

小麦生产成本与价格劣势使不少农民退出小麦生产，转向生产效益更高的其他粮食和经济作物。"十三五"期间，内蒙古春小麦年种植面积和总产量逐年下降，"十四五"前两年，种植面积仍处于下行通道，2022 年种植面积降至 579.2 万亩。与此相反，特色种植在该地区蓬勃发展。主要是小麦与其他经济作物相比，种植成本高，比较效益低，丰产不丰收，农民种植小麦的积极性不断降低。因此，如果不持续加大优势区域产业扶持力度，提高种植效益，优势区域的生产能力也将逐步下降，口粮安全问题将更加严峻。

3. 专用品种少

内蒙古各区域普遍存在小麦品种尤其是优质专用品种缺乏，新品种推广力度小、更新速度慢，良繁体系不健全，种业创新能力不足等问题，严重制约小麦产业发展。

河套灌区小麦主栽品种单一，近 40 年来一直以永良 4 号为主，退化混杂严重，品质波动较大，加工品质无法满足企业的多元化需求；同时栽培品种单一也带来生产风险。大兴安岭沿麓地区小麦品种呈多、乱、杂态势，每年约有 20 多个栽培品种，没有形成大牌优势品种的主导优势。品种不同，品质达不到统一标准，单一品种又没有量的优势，从而影响到大型面粉企业收购。目前生产的小麦基本被当地中小型面粉企业消化，无法形成产业优势。

4. 技术普及差

内蒙古小麦栽培与耕作技术落后，如耕作粗放，播量偏大，肥水运筹不当，小麦品种潜力不能得到充分发挥，相同区域和品种由于栽培技术不同，产量差异显著等问题十分突出。同时，小麦高产、优质、高效栽培新技术推广到位率低，导致产量和品质在年际间、地区间波动很大，商品的稳定性和一致性差。

5. 产业化水平低

在生产领域，同一小麦生产区内不同品种"插花"种植的现象非常普遍，难以形成较大数量的、品质相同的优质原粮。无法实现统一品种、统一栽培技术、统一收获、统一专收、专储，无法保证同一区域商品粮的质量一致。在销售领域，主产区缺乏大型专业批发市场，市场信息滞后，企业所需的小麦品种、数量与农民能提供的优质麦信息状况不能有效对接。在收购环节，优质小麦与普通小麦市场差价过小，难以实现优质优价，市场机制对优质小麦生产的导向作用无法充分发挥，优质小麦生产的市场推动力难以形成。在加工领域，大部分面粉加工企业生产工艺和管理模式落后，设备陈旧，产品结构单一，缺乏对面粉深加工和副产品的综合利用。

二、内蒙古小麦区域布局与定位

内蒙古自治区春小麦种植分布范围广，全区 12 个盟市均有种植。按资源条件，春小麦主要集中在三大区域：①西部河套平原灌溉小麦种植区，主要是以巴彦淖尔市为主，近些年平均种植面积 100 万亩，约占内蒙古小麦总种植面积的 15%；②东部大兴安岭沿麓旱作小麦种植区，包括呼伦贝尔市和兴安盟，近几年平均种植面积 350 万亩左右，约占内蒙古小麦总种植面积的 55%；③阴山北部和燕山丘陵旱作小麦种植区，包括巴彦淖尔市东北部、呼和浩特市和包头市阴山以北、乌兰察布市和锡林郭勒盟大部、赤峰市北部，近几年平均种植面积 200 万亩左右，约占内蒙古小麦总种植面积的 30%。

（一）西部河套平原灌溉小麦区

1. 基本情况

该区域位于以河套和土默川平原为主的黄河流域，包括巴彦淖尔市、鄂尔多斯市、包头市、呼和浩特市等 13 个旗县及阴山南麓地区。该区域海拔 1 000～1 100 米，属大陆性气候，干旱少雨，蒸发强烈，日照充足，光能丰富，年降水量 125～450 毫米，自东南向西北递减，降水集中在 7～8 月，占全年总降水量的 60%～70%，≥10℃的年积温 2 200～3 300℃，无霜期 130～150 天，年日照时数 3 000～3 240 小时；以灌淤土、草甸土、栗褐土为主，区内耕地面积 1 590 万亩，人均耕地 12.8 亩。巴彦淖尔市是西部区灌溉高产优质中筋小麦区，种植区积温高、光照充足、土地肥沃、农田水利基础设施条件好。河套平原是国家十大商品粮基地之一，属国家规划的西北小麦优势区，也是我国最大的自流引黄灌区，自古就有"黄河百害，唯富一套"的美誉。生产优质红硬麦，籽粒大而坚实饱满，蛋白质、面筋含量高且质量好，是我国目前唯一可以和美国、加拿大优质小麦相媲美的高筋硬质小麦。

2. 目标定位

恢复小麦种植面积，更新小麦品种，提高与改善小麦品质，进一步提高单产。

3. 品种结构

小麦主栽品种有永良 4 号、农麦 2 号、农麦 4 号、巴麦 13 等，近年来审定的新品种有农麦 5 号、农麦 730、农麦 482、农麦 300、巴麦 12、巴麦 13、巴麦 15、巴麦 22，目前正处于小面积示范阶段，尚未应用于大面积生产。从品质来看，有中强筋、中筋和弱筋等不同类型，可以满足人们对主食多样化的需求，但是缺少强筋类型小麦品种。

4. 主推技术

春小麦两改三防配套绿色增效标准化栽培技术、春小麦套种晚播向日葵高效栽培技术、春小麦绿色高效种植及麦后复种栽培技术等。

（二）东部大兴安岭沿麓旱作小麦区

1. 基本情况

该区域以大兴安岭北部的呼伦贝尔市为主，包括兴安盟、通辽市、赤峰市的 18 个旗县市区，以及锡盟的乌拉盖地区。该地区属于温带、寒温带大陆性气候，无霜期 80～130 天，≥10℃年积温 1 600～2 800℃，年平均降水量 300～480 毫米，日照时数 2 500～3 100 小时，土壤以黑土、黑钙土、草甸土、沼泽土为主，有机质含量 5%～8%，黑土层在 50～100 厘米，降雨主要集中在 7～9 月，昼夜温差大，雨热同季，同时该区域小麦生产连片集中、机械化程度高，适宜规模化经营。作为旱作农业区，还具有土壤肥沃，物质投入较西部区少，生产成本低，小麦的品质、投入产出率、比较效益较高的特点。该区域具有适宜发展优质小麦生产的优越的自然条件，其中呼伦贝尔市是生产优质强筋小麦的主要地区，同时位于国家规划的东北小麦优势区。

2. 目标定位

稳定小麦现有种植面积，提高单产，大力发展优质强筋小麦生产。

3. 品种结构

小麦主栽品种有龙麦 35、克旱 16、克春 4、内麦 19、农麦 2 号、垦九 10、格莱尼、龙麦 30、拉 2577、克春 8 号等，品种多样且混杂。近年来，龙麦 35、龙麦 36、龙麦 33 等优质高产强筋小麦新品种的推广面积已经占据该区小麦种植面积的前 3 位；新审定的品种华垦麦 1 号和华垦麦 2 号，属高产中筋类型，目前尚未大面积推广。总体来看，该生态种植区自育品种较少，外省品种占多数，生产中缺少丰产稳产、品质稳定和抗旱、抗病性好的品种。

4. 主推技术

以保护性耕作为核心的小麦全程机械化综合配套技术、小麦抗旱高产机械化综合配套技术、小麦避旱稳产机械化综合配套技术等。

（三）阴山北部和燕山丘陵旱作小麦区

1. 基本情况

该区域位于内蒙古自治区中部，包括包头市北部、呼和浩特市北部、乌兰察布市、锡林郭勒盟、赤峰市北部，是内蒙古小麦主要种植区，也是内蒙古小麦单产水平较低的地区。该区属典型的农牧交错地区，中温带半干旱大陆性气候，年平均降水量 200～400 毫米，≥10℃年积温 1 500～2 000℃，无霜期 90～110 天，全年日照时数 2 600～3 200 小时。春季多风少雨，夏季冷凉，大部分年份干旱，土壤相对贫瘠，风蚀沙化严重。

2. 目标定位

加强基本农田建设，稳定小麦种植面积，提升丰产稳产水平。

3. 品种结构

阴山北部丘陵区旱地小麦主栽品种主要是当地品种"小红皮""玻璃脆"，以及内麦 21、晋春 9 号等，水浇地主要是永良 4 号和内麦 19 等；燕山丘陵区赤峰地区主要有赤麦 2 号、赤麦 5 号、赤麦 7 号、农麦 4 号等。近年来，该生态种植区几乎没有小麦新品种审定和推广，丰产、抗旱品种严重缺乏。

4. 主推技术

小麦机械化保护性耕作技术、干旱半干旱地区春小麦高效节水丰产技术、旱作小麦高产栽培技术等。

三、内蒙古小麦产量提升潜力与实现路径

（一）发展目标

"十四五"期间，在"确保谷物基本自给，确保口粮绝对安全"，保障自治区粮食安全总体目标的前提下，确定内蒙古口粮保障策略，即在坚持小麦口粮自给的基础

上，促进小麦产业快速发展。针对内蒙古小麦生产现状，以恢复小麦种植面积为前提，以提高单产增加总产为途径，实现小麦口粮的供需平衡。

——2025 年目标定位。到 2025 年，内蒙古自治区小麦面积稳定在 700 万亩以上，亩产达到 250 公斤，总产达到 175 万吨以上。

——2030 年目标定位。到 2030 年，内蒙古自治区小麦面积稳定在 750 万亩以上，亩产达到 280 公斤，总产达到 210 万吨以上。

——2035 年目标定位。到 2035 年，内蒙古自治区小麦面积稳定在 800 万亩以上，亩产达到 300 公斤，总产达到 240 万吨以上。

（二）发展潜力

1. 面积潜力

"十三五"期间，春小麦年种植面积逐年下降，"十四五"前两年平均种植面积已降至 620 万亩左右。小麦种植面积减少的原因：一是小麦种植比较效益低，玉米种植效益高，大豆种植补贴高，玉米和大豆种植面积增加对小麦造成一定的挤压，这是西部河套平原灌区和东部大兴安岭沿麓旱作区小麦面积减少的主要原因；二是阴山北部旱作区近几年春季干旱少雨，造成小麦无法播种，导致小麦面积减少。总体来看，内蒙古当前小麦种植面积与"十二五"期间最大面积（950 万亩）有较大差距，在多方面农业激励政策综合作用以及生产条件和技术发展的推动下，内蒙古仍存在进一步恢复扩大小麦面积的潜力与可能。未来内蒙古小麦种植面积应力争恢复稳定在 800 万亩水平以上。其中，大兴安岭沿麓旱作区受水资源制约，且小麦面积会因其他作物（如大豆、玉米、马铃薯等）面积变化而波动，小麦面积稳定在 400 万亩以上；河套、土默川平原灌溉区历史最大面积与当前面积有较大差距，在农业激励政策和技术发展的推动下，该区域小麦面积可力争恢复到 150 万亩以上；阴山北部和燕山丘陵旱作区小麦面积尚有一定潜力，但会因周年种植结构变化而波动，在生产条件和技术发展的推动下，未来逐步调增小麦面积至 250 万亩以上，实现全区小麦种植面积总量达标。

总体而言，在耕地面积不断减少、粮价难涨、粮食种植效益持续低落、农村劳动力越来越少、水资源限制越来越大的综合背景下，未来单纯依靠扩大面积来推动小麦生产持续发展已无可能。今后应力求较长时间稳定小麦现有种植面积，为小麦生产发展奠定基础。

2. 单产潜力

力争到 2030 年，内蒙古小麦在 750 万亩种植面积基础上实现总产 210 万吨口粮绝对安全目标，小麦亩产应保证达到 280 公斤，即在"十三五"平均亩产基础上再增加 67 公斤，也即每年每亩约需增产 6.7 公斤。考虑到气候干旱等制约因素，确保未来单产持续增长难度较大。为实现自治区小麦持续稳定发展，必须因地制宜地针对小麦生产发展的制约因素和主要矛盾，明确主攻目标，采取切实可行的技术措施，实行分类指导，走区域化发展的道路。

（三）实现路径

1. 河套平原灌溉小麦区

主要生产问题：①灌区麦田土壤次生盐渍化严重；②有机肥施用量少，部分麦田土壤肥力有下降趋势；③缺少优质中、强筋专用小麦品种，产业化进程慢。

主攻方向：应以治水改土、改善生产条件为基础，更新小麦品种，提高与改善小麦品质，进一步提高单产。预期到2030年平均亩产提高30～40公斤，在高产水平上实现更高产。

主要措施：①完善灌排配套工程，井灌与渠灌结合，改进灌溉技术，发展节水灌溉；②增施有机肥料，推广配方平衡施肥，改进施肥技术，提高化肥利用率。③建立专用小麦生产基地，推进小麦生产、加工产业化进程。

2. 大兴安岭沿麓旱作小麦区

主要生产问题：①麦田物质投入不足，耕作粗放，土壤肥力下降；②水土流失加剧，造成表层黑土"危机"；③缺少高产优质的小麦良种，特别是缺乏专用强筋小麦和高抗穗发芽的品种。

主攻方向：以提高小麦生产的科技含量和充分利用当地资源优势为目标，提高单产，大力发展优质强筋小麦生产；恢复"大豆—小麦"轮作体系，发挥机械化作业的优势，扩大深松耕作，完善田间喷灌设备，提高水分生产利用效率。预期亩产目标增加50～60公斤，保稳产促增产。

主要措施：①普及推广可持续旱作稳产丰产集成技术，提高小麦产量；②加强农田基本建设，推行抗旱保墒耕作，提高麦田抗灾能力；③增施肥料，培肥土壤；④积极引进、选育新的早熟、优质、多抗小麦良种，提高品质。

3. 阴山北部和燕山丘陵旱作小麦区

主要生产问题：①风蚀和水土流失严重；②资金、物质、技术投入低，小麦产量低而不稳；③基本农田建设水平差。

主攻方向：以增加投入，加强基本农田建设为突破口，扭转生态（广种薄收）和经济（低投入—低产出—低收入）两系统的恶性循环。到2030年亩产提高30～40公斤，可实现由低产田向中产田转变。

主要措施：①增加灌溉设施投入，推广喷灌、滴灌小麦高效综合增产技术，提高单产；②从增施有机肥、秸秆还田和保护性耕作入手，以培肥土壤为核心，大力改造中低产基本麦田，实行集约经营，提高对资源的利用率和抗灾能力。

四、内蒙古可推广的小麦绿色高质高效技术模式

(一) 春小麦节水节肥高产栽培技术

黄河流域水资源日趋紧缺，而粮食产量仍需不断提高，迫使小麦生产必须走节水高产之路。在严重缺水的河套平原灌区初步建立了春小麦节水高产栽培技术体系。与传统充分灌溉相比，节水栽培模式下，春小麦的亩穗数、穗粒数有所降低，但千粒重高于常规栽培，两种栽培模式最终经济产量无明显差异，均达到了 450 公斤/亩以上水平；从水分利用来看，节水栽培模式下小麦耗水量显著减少，平均只有 255 米³/亩左右，水分利用效率（WUE）较常规栽培平均提高 35% 以上，节水效果显著。

该模式的技术要点：

（1）土壤选择　适宜土壤类型为壤土。要求中上等地力（有机质含量＞1%），无盐碱危害，地面平整，利于排灌，整地质量高的地块。结合秋翻施腐熟优质农家肥 2～3米³/亩。

（2）足墒播种　足墒播种是春小麦节水高产的基础条件。秋季充分汇地蓄水，春季"顶凌耙糖"收墒。播种前将土壤贮水调整到田间最大持水量。

（3）品种选择　选用早熟、耐旱、株高中等、根系发达、灌浆早而快的品种。如抗旱节水品种宁春41、龙麦32 和农鉴7号等。

（4）增大密度　节水栽培应适当增加基本苗，以补偿前期控水对穗数的不利影响，确保穗数，同时可增加种子根数和光合面积。河套灌区小麦正常播期内，适宜的亩基本苗为 45 万～50 万。

（5）控制灌水　春小麦出苗后，视土壤墒情变化及降雨情况，将浇第一水时间推迟在分蘖至拔节之间，第二水控制在抽穗至开花期间，全生育期灌 2 次水，每次灌水 50～60 米³/亩。一般年份，可灌拔节和开花两水，春旱严重年份，可灌分蘖和抽穗两水。

（6）提高肥效　在稳定种肥磷量基础上，限制追肥氮施入量，减少氮肥损失，提高肥料利用率。一般来讲，在中、上等土壤肥力条件下，每亩施用种肥磷酸二铵 15～20公斤，结合浇第一水追施尿素 10～15 公斤。

(二) 小麦套种向日葵节水高效栽培技术

小麦套种向日葵是河套灌区作物生产的主要立体种植模式，具有缩短两种作物共生期、改善通风透光条件、产量和效益双增长等显著优势。但由于此类立体种植模式以高耗水肥为代价，使其扩大应用面积和持续发展受到限制。在水资源紧缺的河套平原灌区，在秋季浇足底墒水基础上，全生育期灌 3 次水是小麦套种向日葵高产、高效的最佳节水灌溉模式，即小麦拔节期、抽穗期、向日葵开花期灌水 3 次，每次灌水

60 米^3/亩。适宜施氮量（纯 N）为小麦 15 公斤/亩，拔节期结合灌第一水追施，向日葵 10 公斤/亩，开花期结合灌第一水追施。小麦/向日葵种植模式的节水、节肥、高产、高效技术体系与常规充分灌溉模式相比，套种总产量增加 2.6%，经济效益提高 9.0%，水分利用效率提高 30% 以上，实现了节水、高产与高效的统一。

该模式的技术要点：

（1）耕作整地 适宜土壤类型为壤土。近两年内未种过向日葵的地块，要求中上等地力，无盐碱危害，地面平整，利于灌排。秋深耕 25 厘米以上，结合秋翻每亩施腐熟农家肥 2 000～3 000 公斤。秋季（9 月下旬至 10 月下旬）充分汇地蓄水，灌水定额 80～100 米^3/亩。

（2）种植带型 采用 440 厘米机播机收优化带型：小麦带宽 240 厘米，22 行，行距 11 厘米；向日葵 4 行，带宽 180 厘米，宽窄行种植，两边窄行 40 厘米，中间宽行 60 厘米，小麦带距向日葵带 20 厘米。

（3）合理密植 小麦亩基本苗 50 万～55 万；向日葵采用宽窄行覆膜种植，窄行 40 厘米，宽行 60 厘米，株距 35～40 厘米，每亩留苗 2 500～3 000 株。

（4）播种施肥 小麦 3 月中、下旬，表土解冻深度达到 3～4 厘米时即可播种，种肥每亩施用磷酸二铵 15～20 公斤、尿素 5 公斤、钾肥 5～6 公斤或等量复合肥。5 月上、中旬采用机械覆膜，同时每亩施用磷酸二铵 15～18 公斤、硫酸钾 8～10 公斤、硼肥 2 公斤。向日葵的适宜播期为 5 月 25 日至 6 月 5 日，采用人工点播，每穴 1～2 粒，播后用沙土封严膜孔。

（5）灌水追肥 分别于小麦分蘖至拔节期、开花期（向日葵现蕾期）、灌浆期（向日葵开花期）共灌水 3 次，每次灌水定额 60 米^3/亩左右。小麦分蘖至拔节期追施尿素 15 公斤/亩；向日葵现蕾期结合灌水追施尿素 15 公斤/亩。

（三）小麦套种玉米节水高产栽培技术

以内蒙古河套灌区主要种植模式小麦套种玉米为研究对象，以提高水肥利用效率为中心，以高产为目标，系统研究了套种小麦和玉米产量与水分关系及水肥利用效率的差异，确定了小麦套种玉米节水、节肥与高产统一的灌溉制度和施肥制度，即在秋季浇足底墒水基础上，于小麦拔节期、开花期、玉米大口期灌水 3 次（平水年份）或小麦拔节期、开花期、玉米大口期、灌浆期灌水 4 次（干旱年份），每次灌水 60～70 米^3/亩。适宜施氮量（纯 N）：小麦为 13.5～14.4 公斤/亩，拔节期结合灌第一水追施，玉米为 30.0～35.6 公斤/亩，分别于拔节期和大喇叭口期结合灌水按 3∶7 的比例追施。该技术模式的应用，对于缓解河套灌区水资源供需矛盾，降低作物生产成本，提高经济效益，减少环境污染等都具有重要的现实意义。

该模式的技术要点：

（1）耕作整地 选择耕层深厚，结构良好，地面平整，渠系配套，无盐碱危害，中等肥力以上地块。结合深耕翻压腐熟优质农家肥 2 000～3 000 公斤/亩或秸秆还田，伏耕或秋深耕 25 厘米以上。耕翻后及时平整土地，秋季（9 月下旬至 10 月下旬）充分汇地蓄水，灌水定额 80～100 米³/亩。

（2）种植带型 为了适应机械化作业，采用 4.6 米机播机收优化带型：小麦带宽 240 厘米，22 行，行距 11 厘米；玉米 4 行，带宽 180 厘米，宽窄行种植，窄行 40 厘米，宽行 60 厘米，小麦带距玉米带 40 厘米。

（3）合理密植 小麦亩基本苗 50 万～55 万；玉米采用宽窄行覆膜或露地种植，宽行 60 厘米，窄行 40 厘米，株距 24.3～26.5 厘米，每亩留苗 5 000～5 500 株。

（4）播种施肥 小麦 3 月中、下旬，表土解冻深度达到 3～4 厘米时即可播种。种肥每亩施用磷酸二铵 20～25 公斤、尿素 5 公斤、钾肥 4～5 公斤或等量复合肥，锌肥 1.0 公斤。当 10 厘米土壤温度稳定在 8～10℃即可播种玉米，一般在 4 月 20～25 日播种。采用玉米精量播种机播种，播种同时每亩一次性施入磷酸二铵 28～35 公斤、尿素 8～10 公斤、钾肥 5～6 公斤或等量复合肥、锌肥 1 公斤。播后及时覆土，压严膜孔。

（5）灌水追肥

小麦：5 月上、中旬，视土壤墒情变化及降雨情况，将浇第一水时间推迟在分蘖至拔节之间。灌水定额 60～65 米³/亩，结合浇第一水追施尿素 15～20 公斤/亩。若麦苗长势正常，拔节期浇第一水；麦苗长势偏弱，提前至分蘖期浇第一水。6 月上、中旬，酌情浇抽穗或扬花水，灌水定额 60～65 米³/亩，随灌水追施尿素 5 公斤/亩。6 月下旬至 7 月上旬，适量浇灌浆水，灌水定额 60～65 米³/亩。

玉米：6 月上、中旬，套种小麦灌扬花水的同期灌玉米拔节水，灌水定额 60～65 米³/亩，同时追施尿素 15～20 公斤/亩；6 月下旬至 7 月上旬，套种小麦浇灌浆水同期灌玉米孕穗水（大喇叭口期），灌水定额 60～65 米³/亩，并深追施尿素 20～25 公斤/亩；8 月中旬视降雨情况补浇玉米灌浆水，灌水定额 55～60 米³/亩。

（四）"春麦冬播"高产高效栽培技术

"春麦冬播"是指将传统的小麦春播改为秋末冬初播种，翌春出苗的种植模式，在生产上称为"土里捂""抱蛋麦"或"田间寄籽"，既可采用冬性小麦品种，也可用于春性小麦种植。"春麦冬播"的优越性大致表现为以下几个方面：①较春播小麦更能充分利用早春积温条件，提早 5～7 天萌发出苗，成熟期提前 7 天以上；②小麦种子经过漫长冬季的低温春化作用后，抗寒能力明显增加；同时，幼苗扎根早，根系发达，能较多地利用土壤水分，降低后期干旱和倒伏的风险；③小麦幼穗分化早，分化时间长，奠定了穗大、粒多、粒重的基础，产量增加，品质改善；④小麦发育提前，生长健壮，有利于抵抗干热风，减少病虫危害；⑤冬季播种可避免春播时土壤"潮塌"及降低春季农活集中程度，均匀分布全年生产。"春麦冬播"高产高效栽培技术模式主要适用于内蒙古河套平原灌区及其相似生态条件的沿黄灌区。

该模式的技术要点：

（1）耕作整地，秋浇储墒　选择耕层深厚，结构良好，地面平整，中等肥力以上地块。前茬作物收获后，及时深耕 20～25 厘米，结合翻耕压腐熟优质农家肥 2～3 米³/亩。秋季（9 月下旬至 10 月中旬）充分汇地蓄水，灌水定额为 80～100 米³/亩，将土壤贮水调整到适宜播种的含水量范围。

（2）选用良种，适期播种　选用高产、抗寒、耐旱、株高中等、根系发达、灌浆快的品种，如永良 4 号、宁冬 11 等。11 月上、中旬，即农历立冬前后，以 5 厘米土层日平均温度为 1℃ 左右，表土尚未冻结时即为播种适期。播前耙耱整地，起埂做畦。

（3）加大播量，保苗增穗　冬播小麦应增加播种量到 30 公斤/亩左右，基本苗达到 50 万/亩，亩穗数保证 45 万以上。播种时适当加大播深至 4～5 厘米。

（4）优化种肥，促苗快发　在河套灌区中、上等土壤肥力条件下，冬播小麦实现 450 公斤/亩以上产量目标，每亩需施用种肥磷酸二铵 20 公斤，全部肥料与种子同时分层施入。

（5）田间管理

① 播后镇压。小麦播种后及时将播种沟覆土进行"掩籽"，然后镇压保墒，防止种子"落干"。

② 出苗前镇压。翌年春季（2 月下旬）气温回升时，及时镇压提墒，促进种子萌发，提高出苗率。

③ 施肥浇水。分蘖期浇第一水，同时亩追施尿素 20 公斤。全生育期共浇水 3～4 次，分别于分蘖、拔节、抽穗、灌浆期进行，每次灌水定额 50～60 米³/亩。

（五）滴灌小麦节水节肥高产栽培技术

水肥一体化技术是对传统灌溉和施肥技术的变革，具有显著的节水省肥效果。针对内蒙古河套平原水资源紧缺，以及小麦生产中水肥利用效率低下等问题，以实现小麦节水、节肥、高产和可持续生产为目标，在田间不同滴灌水量和施肥条件下，研究土壤水分和养分的时空变化特征及其与产量构成因素的关系，明确滴灌小麦水肥一体化高效栽培的合理灌溉和施肥制度，优化集成河套灌区滴灌小麦节水、节肥、高产栽培技术模式，并进行规模化示范推广。

该模式的技术要点：

（1）播种方式　一管滴 5 行小麦，机械播种和铺滴灌带同时进行，小麦行距 13～15 厘米，滴头间距 30 厘米，滴灌带流量 1.8～2.1 升/小时。滴灌带滴孔朝上，覆土以防风刮。小麦播种量 23～25 公斤/亩，施种肥磷酸二铵 15～20 公斤/亩。

（2）滴水滴肥　若土壤墒情不足，播种后及时滴水出苗，滴水量 50～60 米³/亩，滴水要均匀，促使苗齐、苗壮。分蘖至灌浆期间滴水 6～8 次，每次滴水定额 20 米³/亩左右。分蘖期滴水溶性磷酸二铵 10 公斤/亩，拔节期随滴水追施尿素 15～20 公斤/亩。

（3）化控防倒　滴灌小麦根系分布浅，群体较大，后期易倒伏。小麦 5～6 叶期，每亩用 50% 矮壮素水剂 300～400 毫升，兑水 50 公斤喷雾，视小麦生长情况喷施 1 次或 2 次，间隔 4～5 天。

（4）叶面施肥　抽穗至灌浆期喷施优质叶面肥加磷酸二氢钾 200 克/亩，视具体情况喷 2～3 次，喷施时间在上午 11:00 之前或下午 5:00 之后。

五、拟研发和推广的重点工程与关键技术

多年来，内蒙古小麦栽培和育种工作者将理论与实际结合，不断解决生产问题，在高产优质高效栽培和育种技术研究方面已取得许多成果，一大批实用技术成果的推广应用，为生产发展作出了重大贡献。进一步完善和发展已有技术成果，因地、因种制宜调整优化，将主导技术与区域特殊技术、其他多学科技术组合集成，并全面推广应用到位，将有助于持续推进内蒙古小麦生产增产增效。综合分析小麦产业发展现状，列出"十四五"和今后内蒙古小麦生产亟须研发或完善的技术清单：

1. 优质中、强筋小麦新品种选育及配套高产优质栽培技术集成与示范
2. 灌溉小麦水肥药一体化高产高效技术集成与示范
3. 旱作小麦水肥高效利用技术集成与创新
4. 小麦缓控释肥和有机替代技术研究与集成
5. 小麦化肥和除草剂减量施用技术研究
6. 小麦立体种植模式高产高效栽培技术
7. 小麦复种模式资源高效利用共性关键技术研究
8. "春麦冬播"关键限制因素及配套高产栽培技术研究
9. 绿色有机小麦安全生产技术研究与应用
10. 小麦超高产生理基础及栽培技术研究

六、保障措施

1. 针对春小麦种植效益低导致面积缩减的问题，积极争取和制定各项政策和措施，加大适度规模化种植和标准化生产扶持和补贴力度，提高农民种麦积极性，稳定提升小麦种植面积。

2. 结合内蒙古高标准农田建设项目，灌溉小麦主产区进一步加强水利设施建设，提高灌排能力，扩大节水灌溉面积。旱作小麦主产区加强农田基础设施投入，提高抵抗异常气象灾害的能力，同时发展节水抗旱种植，保障春小麦丰产稳产。

3. 通过重大专项、种业振兴及地方小麦产业技术体系等项目，加强小麦种质资源收集整理和创新利用，加快建立良种繁育体系和技术推广体系，加大小麦品种选育、栽培技术研发和推广支持力度；壮大科研队伍，增强科研力量，提高创新能力。争取研发出更多的品种和技术应用到生产，为小麦产业发展提供品种和技术保障，解决制约内蒙古小麦产业发展的"卡脖子"问题。

4. 培育壮大种业企业，推进企业向"育繁推"一体化方向发展。积极扶持建立和壮大小麦加工企业，实现主产区小麦就地加工转化，指导加工企业建立小麦生产基地，实行订单收购，提高小麦种植收益。

5. 推动创建区域品牌。内蒙古小麦生产有着独特的自然环境和区位优势，要因地制宜，突出不同产区特色，培育壮大区域品牌，提升品牌价值和知名度。